SEJA QUEM VOCÊ QUISER

SEJA QUEM VOCÊ QUISER

Como moldar sua personalidade a partir das descobertas da neurociência

Christian Jarrett

TRADUÇÃO
Ricardo Giassetti

TÍTULO ORIGINAL *Be who you want: unlocking the science of personality change*

© 2021 by Christian Jarrett
Publicado em acordo com Simon & Schuster, Inc.
Todos os direitos reservados.
© 2023 VR Editora S.A.

Latitude é o selo de aperfeiçoamento pessoal da VR Editora

DIREÇÃO EDITORIAL Marco Garcia
EDIÇÃO Marcia Alves
PREPARAÇÃO Laila Guilherme
REVISÃO Juliana Bormio de Sousa
DESIGN DE CAPA Dan Mogford
DESIGN DE MIOLO Ruth Lee-Mui
DIAGRAMAÇÃO Pamella Destefi

**Dados Internacionais de Catalogação na Publicação (CIP)
(Câmara Brasileira do Livro, SP, Brasil)**

Jarrett, Christian
Seja quem você quiser: como moldar sua personalidade a
partir das descobertas da neurociência / Christian Jarrett;
tradução Ricardo Giassetti. – Cotia, SP: Latitude, 2023.

Título original: Be who you want: unlocking the science of
personality change.
ISBN 978-65-89275-43-5

1. Comportamento - Mudança 2. Neurociência
3. Personalidade - Aspectos psicologicos 4. Psicologia
I. Giasset, Ricardo. II. Título.

23-164182 CDD-158.1

Índices para catálogo sistemático:
1. Personalidade: Psicologia aplicada   158.1
Tábata Alves da Silva – Bibliotecária – CRB-8/9253

Todos os direitos desta edição reservados à
VR Editora S.A.
Via das Magnólias, 327 – Sala 01 | Jardim Colibri
CEP 06713-270 | Cotia | SP
Tel.| Fax: (+55 11) 4702-9148
vreditoras.com.br | editoras@vreditoras.com.br

Para Jude, Rose e Charlie

Sumário

Nota do autor

As pessoas podem realmente mudar? Nos mais de vinte anos em que escrevo sobre psicologia e sobre a ciência do cérebro, percebi que, para muitas pessoas, essa é uma questão calcinante. Em outras palavras: pessoas más podem se tornar boas? O ocioso pode se tornar ambicioso? Um leopardo pode mudar suas manchas?

É verdade que um certo grau de autoaceitação é psicologicamente saudável (desde que não se transforme em resignação e falta de esperança). Mas eu queria escrever um livro para aqueles que estão menos interessados em se sentir bem consigo mesmos da maneira como estão no momento e mais interessados em se tornar a melhor versão possível de si mesmos.

Por meio de histórias de criminosos que transformaram sua personalidade, de celebridades tímidas que encontraram sua voz, de viciados em drogas que se regeneraram e se destacaram em novos empreendimentos, combinados com as mais recentes evidências convincentes da ciência psicológica, você aprenderá que as pessoas mudam e que, sim, se você quiser mudar a si mesmo, *você pode*. Não será rápido nem fácil, mas é possível.

Sua personalidade continuará a evoluir ao longo de sua vida, em parte como resposta natural às suas situações de mudança e também devido a mudanças graduais em sua fisiologia. O mais empolgante é que existem maneiras de controlar essa maleabilidade para se moldar mais de acordo com a pessoa que você deseja ser.

Este livro está repleto de testes e exercícios interativos para ajudá-lo a entender melhor os vários aspectos de sua personalidade, sua história de vida e suas paixões. Quanto mais você se envolver com os elementos interativos de maneira honesta, maior a probabilidade de descobrir mais sobre si mesmo e de se beneficiar dos *insights* do livro. Construir novos hábitos é uma parte fundamental da mudança de personalidade bem-sucedida, e cada capítulo é finalizado com sugestões de novas atividades a serem adotadas e estratégias psicológicas a serem experimentadas para ajudar a moldar as suas diferentes características.

A seguir, você também vai encontrar muitas notas de advertência. Vou falar sobre pessoas boas que se tornaram más e me aprofundar nos efeitos às vezes devastadores de ferimentos e doenças no caráter de uma pessoa. Em suma, sua personalidade é um trabalho em andamento. Buscar a melhor versão de si mesmo é uma filosofia pela qual viver, e não um trabalho a ser concluído.

Espero que este livro atraia especialmente pessoas que já se sentiram aprisionadas ou constrangidas pela maneira como foram caracterizadas — ou caricaturadas — por outras pessoas. É uma fraqueza humana sermos propensos a tirar conclusões prematuras uns sobre os outros, muitas vezes ignorando a influência das circunstâncias (o que é conhecido na psicologia como o *erro fundamental de atribuição*). Se você já se sentiu encaixotado pelos julgamentos de outras pessoas sobre a sua personalidade — rotulado como *introvertido, preguiçoso, molenga, casca de ferida* ou qualquer outra coisa de maneira excessivamente simplista —, gostará de aprender sobre os efeitos profundos das circunstâncias em como as personalidades se manifestam em diferentes momentos, como todos nós tendemos a mudar ao longo da vida e como você pode sair dessa caixa, transformando-se por meio de novos hábitos e perseguindo suas verdadeiras paixões na vida.

Pessoas mudam. Eu mudei. Outro dia eu estava limpando papéis velhos quando me deparei com os relatórios dos meus professores de quando eu era um adolescente no internato. "Não tenho certeza de como, se é que seja possível, Christian poderia mudar sua maneira naturalmente plácida", escreveu meu tutor pessoal quando eu tinha 16 anos. "Eu concordo com seu tutor", escreveu meu diretor no mesmo relatório de final de semestre: "A natureza e a personalidade de Christian tendem a atrair comentários como 'muito quieto'". Os professores da minha turma foram unânimes: "Muito reservado e quieto" (Geografia); "Eu o encorajaria a contribuir mais com a discussão em sala de aula" (História); "Ele precisa falar mais!" (Inglês). Meu favorito veio do meu administrador de alojamento um ano antes: "Nem sempre é fácil dizer se a taciturnidade bem-humorada de Christian é um sinal de desconfiança ou apenas uma inteligente economia verbal". Mas em meu primeiro ano na faculdade saí da minha concha, construí grandes grupos de amigos e caí na balada quase todas as noites da semana. Eu me lembro de meu orientador de dissertação do ano de graduação admitir, depois que me formei com as mais altas honras, que havia desistido de mim completamente, tendo me rotulado como um hedonista mais interessado em esportes do que em estudar (com base no que ele sabia da minha vida social e de todo o meu tempo no ginásio da universidade onde eu trabalhava como treinador em meio período).

A mudança nunca cessa. Avançando cinco anos ou mais depois da formatura, a vida estava tranquila novamente. Com um emprego remoto como editor e escritor e morando com minha então futura esposa em uma parte rural de Yorkshire, Inglaterra, voltei a ser um introvertido ao extremo. Eu não tinha carro e minha futura esposa ficava fora quase todos os dias, a trinta quilômetros de distância, na cidade de Leeds, estudando para ser psicóloga clínica. Foi um exemplo clássico de como as circunstâncias podem nos moldar profundamente. É complicado ser extrovertido quando se está trabalhando sozinho, um *home office*, em uma vila tranquila. No entanto, senti minha consciência crescer na medida em que me absorvi no desafio de meu primeiro papel editorial, e escrever sobre psicologia passou a ser a minha vocação. Cumprir os prazos e ter autodisciplina para escrever diariamente foi um prazer e passou a fazer parte do ritmo da minha vida.

Em anos mais recentes, eu me senti mudando novamente. Fui abençoado com dois lindos filhos — Rose e Charlie — que aumentaram ainda mais a minha consciensiosidade (qual vocação maior pode haver na vida do que a paternidade?), mas acho que eles também podem ter aumentado meu neuroticismo em um ou dois pontos!

Além disso, minha carreira evoluiu para incluir mais palestras em público, como eventos ao vivo, rádio e TV. Eu me lembro de estar no palco de um grande auditório em Londres alguns anos atrás, experimentando a euforia de fazer uma plateia de trezentas pessoas rir (deliberadamente, devo acrescentar — eu estava dando uma palestra despreocupada sobre a psicologia da persuasão). Eu me pergunto o que meus professores teriam pensado de mim se estivessem lá. Compare os relatórios escolares que eles me deram com o tipo de crítica que recebi recentemente por palestras que dei em auditórios em Londres: "Christian é um ótimo orador", "muito descontraído e envolvente", "informativo e engraçado", "enriquecedor, envolvente, agradável". Claro, eu estava até certo ponto fazendo uma *performance*, mas, por trás da máscara pública, acredito que houve uma mudança significativa em meu posicionamento e uma maior disposição de falar e correr riscos na busca dos meus objetivos.

Também me sinto mudado pela experiência de escrever este livro. Agora estou muito mais receptivo a como as pessoas e as circunstâncias trazem à tona diferentes características de nossa personalidade. Estou aceitando menos aspectos da minha personalidade que antes eu considerava imutáveis. Aprendi como o estilo de vida que levamos, as ambições que buscamos e os valores pelos quais vivemos afetam nossas características.

Na verdade, eu diria que escrever este livro (e seguir suas lições) me deu a motivação e a autoconfiança para deixar meu emprego de dezesseis anos no início deste ano para assumir um papel desafiador em uma empresa que publica uma revista digital global. Estou fora da minha zona de conforto, mas confiante de que posso me adaptar. Fiel à ciência da mudança, ajudou o fato de o *ethos* da revista estar de acordo com meus próprios valores: apoiar outras pessoas compartilhando percepções práticas sobre o bem-estar psicológico. Acredito que também está em seu poder mudar e se adaptar de maneira positiva, para ser quem você deseja ser, especialmente na busca pelo que é importante para você na vida, e escrevi este livro para ajudar a mostrar como isso é possível.

SEJA QUEM VOCÊ QUISER

Capítulo 1

O NÓS EM VOCÊ

Como muitos outros jovens, Femi, de 21 anos, se envolveu com a turma errada. Em 2011, a polícia o deteve por excesso de velocidade, na parte noroeste de Londres, em seu Mercedes, e encontrou 230 gramas de maconha em sua mochila. Ele foi indiciado por porte de drogas com intenção de tráfico.

Se você tivesse encontrado Femi naquela época, poderia muito bem ter concluído que ele era o tipo de personalidade desagradável que você preferiria evitar. Afinal, a prisão por drogas não foi seu primeiro contato com a lei; ele tinha um padrão de comportamento e acabou sendo obrigado a usar um localizador eletrônico. Ele costumava ter problemas em sua juventude. "Fui expulso da vizinhança em que cresci porque estava me metendo em muitas encrencas", lembra ele.[1]

No entanto, Femi, ou, para usar seu nome completo, Anthony Oluwafemi Olanseni Joshua OBE, tornou-se um medalhista de ouro olímpico e duas vezes campeão mundial de boxe peso-pesado, anunciado como modelo impecável de vida respeitável e de boas maneiras. "Ele realmente é um dos jovens mais bacanas e centrados que você já conheceu", escreveu Michael Eboda, executivo-chefe da Powerful Media, editor da Powerlist (uma lista anual dos negros mais influentes na Grã-Bretanha), em 2017.[2] "Eu poderia ter seguido outro caminho, mas escolho ser respeitoso", disse Joshua em 2018 ao apresentar seus planos para ajudar a educar a próxima geração em "vida saudável, disciplina, trabalho duro, respeito para todas as raças e religiões."[3]

As pessoas podem mudar, muitas vezes profundamente. Elas são um tipo de pessoa em um capítulo de suas vidas, mas avançam para o final de sua história e se transformam em um personagem completamente diferente. Infelizmente, às vezes se trata de uma mudança para pior. Tiger Woods já foi elogiado por seu comportamento saudável e exemplar. No quesito personalidade, ele era a epítome da consciência e da autodisciplina. Mas em 2016, depois de anos lutando contra problemas de saúde relacionados às suas costas, ele foi preso por dirigir alcoolizado, com a fala confusa. Os testes mostraram que havia cinco drogas em seu organismo, incluindo vestígios de THC, encontrados na *cannabis*. Sua figura desgrenhada apareceu em jornais de todo o mundo. E esse foi apenas o mais recente escândalo protagonizado pelo ex-campeão de golfe. Anos antes, seu mundo desabou em meio a manchetes de tabloides sobre infidelidade em série — uma era sombria de sua vida que começou quando ele atropelou um hidrante com seu carro após uma briga doméstica noturna. Felizmente, a mudança negativa também é reversível. Em 2019, tendo anteriormente caído para a posição de n° 1.199 dos melhores jogadores de golfe do mundo, Woods venceu o Masters em Atlanta, Geórgia, um feito descrito como a maior recuperação da história do esporte.[4]

As evidências de mudança não vêm apenas de contos de redenção ou de desgraças. Olhe ao seu redor e verá exemplos de mudanças menos sensacionais, mas ainda assim surpreendentes, que estão por toda parte. Quando criança, Emily Stone era muito ansiosa e propensa a ataques de pânico tão frequentes que seus pais procuraram a ajuda de um psicoterapeuta. "Minha ansiedade era constante", disse ela à revista *Rolling Stone*.[5] "A certa altura, ela não conseguia mais ir à casa dos amigos — mal conseguia sair de casa para ir à escola." É difícil acreditar que essa garota não só superaria seu temperamento nervoso, mas que, como

Emma Stone (o nome que ela escolheu quando se juntou ao Screen Actors Guild), ela se tornaria a atriz mais bem paga do mundo, premiada com um Oscar, Globos de Ouro e um prêmio da Academia Britânica de Artes Cinematográficas e Televisivas.

E considere Dan, um presidiário da Marion Correctional Institution, de Ohio, cujo perfil foi apresentado em um episódio do *podcast Invisibilia*, da NPR. Ele estava cumprindo pena por estupro violento, mas ouvimos como Dan, agora um poeta publicado, está ajudando a realizar um evento TEDx na prisão (uma ramificação dos famosos TED Talks *on-line*). O repórter convidado do programa, que o conhece e se corresponde extensivamente com ele há um ano, o descreve como "completamente encantador, brincalhão, de argumentos claros, pensamento ágil, muito poético, criativo". O diretor da prisão de Dan diz que ele é "articulado, bem-humorado, gentil, apaixonado". O próprio Dan diz que sua personalidade na época em que cometeu o crime "realmente deixou de existir" e agora ele quase se sente como se estivesse na prisão pelo crime de outra pessoa.[6]

Desde o início da pesquisa para este livro, fiquei impressionado com a quantidade de histórias como as de Dan e Emma Stone e como a transformação das pessoas é consistente e explicada pelas descobertas que surgem da nova e empolgante psicologia da mudança de personalidade. Telefonemas de rádio, fóruns de bate-papo *on-line* e páginas de revistas elegantes são preenchidos regularmente com histórias de mudança, geralmente para melhor: pessoas preguiçosas que encontram um propósito, pessoas tímidas que descobrem sua voz, criminosos que se tornam boas pessoas.

Aprender essas lições da ciência da mudança de personalidade é indiscutivelmente mais importante hoje do que nunca. A pandemia abalou a vida de todo mundo, testando nossa adaptabilidade. Fontes de distração, desde mídias sociais até jogos e aplicativos para *smartphones*, são mais onipresentes, drenando nosso foco e autodisciplina. A indignação e a polarização política estão por toda parte, na medida em que as pessoas são sugadas para os fios do Twitter e o discurso político atinge novas profundezas, drenando a civilidade. O estilo de vida sedentário também está aumentando (a Organização Mundial da Saúde descreve a inatividade física como um "problema de saúde pública global"), e pesquisas mostram seus efeitos prejudiciais sobre traços de personalidade, enfraquecendo a determinação e fermentando emoções negativas.[7] Ainda assim, as histórias inspiradoras de mudanças positivas da personalidade mostram que você não precisa se submeter passivamente a essas influências nocivas; é possível tomar a iniciativa e moldar seu próprio caráter para melhor.

MUITO EM QUE NOS APEGAR E MUITO QUE PODEMOS MUDAR

O fato de sermos capazes de mudar não significa que devemos descartar totalmente o conceito de personalidade. Longe disso. De acordo com décadas de cuidadosa pesquisa psicológica, existe *uma coisa* chamada "personalidade" — uma inclinação relativamente estável para agir, pensar e se relacionar com os outros de uma maneira característica. Isso inclui se costumamos procurar companhia ou o quanto gostamos de passar o tempo sozinhos, imersos em reflexões. Ela reflete nossas motivações, como quanto nos preocupamos em ajudar aos outros ou em sermos bem-sucedidos; e também está relacionada às nossas emoções, inclusive se temos a tendência de ser calmos ou propensos à angústia. Por sua vez, nossos padrões típicos de pensamento e emoção influenciam nosso comportamento. Combinados, essa constelação de pensamentos, emoções e comportamento forma o seu "eu" — essencialmente, o tipo de pessoa que você é.

Quando o assunto é definir e medir a personalidade, os psicólogos enfrentam um problema com o grande número de possíveis rótulos de caráter disponíveis, alguns mais lisonjeiros do que outros: *vaidoso, tagarela, chato, charmoso, narcisista, tímido, impulsivo, nerd, exigente, artístico,* para citar apenas alguns. (Em 1936, o avô da psicologia da personalidade, Gordon Allport, e seu colega Henry Odbert estimaram que havia nada menos que 4.504 palavras em inglês pertencentes a traços de personalidade.)[8] Felizmente, a psicologia moderna eliminou toda a redundância dessas descrições, destilando a variação do caráter humano em cinco traços principais.

Como exemplo desse processo de destilação, considere que pessoas aventureiras e em busca de emoção também tendem a ser mais felizes e tagarelas, tanto que essas características parecem se originar do mesmo traço subjacente, conhecido como extroversão. Seguindo essa lógica, os psicólogos identificaram cinco características principais:

- *Extroversão* refere-se a quão receptivo você é em um nível fundamental para experimentar emoções positivas, bem como quão sociável, enérgico e ativo você é. Por sua vez, isso afeta quanto você gosta de buscar emoção e companhia. Se você gosta de festas, esportes radicais e viagens, provavelmente tem uma pontuação alta nessa característica.
- *Neuroticismo* descreve sua sensibilidade à emoção negativa e seus níveis de instabilidade emocional. Se você se preocupa muito, se as ofensas sociais o machucam, se você rumina sobre os fracassos do passado e se preocupa com os desafios futuros, provavelmente tem uma pontuação alta nessa característica.
- *Conscienciosidade* tem a ver com a sua força de vontade — quão organizado e autodisciplinado você é, bem como sua diligência. Se você gosta que a sua casa esteja arrumada, odeia chegar atrasado e é ambicioso, provavelmente tem uma pontuação alta aqui.

- *Amabilidade* refere-se a quão caloroso e amigável você é. Se você é paciente e misericordioso, se seu primeiro reflexo é gostar e confiar nas novas pessoas que conhece, provavelmente é muito amável.
- *Abertura* é sobre como você é receptivo a novas ideias, atividades, culturas e lugares. Se você não gosta de ópera, de filmes com legendas e de quebrar a rotina, provavelmente tem pontuação baixa nesse traço.

Os principais traços de personalidade e seus subtraços

Cinco grandes traços	Suas facetas (ou subtraços)
Extroversão	Caloroso, gregário, assertivo, ativo, em busca de diversão, feliz, alegre
Neuroticismo	Ansioso, propenso à raiva, propenso à tristeza e à vergonha, autoconsciente, impulsivo, vulnerável
Conscienciosidade	Competente, organizado, obediente, ambicioso, autodisciplinado, cauteloso
Amabilidade	Confiante, honesto, altruísta, acomodado, complacente, modesto, empático
Abertura	Imaginativo, esteticamente sensível, em contato com as emoções, curioso, aberto a outras perspectivas e valores

A maioria dos psicólogos acredita que essas cinco características não capturam totalmente o lado mais sombrio da natureza humana. Para medi-los, eles propõem mais três: narcisismo, maquiavelismo e psicopatia (conhecidos coletivamente como a tríade sombria da personalidade).[9] Trataremos de cada um deles em detalhes no capítulo 6, incluindo uma análise sobre a possibilidade de aprender lições com os babacas, conspiradores e fanfarrões à nossa volta sem passarmos para o lado negro.

A *personalidade* pode parecer um pouco confusa e puramente descritiva, mas ela se reflete em sua composição biológica e até mesmo na forma como o seu cérebro é estruturado e em seu funcionamento. Por exemplo, os introvertidos não preferem apenas paz e sossego; seu cérebro responde com mais sensibilidade a ruídos altos. Pessoas neuróticas (menos estáveis emocionalmente) não apenas experimentam mais mudanças de humor; elas também têm uma área de superfície menor e menos dobras nas partes do córtex cerebral responsáveis pela regulação das emoções.[10] Na parte frontal do cérebro, as pessoas com traços de personalidade mais vantajosos — como maior resiliência e conscienciosidade — têm mais mielinização, que é o isolamento em torno das células cerebrais que as ajuda a se comunicar com eficiência.[11] Os traços de personalidade estão até relacionados ao microbioma em seu estômago, com pessoas neuróticas tendo mais bactérias intestinais nocivas.[12]

Maior conscienciosidade está associada a níveis mais baixos de cortisol, o hormônio do estresse, acumulado nos fios do cabelo.

Traços de personalidade se manifestam na estrutura e na função do cérebro de várias maneiras (ver texto principal).

Neuroticismo mais baixo e maior conscienciosidade estão associados a pressão arterial mais baixa. Frequência cardíaca baixa, entretanto, pode ser uma marca do traço de psicopatia.

Maior abertura e conscienciosidade estão associadas a menos marcadores de inflamação crônica no corpo.

O neuroticismo mais acentuado está associado a microbactérias intestinais mais prejudiciais.

As medidas de traços de personalidade não são meramente abstratas; elas também estão presentes em seu organismo e se associam a muitos aspectos de sua fisiologia, desde as microbactérias em seu intestino até os seus padrões de atividade cerebral. É uma relação de mão dupla, portanto, manter uma boa saúde física por meio de uma dieta saudável, sono adequado e exercícios regulares está associado a benefícios para a personalidade, como menor neuroticismo e maior conscienciosidade, amabilidade e abertura.

Assim, a personalidade é um conceito genuíno com fundamentos biológicos. No entanto, como indicam as histórias de Anthony Joshua, Tiger Woods e outros, a personalidade não é imutável — ou mesmo engessada. Essa foi a metáfora preferida pelo grande psicólogo americano William James no século XIX, que observou em seu *Os princípios da psicologia* que, aos 30 anos, nossa personalidade está engessada e nossa capacidade de mudança está terminada.

Na verdade, existe uma ideia de que sua capacidade de mudança é mais aparente depois dos 30 anos. É notável que, enquanto as influências genéticas na cognição — coisas como sua inteligência e habilidades de memória — aumentam ao longo da vida, as influências genéticas na personalidade diminuem, refletindo indiscutivelmente o crescente escopo de eventos da vida e outras experiências para deixar sua marca, como novos empregos, relacionamentos ou se mudar para o exterior.[13]

Os seres humanos evoluíram para ser adaptáveis. Você pode pensar em seus traços de personalidade atuais como a estratégia comportamental e emocional que escolheu para sobreviver e prosperar melhor nas circunstâncias em que se encontra. Sua disposição genética torna mais provável que você decida por algumas estratégias mais do que por outras, mas não o limita a uma abordagem da vida e dos relacionamentos, e você não está preso ao seu modo de ser atual.

É verdade que a personalidade tende a se estabilizar com o passar do tempo, mas isso não se deve à perda da capacidade de mudança. É porque as circunstâncias da maioria das pessoas se tornam progressivamente menos variadas à medida que se acomodam nos ritmos da vida adulta.

Observe de uma distância maior, e ficará claro que a maioria de nós muda ao longo da vida. Se você seguir o padrão típico, ficará mais amigável, mais autodisciplinado e terá menos angústia conforme envelhece. Ocasionalmente, as grandes escolhas que você faz na vida — a carreira que segue, os relacionamentos que estabelece — provocam mudanças mais profundas. Os efeitos de eventos importantes como formatura, paternidade, divórcio, luto, doença e desemprego também se acumulam. O estudo de personalidade mais longo de todos os tempos, publicado em 2016, envolveu uma comparação da personalidade dos participantes aos 14 anos e novamente aos 77 anos, e não conseguiu encontrar muita correlação entre os dois momentos.[14] Outro estudo comparou quase duas mil personalidades de pessoas ao longo de cinquenta anos, novamente encontrando evidências de mudanças significativas, mostrando que a personalidade é maleável e que os traços das pessoas normalmente amadurecem à medida que envelhecem.[15]

É claro que você também apresenta mudanças semelhantes em seu comportamento a curto prazo (os psicólogos chamam a isso de "mudanças de estado"), em resposta a coisas como o seu humor, as pessoas com quem você está (pense em como você age quando próximo ao seu chefe ou à sua avó comparado com seu melhor amigo, por exemplo) ou o que você bebeu. Pense em como a personalidade do tenista Rafael Nadal é diferente dentro e fora da quadra, como Superman e Clark Kent. Sua mãe "nunca deixa de se surpreender com quão corajoso ele é na quadra de tênis e como ele é medroso fora dela".[16]

A mensagem confusa de que a personalidade é tanto estável quanto mutável é desconcertante para muitos de nós, que preferimos que as coisas sejam pretas ou brancas. Simine Vazire, psicóloga da personalidade da Universidade da Califórnia, em Davis, captou o paradoxo com perfeição. Ela escreveu uma carta aberta à NPR em resposta ao episódio do *podcast Invisibilia* que mencionei anteriormente — aquele com Dan, o estuprador condenado que agora tem uma personalidade encantadora e gentil. O episódio foi chamado de "O mito da personalidade", sugerindo que, como a personalidade é maleável, trata-se de um conceito sem sentido. Mas isso é ir *longe demais*, explicou Vazire. "Quando se trata de personalidade", disse ela, "há muito em que podemos nos agarrar e muito que podemos mudar."[17]

POR QUE A PERSONALIDADE É IMPORTANTE

Sua personalidade tem uma influência poderosa em sua vida, desde as suas chances de sucesso na escola e no trabalho, até a sua saúde mental e física e seus relacionamentos, e até mesmo sobre a sua longevidade. Considere como a vitalidade e a autodisciplina de um adolescente são ainda mais importantes para seus resultados acadêmicos do que o seu QI.[18] Na verdade, de acordo com um estudo controverso de 2017, o nível de autocontrole de uma criança — um componente essencial para ter uma personalidade conscienciosa — continua a reverberar por décadas.[19]

Para comprovar isso, os pesquisadores mapearam a vida de 940 pessoas nascidas em Dunedin, Nova Zelândia, entre 1972 ou 1973 até os dias atuais, descobrindo que cerca de 20% cresceram para representar uma grande parcela na sociedade em termos de assuntos como obesidade, crime, tabagismo e lares desfeitos. Crucialmente, aqueles com baixo autocontrole quando crianças eram muito mais propensos a serem membros dessa minoria de mazelas sociais.

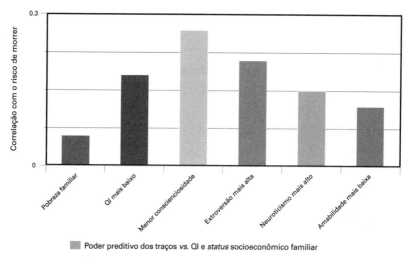

Os traços de personalidade se correlacionam com a mortalidade

Poder preditivo dos traços *vs.* QI e *status* socioeconômico familiar

A importância dos traços de personalidade é evidenciada pela forte correlação dos valores dos traços com o risco futuro de morte (mortalidade), conforme mostrado neste gráfico com base em dados de dezenas de estudos com milhares de voluntários. *Fonte: Dados de Brent W. Roberts, Nathan R. Kuncel, Rebecca Shiner, Avshalom Caspi e Lewis R. Goldberg, "The Power of Personality: The Comparative Validity of Personality Traits, Socioeconomic Status, and Cognitive Ability for Predicting Important Life Outcomes" ["O poder da personalidade: A validade comparativa de traços de personalidade, status socioeconômico e capacidade cognitiva para prever resultados importantes na vida"], Perspectives on Psychological Science 2, n° 4 (2007): 313-345.*

Os traços de personalidade se correlacionam com o futuro sucesso profissional

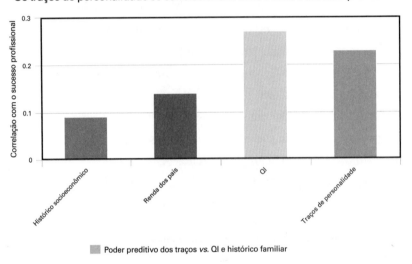

Poder preditivo dos traços *vs.* QI e histórico familiar

Os traços de personalidade também se correlacionam com o sucesso profissional futuro mais do que os fatores relacionados à família e aos pais, e quase tanto quanto a inteligência. *Fonte: Dados de dezenas de estudos, compilados por Roberts et al., "The Power of Personality: The Comparative Validity of Personality Traits, Socioeconomic Status, and Cognitive Ability for Predicting Important Life Outcomes," Perspectives on Psychological Science 2, n°. 4 (2007): 313-345.*

Outro estudo, este com mais de 26 mil pessoas nos Estados Unidos, constatou que, independentemente do *status* social da família, os traços de personalidade dos indivíduos no ensino médio estavam relacionados à sua longevidade, mesmo em sua sétima década, com pessoas mais impulsivas que provavelmente morrerão mais cedo e pessoas com maior autocontrole, que provavelmente viverão mais.[20] Pesquisas semelhantes mostram que ter uma personalidade conscienciosa é um fator tão importante quanto o *status* socioeconômico ou o nível educacional se você espera ter uma vida longa.[21]

Em termos de felicidade, uma estimativa recente tentou valorar uma pequena redução no traço de neuroticismo (uma propensão a humores negativos, estresse e preocupação) como equivalente a uma renda extra de US$ 314.000 por ano.[22] Outra maneira de colocar isso em perspectiva é considerar os resultados de um estudo australiano que acompanhou mais de dez mil pessoas por três anos: a influência de seus traços de personalidade — especialmente sendo menos neuróticas e mais extrovertidas — em sua felicidade foi quase o dobro da influência de eventos importantes da vida, como doença e luto.[23]

Pessoas mais extrovertidas e menos neuróticas também tendem a ser mais felizes com seu sucesso material. Um estudo sueco com mais de cinco mil pessoas, com idades entre 30 e 75 anos, descobriu que a ligação entre o perfil de personalidade e a renda vigente era tão forte quanto a ligação entre o histórico econômico familiar e a renda.[24] Além disso, em termos de satisfação quanto ao que essas pessoas haviam feito na vida, sua personalidade (mais extrovertida, mais emocionalmente estável) era um fator ainda mais forte do que sua origem familiar.

Outro aspecto importante da personalidade é a abertura mental. A capacidade de um trabalhador de inovar e aprender novas habilidades, como exigem tantos empregadores modernos, baseia-se em ter altos níveis dessa característica. Sua personalidade pode até tornar menos provável que seu trabalho seja assumido por um robô![25] Quando os pesquisadores acompanharam a carreira de 350 mil pessoas por mais de cinquenta anos, descobriram que aquelas que exibiam níveis mais altos de extroversão e consciência quando adolescentes eram menos propensas a seguir carreiras que são informatizadas mais facilmente.

Portanto, a personalidade é extremamente importante. Mas lembre-se de que, embora suas características demonstrem alguma estabilidade ao longo da vida, especialmente se você não fizer nenhuma tentativa consciente de mudá-las, elas não são fixas e não são o seu destino. Na verdade, as mudanças em sua personalidade são incrivelmente importantes para sua felicidade futura, possivelmente até mais do que outros fatores óbvios que você possa imaginar, como riqueza ou estado civil.

O MOTIVO PARA A MUDANÇA

Seus traços de personalidade fazem de você quem você é e moldam a vida que você levará, então essa ideia de que eles estão em constante evolução e são prontamente moldados pela vida pode parecer perturbadora. Mas também é uma revelação poderosa. Ao nos familiarizarmos com as formas como nossa personalidade muda e se contorce em diferentes estágios da vida e em resposta a diferentes circunstâncias, podemos antecipar e explorar nossa capacidade de mudança. Mais do que isso, não precisamos ser observadores passivos, esperando que os acontecimentos nos moldem. Novas pesquisas inspiradoras mostram que com a atitude certa, dedicação suficiente e técnicas adequadas, podemos literalmente escolher mudar nossa personalidade à vontade, para ser quem queremos. Este livro o ajudará a entender como fazer isso, inclusive por meio de abordagens de fora para dentro — colocando-se nas situações certas, escolhendo cuidadosamente com quem passar seu tempo e adotando novos *hobbies* e projetos que façam sentido — e de dentro para fora, por meio de estratégias mentais, exercícios físicos e alterando seus hábitos de pensamento e emocionais. Afinal, sua personalidade surge do seu estilo de pensamento, de suas motivações, emoções e hábitos. Lide com isso e você mudará a si mesmo e sua vida.

Antes de começar a modelar sua personalidade, vale a pena refletir profundamente sobre quais são as suas prioridades atuais na vida. A mudança deliberada de personalidade também é uma meta que deve ser realizada com cuidado, tendo em mente a importância de seu senso de identidade e de autenticidade. Dito isso, sentir-se autêntico é indiscutivelmente agir o máximo possível como o tipo de pessoa que você deseja ser, e não como você realmente é.

CONHECENDO A SI MESMO

Que tipo de personalidade você tem hoje? Você terá uma ideia aproximada com base nas coisas de que gosta ou na reputação que tem entre amigos e familiares. Se você gosta de festas e de conhecer novas pessoas, por exemplo, provavelmente se vê como uma pessoa extrovertida.

Na verdade, muitos dos nossos hábitos e rotinas cotidianas podem ser surpreendentemente reveladores. Um estudo recente envolveu o perfil da personalidade de quase oitocentos voluntários no Oregon e, quatro anos depois, pediu-lhes que avaliassem com que frequência haviam se envolvido em quatrocentas atividades mundanas diferentes no ano anterior.[26]

Algumas das descobertas foram óbvias: os extrovertidos iam a mais festas e as pessoas de mente aberta a mais óperas, por exemplo. Mas outros resultados foram mais surpreendentes. Você gosta de ficar em banheiras de hidromassagem, decorar a casa e pegar um bronzeado? Isso pode sugerir que você é um extrovertido (no estudo, os extrovertidos eram especialmente propensos a dizer que se envolveram nessas atividades).

Se você despende muito tempo passando roupa, brincando com as crianças, lavando louça ou mesmo cantando no chuveiro ou no carro, provavelmente terá uma pontuação alta em amabilidade (presumivelmente, você está tentando manter todos felizes, inclusive a si mesmo). Se você evita usar palavrões, usa relógio,[27] mantém o cabelo penteado e os sapatos engraxados[28] (ou um equivalente mais moderno — seus aplicativos de telefone estão todos atualizados), então provavelmente você é altamente consciencioso — e também se você é mais do tipo matinal, em oposição a uma "coruja" ou alguém que adora a noite.[29] E, se você fica muito tempo nu em casa, isso aparentemente é um sinal de que a sua mente é aberta!

O TESTE DE PERSONALIDADE DO SUCO DE LIMÃO

Se você quiser ser mais científico, também existem algumas maneiras mais bagunçadas e práticas de descobrir qual é a sua personalidade. O teste de extroversão e introversão do suco de limão foi introduzido décadas atrás por Hans Eysenck, um dos pioneiros da psicologia da personalidade. Para experimentá-lo, você precisará de um pouco de suco de limão concentrado, um cotonete e um pedaço de linha (como alternativa, pule os próximos dois parágrafos se preferir não se lambuzar — provavelmente um sinal de que você é superconsciencioso!).

Primeiro, amarre a linha no meio da haste do cotonete. Depois coloque uma ponta do cotonete na língua e a mantenha assim por vinte segundos. Em seguida, pingue algumas gotas de suco de limão na outra ponta do cotonete e também a coloque na ponta da língua por vinte segundos. Por fim, segure o cotonete pelo fio e veja se a ponta do suco fica mais baixa. Se sim, isso sugere que você é introvertido, pelo menos no nível fisiológico. Sabe-se que os introvertidos respondem mais fortemente aos estímulos e à dor do que os extrovertidos, o que explica por que eles tendem a se esquivar de ruídos altos e de muita agitação. Essa sensibilidade também se aplica ao suco de limão, que faz a língua do introvertido salivar, tornando o cotonete ainda mais pesado na ponta com suco. Os extrovertidos, por outro lado, não são tão fisicamente sensíveis e, portanto, não salivam tanto em resposta ao suco e o cotonete permanece uniformemente equilibrado.

O teste do suco de limão é divertido, e pensar sobre nossos hábitos diários é muito informativo, mas, para obter uma leitura realmente precisa e completa de toda a sua personalidade — do tipo que é usada em pesquisas de psicologia —, o que você precisa é responder a um questionário detalhado que explora cada um dos chamados Cinco Grandes traços de personalidade.

RESPONDA A UM *QUIZ* DOS CINCO GRANDES TRAÇOS DE PERSONALIDADE

As trinta afirmações descritivas a seguir são adaptadas da versão abreviada do Big Five Inventory-2, desenvolvida pelos psicólogos Christopher Soto e Oliver John no Colby College, em 2017.[30] Você pode responder ao questionário outras vezes antes e depois de terminar de ler este livro, pois assim terá uma boa noção de sua personalidade atual e, também, quanto e de quais maneiras você mudou durante e depois do processo de leitura.

Para cada um dos trinta itens a seguir, marque de 1 a 5 quanto a descrição combina com você (1 = discordo totalmente; 2 = discordo um pouco; 3 = neutro/sem opinião; 4 = concordo um pouco; 5 = concordo totalmente). Seja o mais honesto possível. Se você tentar manipular as pontuações, acabará com uma imagem distorcida:

Meça seus traços de personalidade

1. Tende a falar bastante.	1 2 3 4 5
2. É compassivo, tem coração mole.	1 2 3 4 5
3. Tende a ser organizado.	1 2 3 4 5
4. Preocupa-se muito.	1 2 3 4 5

5.	É fascinado por arte, música ou literatura.	1	2	3	4	5
6.	É dominante, age como um líder.	1	2	3	4	5
7.	Raramente é rude com os outros.	1	2	3	4	5
8.	Bom para começar as tarefas.	1	2	3	4	5
9.	Tende a se sentir deprimido, triste.	1	2	3	4	5
10.	Tem muito interesse em ideias abstratas.	1	2	3	4	5
11.	É cheio de energia.	1	2	3	4	5
12.	Presume o melhor das pessoas.	1	2	3	4	5
13.	É confiável, sempre se pode contar.	1	2	3	4	5
14.	É emocionalmente instável, facilmente perturbado.	1	2	3	4	5
15.	É original, apresenta novas ideias.	1	2	3	4	5
16.	É extrovertido, sociável.	1	2	3	4	5
17.	Nunca é frio e indiferente.	1	2	3	4	5
18.	Mantém as coisas limpas e organizadas.	1	2	3	4	5
19.	É muito tenso, lida mal com o estresse.	1	2	3	4	5
20.	Tem muitos interesses artísticos.	1	2	3	4	5
21.	Prefere estar no comando.	1	2	3	4	5
22.	É respeitoso, trata os outros com respeito.	1	2	3	4	5
23.	É persistente, trabalha até terminar a tarefa.	1	2	3	4	5
24.	Sente-se inseguro, desconfortável consigo mesmo.	1	2	3	4	5
25.	É complexo, um pensador profundo.	1	2	3	4	5
26.	É mais ativo que as outras pessoas.	1	2	3	4	5
27.	Raramente encontra defeitos nos outros.	1	2	3	4	5
28.	Tende a cuidar das coisas.	1	2	3	4	5
29.	É temperamental, se emociona facilmente.	1	2	3	4	5
30.	Tem muita criatividade.	1	2	3	4	5

Então, o que suas respostas dizem sobre você? Vamos analisar cada traço por vez, começando com a extroversão.

Extroversão: o traço de estrela do rock[31]

Para encontrar sua pontuação de extroversão, adicione as notas que você deu a si mesmo para os itens 1, 6, 11, 16, 21 e 26. Sua soma ficará entre 6 (um introvertido altamente sensível que só quer ficar sozinho) a 30 (alguém muito extrovertido, um jorro de adrenalina e totalmente viciado nela). A maioria de nós tende a pontuar em algum lugar entre esses extremos.

Se você é um forte extrovertido, não apenas é muito sociável e tem muitos amigos, mas provavelmente é atraído por profissões que envolvem risco e recompensa, como vendas ou negociação de ações, bem como liderança e chance de *status*. Você é otimista e mais feliz na maior parte do tempo do que a maioria dos introvertidos. As chances são de que você também goste de um ou mais drinques. Na verdade, quando os pesquisadores estudaram grupos de estranhos se misturando para beber juntos, eles descobriram que os extrovertidos são especialmente propensos a dizer que o álcool melhorou seu humor e que a bebida os ajudou a se sentir mais próximos de seus novos conhecidos.[32] Resumindo, uma extroversão intensa é sobre viver rápido e morrer jovem — e, de fato, os extrovertidos intensos usam mais drogas e fazem mais sexo do que os introvertidos e, em média, também morrem mais cedo. É por isso que o psicólogo da personalidade Dan McAdams chama a extroversão de "estrela do *rock* permanente" da personalidade.[33]

Se você é um introvertido (sua pontuação foi muito baixa em extroversão), o quadro é basicamente o oposto: você é um caçador de tranquilidade, não um caçador de emoções. Não é que você seja necessariamente antissocial, mas o burburinho intenso de uma festa não é muito atraente. Na verdade, você provavelmente acha as festas algo opressor. Estudos de imagens cerebrais mostram que introvertidos como você respondem com maior sensibilidade em um nível neural à estimulação, o que provavelmente explica por que, em contraste com os extrovertidos, você toma cuidado ao buscar muita excitação.

Neuroticismo: o quanto você é estável?

Para saber a sua pontuação geral de neuroticismo (também conhecida como "emocionalidade negativa" ou "instabilidade emocional"), some suas pontuações para os itens 4, 9, 14, 19, 24 e 29. Novamente, você acabará com um número entre 6 (é como se você tivesse gelo correndo em suas veias) e 30 (como um personagem de Woody Allen, você provavelmente é nervoso demais para se aventurar no mundo exterior).

Se a extroversão diz respeito à sensibilidade às coisas boas da vida, o neuroticismo é a sensibilidade a tudo o que pode dar errado. Se você tiver uma pontuação alta, é provável que seja mal-humorado, tímido, propenso ao estresse, volátil e que passe muito tempo sentindo emoções desagradáveis, como medo, vergonha e culpa. Indivíduos com pontuações altas em neuroticismo são mais vulneráveis do que a média a condições de saúde mental, como depressão e ansiedade, e também a doenças físicas. Isso aparece em um nível neural; por exemplo, o cérebro das pessoas neuróticas é especialmente sensível a imagens e palavras desagradáveis.[34] Na verdade, ao mesmo tempo que pode haver razões poéticas e filosóficas para encontrar virtude na tristeza, de uma perspectiva prática é difícil negar que é melhor ter o menor dos placares nesse traço.[35]

Se você tiver sorte o suficiente para ter uma pontuação baixa em neuroticismo, provavelmente é preciso muito para deixá-lo chateado e, mesmo quando está se sentindo para baixo ou nervoso, você supera isso rapidamente.

Amabilidade: o quanto você é amigável?

Para a sua amabilidade, adicione suas notas para os itens 2, 7, 12, 17, 22 e 27, colocando você em algum lugar entre 6 (não há uma maneira fácil de dizer: se esta foi a sua pontuação, você não é uma pessoa muito legal, embora a honestidade da sua autoavaliação seja impressionante!) e no máximo 30 (você, meu amor, é um anjo!).

Indivíduos com pontuações altas são calorosos e gentis e veem o melhor nas outras pessoas (e extraem o melhor delas). Eles são delicados, acolhedores com estranhos e forasteiros, empáticos e bons em aceitar as perspectivas dos outros. Essas características aparecem em seus cérebros; por exemplo, eles têm diferenças estruturais em áreas neurais relacionadas com a visão das coisas do ponto de vista de outras pessoas,[36] e mostram maior ativação em regiões envolvidas na atenuação de sentimentos negativos.[37] Resumindo, esse é o tipo de pessoa que você deseja conhecer e ter como amigo. Não é de admirar que eles tenham a tendência de serem populares e queridos.

Um estudo recente fornece uma ilustração gráfica da diferença entre pontuações altas e baixas em amabilidade.[38] Os pesquisadores deram bebidas alcoólicas aos participantes e colocaram cada um deles junto a um parceiro em quem eles poderiam dar e receber choques elétricos (em parte, isso foi um ardil; o parceiro do participante era fictício, e os choques foram pré-programados). Os participantes que obtiveram pontuação mais baixa em amabilidade mostraram maior agressividade: se o parceiro os provocava com um leve choque quando estavam embriagados, eles eram especialmente propensos a atacar em retaliação, respondendo com um choque elétrico extremo. Mas os participantes mais agradáveis eram bem menos inflamados; mesmo quando desinibidos com álcool, estavam mais inclinados a responder à provocação oferecendo a outra face.

Abertura à experiência: o quanto você é atencioso e criativo?

Os itens relevantes para essa característica são 5, 10, 15, 20, 25 e 30. Mais uma vez, você terá uma pontuação total entre 6 no limite inferior (nesse caso, arrisco dizer que você não tem passaporte e come o mesmo cereal todas as manhãs) e 30 no máximo, o que faria de você o tipo de pessoa que come temperos no café da manhã enquanto ouve ópera, obviamente. Para as pessoas de "mente fechada" que pontuam baixo nesse traço, as pontuações altas podem parecer sonhadoras, arrogantes e pretensiosas, excessivamente ansiosas para anunciar sua individualidade.[39] Para as pessoas abertas, as pontuações baixas podem parecer fanáticas, chatas e grosseiras (ou, pelo menos, incultas).

Fundamentalmente, essa característica é sobre como você é motivado a ter experiências novas e desconhecidas e como você é sensível à beleza e à estética. Isso se manifesta em um nível fisiológico básico; por exemplo, pessoas com pontuações mais altas nessa característica têm maior probabilidade de sentir arrepios na espinha em resposta ao que consideram uma bela música ou arte.[40] E isso pode até protegê-las dos estragos da demência. É como se uma vida de maior variedade intelectual construísse uma espécie de reserva cognitiva ou capacidade extra que funciona como um amortecedor contra o declínio.[41]

Abertura se correlaciona com, mas não é o mesmo que inteligência. Também se manifesta em nossas atitudes — por exemplo, em relação à política e à religião. Indivíduos com pontuações altas tendem a ser mais liberais e atraídos pela espiritualidade do que pela religião organizada; em contraste, as pessoas com pontuação baixa são mais tradicionalistas e conservadoras e veem as coisas em preto e branco. Indivíduos com personalidade de mente aberta não são necessariamente superiores sob o aspecto moral (exceto, talvez, em termos de demonstrar menos preconceito em relação a pessoas de fora de seu círculo), mas geralmente questionam mais os valores morais e estão mais preparados para mudar de ideia ou mesmo aceitar que muitas perguntas simplesmente não têm respostas diretas.

Conscienciosidade: você tem garra e determinação?

Veja como calcular sua pontuação para o quinto e último dos cinco grandes traços de personalidade: você precisa encontrar e somar as suas classificações para os itens 3, 8, 13, 18, 23 e 28. A pontuação mais baixa que você pode obter é 6 (parabéns se for você, porque, dadas as suas tendências habituais, é bastante impressionante que tenha conseguido manter o foco por tempo suficiente para chegar até aqui no questionário) e a mais alta é 30 (nesse caso, provavelmente deve ser muito cedo, o resto de sua família deve estar dormindo e você está tendo algum tempo extra de estudo).

Os pontuadores nas extremidades superior e inferior da conscienciosidade são um pouco como a Formiga e a Cigarra, respectivamente, da fábula homônima de Esopo. A conscienciosa Formiga tem como meta de longo prazo garantir que não passará fome no próximo inverno. Crucialmente, ela também tem motivação e autocontrole para trabalhar durante o verão, acumulando comida para que possa atingir esse objetivo. A Cigarra, por outro lado, sucumbe às tentações hedonistas do verão, sem autodisciplina ou motivação para planejar com antecedência o inverno.

Em um nível bastante trivial, se você for muito consciencioso, provavelmente será pontual, asseado e organizado. Mais importante, a conscienciosidade, mais do que qualquer outra característica, está associada a resultados importantes da vida, como o sucesso acadêmico, o sucesso profissional e a satisfação,[42] a relacionamentos pessoais duradouros, a evitar problemas com a lei e a ter uma vida mais longa e saudável. Isso não é surpresa, porque aqueles que são altamente conscienciosos têm autocontrole e persistência para se concentrar em seus estudos e trabalho, seguir regras, permanecer leais e resistir à atração de tentações muitas vezes prejudiciais, como fumar, comer demais, dirigir em alta velocidade, sexo desprotegido e casos extraconjugais.

Armado com suas pontuações no questionário, você agora tem uma descrição detalhada do tipo de pessoa que você é *hoje*. Se você for como a maioria das outras pessoas, haverá alguns aspectos que o deixarão satisfeito e outros que você gostaria de mudar. Agora que você conhece o seu perfil oficial de personalidade, algumas perguntas óbvias vêm à sua mente, e eu o ajudarei a respondê-las no próximo capítulo: Quais foram alguns dos primeiros fatores a influenciar o seu caráter? Como seus pais, irmãos e amigos podem ter cultivado o tipo de personalidade com a qual você começou a sua vida? Claro, a sua personalidade hoje pode parecer bem diferente daquela que você tinha quando era um jovem de 18 anos de olhos faiscantes e com o mundo aos seus pés. Como os altos e baixos da vida deixaram sua marca em você, e quais mudanças você pode esperar no futuro?

Dez passos acionáveis para mudar sua personalidade

Para reduzir o neuroticismo	Sempre que você estiver chateado ou com raiva, escreva como está se sentindo e rotule suas emoções. Pesquisas sugerem que isso tem efeito calmante e reduz sua intensidade.	Mantenha um diário de gratidão. Todos os dias, anote três coisas que aconteceram pelas quais você é grato. A gratidão aumenta o humor positivo e reduz o estresse.
Para aumentar a extroversão	Comprometa-se a convidar um amigo para tomar um drinque nesta semana. A solidão e o isolamento social aumentam a introversão, e parte do caminho para combater isso é planejar atividades sociais. Se você não sabe por onde começar, experimente um aplicativo de amizade como o Frim para encontrar pessoas que pensam como você em sua região.	Coloque para si mesmo o desafio de dizer "olá" a um estranho nesta semana e, se você se sentir confiante o suficiente, tente conversar um pouco. Pesquisas sugerem que achamos conversar com estranhos muito mais agradável do que pensamos e tendemos a causar uma impressão melhor do que imaginamos.
Para aumentar a conscienciosidade	Antes de ir dormir à noite, anote as coisas que você terá de fazer no dia seguinte. Isso não apenas o ajudará a ser mais organizado, mas um estudo recente também descobriu que isso ajuda a reduzir a insônia ao fornecer algum tipo de encerramento para tarefas ainda incompletas.	Reflita honestamente sobre um compromisso ou tarefa que você está adiando e comprometa--se a realizá-la nesta semana. Se você não sabe por onde começar, pergunte-se: Qual é a próxima ação que preciso tomar para fazer isso?
Para aumentar a amabilidade	Envie uma nota de agradecimento a um amigo, parente ou colega. Um estudo recente descobriu que os destinatários de notas de agradecimento se beneficiam delas muito mais do que esperamos.	Faça um elogio a alguém no trabalho (ou na sua vizinhança). Atos civis como esse tendem a se propagar na medida em que as pessoas retribuem a gentileza recebida.
Para aumentar a abertura	Comece a assistir dramas de outros países menos conhecidos na TV; expor-se a outras culturas ampliará seu modo de pensar.	Junte-se a um grupo de leitura de livros. A leitura de ficção literária, em particular, tem sido associada a uma maior capacidade de considerar as perspectivas de outras pessoas.

Capítulo 2

ESTILINGUES E FLECHAS

A *Verrio*, uma pintura de Antonio Verrio, retrata a fundação da Escola Real de Matemática, a Royal Mathematical School, na Inglaterra, em 1673. Ela está pendurada no tenebroso refeitório do internato Christ's Hospital há centenas de anos. Com cerca de 26 metros de comprimento, dividida em três painéis, é uma das maiores pinturas do mundo. Muitas gerações de funcionários e alunos se maravilharam com ela.

Alguns alunos ficam mais impressionados com essa enorme pintura do que outros. Quando frequentei a escola na década de 1990, um dos meus colegas mais instáveis, chamado George (nome fictício), espetou um pedaço de manteiga com sua faca e depois o atirou direto n'A *Verrio*, aparentemente apenas a título de bagunçar. A bolota gelada permaneceu na tela por um momento e deixou uma mancha gordurosa ao cair com um baque surdo no chão do refeitório.

O atirador de manteiga foi severamente punido na época, mas menos de doze meses depois foi nomeado como nosso novo capitão da casa (o aluno escolhido pelo mestre da casa para ajudar a manter a ordem na pensão). Meus amigos e eu não éramos anjos, mas certamente éramos mais discretos em nossas travessuras do que o nosso novo capitão da casa. Dizer que ficamos surpresos com sua nomeação é um eufemismo. Estou contando essa história não por uma amargura que me persegue, mas porque, sabendo ou não, os professores da minha escola agiram com perspicácia na psicologia da mudança de personalidade.

Uma das principais teorias sobre como as personalidades mudam ao longo da vida é conhecida como a teoria do investimento social: os papéis que você assume, seja casar, começar em um novo emprego ou tornar-se capitão de pensão, podem moldar sua personalidade — especialmente se os papéis o levarem a ser recompensado consistentemente por certos padrões de um novo tipo de comportamento.

Dar a meu companheiro de moradia George, que era um pouco malandro, a responsabilidade de ser o capitão da casa foi uma jogada inteligente. A responsabilidade extra, o gesto público de acreditar em sua capacidade de ser bom e a exigência de que ele fosse disciplinado para cumprir com os seus deveres, tudo estava combinado para aumentaro seu traço de conscienciosidade (aliás, hoje George também trabalha como professor!).

Neste capítulo, dou a você um esboço das muitas maneiras pelas quais as personalidades tendem a mudar ao longo da vida — não apenas nos papéis sociais que você assume, como casar e ter filhos, mas também em resposta às estilingadas e flechadas lançadas em sua direção, incluindo se divorciar ou perder o emprego. Mostrarei nossa tendência geral em mudar ao longo dos diferentes estágios da vida, à medida que amadurecemos e envelhecemos. Estar ciente dessas mudanças permitirá que você as antecipe, capitalize seu valor positivo e faça o possível para evitar o negativo.

Você não é uma lousa em branco. O tipo de pessoa que você é não é inteiramente produto das coisas que você fez ou que aconteceram com você. Sua personalidade vem de uma mistura de suas experiências e de seus genes: na verdade, de 30% a 50% da variação de personalidade entre as pessoas decorre dos genes que herdaram de seus pais e o restante de diferenças em suas experiências.

As coisas não são totalmente separadas quando se trata dessas duas forças de modelagem. As características com as quais você nasceu, em virtude de seus genes, são um pouco como o seu *setup* de fábrica para a vida e, portanto, também moldam os tipos de situação em que você se encontra. Por exemplo, é lógico que, se você é geneticamente inclinado a ser extrovertido, provavelmente passará mais tempo em situações sociais (o que provavelmente o tornará ainda mais extrovertido). Se você é geneticamente inclinado a ter a mente aberta, é mais provável que leia e descubra novas ideias e novos pontos de vista, tornando sua mente ainda mais aberta. Pessoas altamente agradáveis tendem a se colocar em situações agradáveis e são hábeis em difundir argumentos, o que torna muito mais fácil ser amigável e descontraída. Dessa forma, até mesmo influências genéticas modestas na personalidade podem se tornar uma bola de neve, afetando o tipo de experiências que você tem.

Antes de examinar em detalhes como a personalidade se desenvolve ao longo da vida adulta, vamos retroceder e considerar o tipo de personalidade que você tinha quando bebê e criança. Especificamente, quais fatores o influenciaram naquela época e se existe alguma conexão entre a maneira como você era quando criança e o tipo de pessoa que você se tornou depois de adulto.

SUA HISTÓRIA DE ORIGEM

De posse das suas pontuações no teste de personalidade do capítulo anterior, você agora tem uma análise detalhada do seu perfil de personalidade atual. Sabendo disso, lembre-se de que há sempre um fio de continuidade na vida das pessoas. Até mesmo a maneira como você se comportou quando bebê pode gerar pistas sobre o tipo de pessoa que você se tornou.

Os bebês não têm personalidades totalmente formadas. Na verdade, os psicólogos falam sobre o "temperamento" infantil, que é definido de acordo com três características. "Controle esforçado" é quão bem um bebê pode se concentrar e resistir à distração — por exemplo, persistir em uma brincadeira desafiadora em vez de pular impetuosamente de um brinquedo ou objeto para outro (como uma forma inicial de consciensiosidade adulta). Há também a "afetividade negativa", que é essencialmente quanto um bebê chora, se assusta e se frustra (é claramente o precursor do traço do neuroticismo no adulto). E, finalmente, há a "surgência", que tem a ver com perseverança, sociabilidade e níveis de energia (e é a versão infantil da extroversão).

Seu temperamento infantil certamente não é obra do destino, mas é um pouco do que torna você *você* mesmo que já começa a se manifestar. Um recente estudo russo buscou ligações entre o temperamento de indivíduos quando eles tinham apenas alguns meses de idade e depois em sua personalidade aos 8 anos, avaliadas em ambos os casos por seus pais.[1] Eles encontraram algumas consistências surpreendentes. Por exemplo, bebês com mais energia que sorriam mais se transformaram em crianças de 8 anos emocionalmente mais estáveis. Da mesma forma, bebês com mais foco e concentração passaram a ser o tipo de criança que mantém seu quarto arrumado e chegam à escola no horário. Mas nem tudo combinava; por exemplo, bebês sorridentes e mais extrovertidos não pontuaram mais em extroversão quando crianças.

Quanto mais tarde medirmos a personalidade de uma criança, mais forte será a relação que ela provavelmente terá com seu caráter adulto. Quando os pesquisadores compararam os perfis de personalidade adulta de pouco mais de mil jovens de 26 anos (todos nascidos em Dunedin, Nova Zelândia, em 1972 ou 1973) com as pontuações comportamentais que esses mesmos indivíduos receberam aos 3 anos de idade, eles encontraram muitas consistências surpreendentes. Para dar apenas um exemplo, as crianças "confiantes" se tornaram os adultos mais extrovertidos e as crianças inibidas se tornaram os menos extrovertidos.[2]

Embora certamente não sejam imutáveis, seus primeiros hábitos de comportamento, pensamento e relacionamento com o mundo guardam consequências de longo alcance no tempo. Você pode ter ouvido falar dos famosos experimentos com teste de *marshmallow* do psicólogo Walter Mischel. Ele desafiou as crianças a resistir por quinze minutos a comer um *marshmallow* de aparência deliciosa enquanto ele as deixava sozinhas na sala. Se o doce não tivesse sido comido quando ele voltasse, elas seriam recompensadas com a chance de devorar dois *marshmallows*. Mais tarde na vida, as crianças que mostraram fortes poderes de autocontrole nos testes de Mischel (sugerindo que teriam pontuações altas no traço de temperamento de controle esforçado) tendiam a ser mais saudáveis e a se sair melhor na escola, carreira e relacionamentos. Da mesma forma, pesquisadores em Luxemburgo compararam recentemente as avaliações de conscienciosidade que centenas de crianças receberam de seus professores quando tinham 11 anos de idade e descobriram que, quanto mais alto pontuavam, melhor suas carreiras estavam indo quarenta anos depois em termos de sucesso, remuneração e satisfação no trabalho.[3]

Agora vamos ver como suas próprias experiências de infância — com seus pais, irmãos e amigos — podem ter moldado o tipo de personalidade com a qual você começou a vida.

Seus pais

"Sua mãe e seu pai foderam com a sua cabeça", escreveu o poeta Philip Larkin.[4] Essa é uma avaliação grosseira. Na verdade (excluindo os casos de maus-tratos), a psicologia moderna vê a influência dos pais sobre os filhos como surpreendentemente modesta. Eu digo "surpreendentemente" em razão da enorme indústria de conselhos construída em torno de dizer aos pais como eles devem ou não criar os filhos. No entanto, para tomar emprestada uma metáfora da psicóloga do desenvolvimento Alison Gopnik, devemos pensar na parentalidade menos como o treinamento intensivo de um animal (embora às vezes possa parecer assim) e mais como um jardineiro que cuida gentilmente de suas plantas, "fornecendo um ambiente rico, estável e seguro que permite que muitos tipos diferentes de flores desabrochem".[5]

Pense em seus próprios pais. Eles tentavam controlar tudo o que você fazia e até que ponto? Quanto eles invadiam a sua privacidade? Eles pareciam emocionalmente frios? Nunca elogiavam você? Se você respondeu *sim* a todas as quatro perguntas, isso sugere que seus pais eram controladores e frios.[6] Pense novamente: seus pais o enchiam de afeto? Eles falavam com você? Eles o encorajavam, mas estabeleciam limites e às vezes o proibiam de fazer o que você queria? Nesse caso, isso soa mais como um estilo rigoroso, que geralmente é considerado mais benéfico para a criança.

Estudos sugerem que os filhos de pais mais rigorosos tendem a ser mais capazes de regular suas próprias emoções (eles provavelmente passariam no teste do *marshmallow* de Mischel), têm maior probabilidade de se destacar nos estudos e geralmente se comportam melhor — por exemplo, eles são menos propensos a ter problemas na escola.[7] Em termos de personalidade, podemos pensar nisso como neuroticismo inferior e conscienciosidade e abertura superiores. Temos uma história semelhante se olharmos para a pesquisa que perguntou aos adultos sobre suas memórias de como seus pais os criaram: os indivíduos menos afortunados que dizem que seus pais eram frios e controladores tendem a pontuar mais alto em neuroticismo quando adultos e mais baixo em conscienciosidade.[8]

O estilo parental também é relevante para o desenvolvimento da coragem, um conceito que ganhou força nos últimos anos devido a alegações de que esse seria o segredo para um estrondoso sucesso na vida.

Garra é realmente um subcomponente da conscienciosidade. Está associado a ter paixão e perseverança — em outras palavras, ter um foco único em um ou mais objetivos específicos e ter força de vontade e dedicação para trabalhar por eles. Em seu livro definitivo sobre o assunto, *Grit* (*Garra*, publicado no Brasil em 2016, pela Intrínseca), a psicóloga Angela Duckworth, da Universidade da Pensilvânia, argumenta que os pais que dão muito apoio aos filhos, mas também são exigentes, incentivando-os a realizar (ela chama a isso de "parentalidade sábia"), são mais propensos a ter filhos que crescem para ter garra.[9]

Outro conceito fascinante a ter em mente ao pensar em como seus pais podem ter moldado sua personalidade é que alguns de nós podemos ser muito mais sensíveis a essas influências, boas e más, do que outros. Em seu artigo histórico publicado em 2005, o pediatra W. Thomas Boyce e o psicólogo Bruce Ellis cunharam o belo termo "crianças-orquídea" para descrever as crianças que são particularmente vulneráveis a "murchar" (no sentido de perder a vontade, a força) quando tratadas com severidade, mas que florescem magnificamente quando recebem cuidado e atenção.[10] Eles se referem a crianças menos sensíveis, cujo desenvolvimento é muito mais imune à sua criação, boa ou má, como "crianças dente-de-leão".

Confira algumas afirmações com base na Escala de Criança Altamente Sensível; quanto mais você concordar, maior a probabilidade de que seja uma orquídea:[11]

Acho desagradável ter muita coisa acontecendo ao mesmo tempo.

Eu amo sabores agradáveis.

Percebo quando pequenas coisas mudam em meu ambiente.

Não gosto de barulhos altos.

Quando alguém me observa, fico nervoso. Isso me faz ter um desempenho pior do que o normal.

Se você acredita ter uma disposição para orquídeas e que seus pais tinham tendências para o estilo autoritário ou pior, sinto muito por você, mas espero que também seja motivador pensar que, no ambiente certo, você ainda pode prosperar e florescer. Como adulto, você pode ter maior controle sobre as situações e culturas pelas quais transita, o que lhe dá a chance de atingir seu potencial.

Seus irmãos

Outra ideia popular é a de que a sua personalidade é influenciada pela ordem de nascimento em sua família. Kevin Leman, psicólogo e autor sobre o assunto, escreveu: "A única coisa em que você pode apostar é que o primogênito e o segundo filho de qualquer família serão diferentes".[12] O argumento comum é que o primogênito tem a atenção total — e um tanto nervosa — dos pais (porque é o primeiro filho), o que o molda para ser consciencioso; os nascidos depois, em contraste, são caricaturados como mais livres e em busca de atenção.

Essas sugestões são intuitivamente atraentes e apoiadas por evidências causais. Considere que os primogênitos estão super-representados entre os ex-presidentes americanos, perfazendo vinte e quatro dos primeiros quarenta e seis presidentes, incluindo George W. Bush, Jimmy Carter, Lyndon Johnson e Harry Truman. Mais recentemente, Bill Clinton foi um primogênito e Barack Obama foi criado como tal (ele tinha meios-irmãos mais velhos com quem não morava). Em outros lugares, os líderes europeus Angela Merkel e Emmanuel Macron são primogênitos. Entre os astronautas, 21 dos primeiros 23 astronautas enviados ao espaço eram primogênitos.[13] A história é semelhante nos negócios, com Sheryl Sandberg, Marissa Mayer, Jeff Bezos, Elon Musk e Richard Branson, para citar apenas alguns CEOs famosos, sendo todos primogênitos.

No entanto, a ideia de uma personalidade primogênita foi minada de forma convincente por dois estudos definitivos publicados em 2015. Essas investigações foram elaboradas com maior cuidado do que quaisquer outras anteriores. A maioria das pesquisas anteriores baseava-se em irmãos avaliando a personalidade uns dos outros, o que não era a medida mais confiável. Os novos estudos também foram enormes em escopo. Um envolvia dados sobre traços de personalidade e ordem de nascimento de mais de vinte mil pessoas.[14] O outro tinha quase quatrocentos mil participantes.[15] Juntos, os novos estudos descobriram que a evidência anedótica causal é enganosa e que a ordem de nascimento na verdade tem poucas ou insignificantes associações com a personalidade. "A conclusão é inevitável", escreveram os especialistas em personalidade Rodica Damian e Brent Roberts, ambos dos Estados Unidos, em um comentário: "A ordem de nascimento não é um fator importante para o desenvolvimento da personalidade".[16]

Embora a ordem de nascimento não seja significativamente relevante para o desenvolvimento da personalidade, o espaçamento entre nascimentos pode ser. Ou seja, o tamanho do intervalo entre a idade de um irmão e de outro. Um estudo britânico recente realizou repetidos testes de personalidade durante 42 anos com mais de quatro mil pessoas nascidas em 1970, todas com um irmão mais velho.[17] Esse estudo demonstrou que, quanto maior a diferença de idade entre os irmãos, maior a probabilidade de que o irmão ou a irmã mais novos tenham uma personalidade introvertida e emocionalmente instável.

Especulando sobre por que o espaçamento entre nascimentos tem esse efeito, os pesquisadores da Universidade de Maastricht sugeriram que ter irmãos com idades mais próximas é benéfico porque eles brincam e competem juntos e é mais provável que recebam atenção conjunta e ensino de seus pais (consonantes com essa, outras pesquisas descobriram que pré-escolares com mais irmãos tendem a ter um desempenho melhor em teoria de testes mentais, que medem a capacidade de pensar nas coisas do ponto de vista de outras pessoas, uma parte fundamental de ter uma personalidade agradável). Os pesquisadores de Maastricht chegaram a sugerir que os governos podem decidir encorajar diferenças de idade mais curtas entre irmãos — por exemplo, por meio de incentivos relacionados à licença parental como forma de promover personalidades mais adaptáveis nas crianças. No entanto, dado que a ideia anteriormente popular de que a ordem de nascimento afeta a personalidade foi desmascarada recentemente por pesquisas rigorosas, é sábio tratar as novas descobertas de espaçamento de nascimento com cautela até que mais evidências sejam reunidas.

E se você não tiver irmãos? Há um estereótipo negativo generalizado sobre filhos únicos: como recebem toda a atenção dos pais e não precisam compartilhar, tornam-se mimados e egoístas. Claro que esta é uma generalização abrangente, mas — e digo isso com relutância, como filho único — pode haver um fundo de verdade nisso, pelo menos de acordo com pesquisas realizadas na China, um país que por anos manteve uma política governamental de filho único como forma de controlar a superpopulação. Um estudo que comparou os traços de personalidade e as tendências comportamentais de pessoas nascidas pouco antes ou pouco depois da introdução da política do filho único na China constatou que os do último grupo, predominantemente filhos únicos, tendiam a ser "menos confiantes, menos confiáveis, mais avessos a riscos, menos competitivos, mais pessimistas e menos conscienciosos".[18]

Em outro estudo, pesquisadores chineses examinaram o cérebro de voluntários adultos, alguns dos quais eram filhos únicos e outros que tinham irmãos, e então esses voluntários completaram testes de personalidade e um desafio de criatividade. Os filhos únicos pontuaram significativamente mais baixo no traço de amabilidade do que os participantes com irmãos (eles se descreveram como menos amigáveis, simpáticos ou altruístas), e isso parecia se correlacionar com o fato de terem menos massa cinzenta em uma parte frontal do cérebro que está envolvida em pensamentos sobre si mesmo em relação a outras pessoas.

Pelo lado positivo, os filhos únicos superaram os demais na tarefa de criatividade, que, entre outras coisas, envolvia inventar usos inusitados para uma caixa de papelão. Portanto, brincar sozinho o tempo todo quando criança não é bom para desenvolver uma personalidade calorosa e sociável, mas ajuda a desenvolver uma mente mais criativa. (Isso está de acordo com a minha própria experiência pessoal. Eu costumava passar horas elaborando enredos de jogos sofisticados com meus brinquedos.)

Seus amigos

A psicologia popular dá muita importância aos poderosos efeitos da parentalidade e da ordem de nascimento, mas são suas primeiras amizades que provavelmente tiveram a maior influência em sua personalidade. Na verdade, olhando novamente para os estudos de gêmeos e de adoção que revelaram as modestas influências da parentalidade na personalidade, eles também mostraram que, em termos de influências ambientais (ou seja, influências não genéticas), o mais importante são as experiências pessoais que cada um de nós vive em vez daquelas que compartilhamos com nossos irmãos.

Para testar a influência de amizades muito precoces, pesquisadores da Michigan State University recentemente organizaram grupos de observadores que estiveram em salas de aula várias vezes entre outubro e maio.[19] Os observadores avaliaram duas turmas de pré-escolares — uma de 3 anos, a outra de 4 anos de idade — em termos de temperamento e das crianças com quem brincavam. A descoberta fascinante foi que as crianças adquiriram as características dos amigos com quem brincavam com maior frequência, especialmente em termos de quanta emoção positiva tendiam a exibir e quanto planejamento e controle de impulso demonstravam (ou deixavam de demonstrar) na maneira como brincavam e se relacionavam com os outros. Por exemplo, uma criança que passava muito tempo brincando com um amigo feliz e bem-comportado era mais propensa a demonstrar mais felicidade e bom comportamento quando observada novamente alguns meses depois. Coerente com a ideia de que a personalidade é mais plástica do que engessada, também foi perceptível que a maioria das crianças apresentou um nível moderado de mudança em seus traços ao longo do estudo. "A natureza dinâmica do desenvolvimento da personalidade é evidente desde os 3 aos 5 anos de idade", disseram os pesquisadores.

A importante influência de nossos colegas em nossa personalidade continua na adolescência. Um dos maiores estudos já realizados sobre intervenções para ajudar adolescentes em situação de risco mostrando sinais precoces de comportamento antissocial descobriu que, mais importante do que o comportamento dos pais ou os esforços dos professores para ajudar, era o tipo de amigos com quem eles andavam: juntar-se a amigos agradáveis e conscienciosos era fundamental para garantir a eficácia de qualquer iniciativa organizada.[20] Também no início da idade adulta, há pesquisas que demonstram que pessoas na faixa dos 20 anos tendem a adquirir as características de seus amigos; por exemplo, ter um amigo fortemente extrovertido tenderá a aumentar sua própria extroversão.[21]

Pense em suas próprias amizades. Seu melhor amigo era rebelde ou trabalhador? Você caiu em um grupo que gostava de correr riscos, experimentar e ir contra as regras, ou era um grupo de amigos ambiciosos e autodisciplinados? É claro que, até certo ponto, a sua própria personalidade teria influenciado o tipo de colegas com quem você acabou se misturando. No entanto, há também um grande elemento de sorte e conveniência envolvido na amizade (pesquisas clássicas de psicologia da década de 1950 mostraram que a proximidade desempenha um papel fundamental: era mais provável que você acabasse sendo amigo das crianças que moravam na casa ao lado do que daqueles que moravam a dois quarteirões de distância). Relembrar esses primeiros relacionamentos pode ajudar a entender a sua personalidade hoje: é muito provável que algumas das características de seus amigos tenham passado para você.

PROVAÇÕES E TRIBULAÇÕES

Uma das principais razões pelas quais sua natureza infantil não se encaixa perfeitamente em sua personalidade adulta é o pequeno resquício da adolescência a ser superado — o período tumultuado da vida em que estamos nos descobrindo e quando a personalidade geralmente mostra a maior mudança.

Há evidências de que a personalidade realmente regride por um curto período no início da adolescência (muitos pais certamente concordarão com isso), no sentido de que a maioria dos adolescentes tende a mostrar reduções temporárias em sua autodisciplina, sociabilidade e mente aberta — sugerindo que há alguma verdade no clichê do adolescente mal-humorado que prefere ouvir música sozinho em um quarto bagunçado do que se aventurar com os amigos. Além disso, para as meninas, mas não para os meninos, geralmente há um aumento inicial e temporário de instabilidade emocional. Os psicólogos ainda não identificaram o motivo dessa diferença entre os gêneros, embora isso sugira que o início da adolescência pode ser um período emocionalmente mais complicado para as meninas ou que elas acham mais difícil do que os meninos obter o apoio de que precisam de seus pais ou outros relacionamentos.

Então, seja qual for o seu sexo, conforme você se aproxima do final da adolescência e do início da idade adulta, a sua personalidade provavelmente começa a amadurecer novamente: em média, as pessoas nessa idade geralmente começam a se acalmar emocionalmente e a demonstrar maior autodisciplina e autocontrole. E, mesmo depois de atingir a idade adulta, você provavelmente descobrirá que a sua personalidade continuou a amadurecer. Para investigar essas mudanças ao longo da vida, os psicólogos compararam os perfis médios de personalidade de pessoas em seus diferentes estágios. Uma impressionante pesquisa recente comparou a personalidade de mais de um milhão de voluntários de 10 a 65 anos.[22] Eles também conduziram muitos estudos nos quais mediram repetidamente a personalidade das mesmas pessoas ao longo de muitos anos ou mesmo décadas.

Qualquer que seja a abordagem adotada, os pesquisadores geralmente encontram a mesma coisa: à medida que as pessoas envelhecem, elas tendem a se tornar menos ansiosas e mal-humoradas, mais amigáveis e empáticas, mas, por outro lado, também menos extrovertidas, sociáveis e de mente aberta. Enquanto isso, a autodisciplina e as habilidades organizacionais tendem a aumentar na primeira metade da vida adulta, atingem o pico na meia-idade e depois voltam a diminuir, possivelmente em parte devido ao que foi chamado de "efeito *dolce vita*" — o alívio de responsabilidades e preocupações na vida adulta.

No jargão da ciência da personalidade, à medida que envelhece, você pode esperar aumentos na estabilidade emocional e na amabilidade, mas também a diminuição na extroversão e na mente aberta (sua conscienciosidade, em geral, primeiro aumenta e depois diminui). Vale a pena ter em mente esses padrões típicos em relação ao desenvolvimento de sua própria personalidade. Dê uma olhada em suas pontuações de personalidade do capítulo 1 e pense novamente sobre os traços que você gostaria de mudar.

Se você é uma jovem que gostaria de ser mais emocionalmente estável e mais conscienciosa, por exemplo, a boa notícia é que você provavelmente descobrirá que essa é a maneira como mudará naturalmente à medida que amadurece até a meia-idade (ou seja, sem a necessidade de tomar medidas conscientes para alterar suas características). Se você fizer esforços deliberados para mudar a si mesma — por exemplo, usando o conselho mais adiante neste livro —, estará trabalhando a favor de si mesma, por assim dizer. Por outro lado, se você é uma idosa e se orgulha de sua mente aberta, pode ser útil saber que a tendência típica é de que essa característica diminua nessa fase da vida.

Essas são mudanças de traços amplas e longevas com as quais você pode contar ao longo da vida. Mas e o impacto sobre a personalidade de experiências mais específicas, como divórcio, casamento, desemprego e luto?

Poucos eventos da vida são tão turbulentos quanto o divórcio. Depois de anos pensando como um "nós", o divórcio força uma mudança abrupta na autoidentidade. Como Elizabeth Barrett Browning teria dito a seu marido, Robert Browning: "Eu te amo não apenas pelo que você é, mas pelo que sou quando estou com você". Não é surpresa que os psicólogos tenham descoberto que o divórcio é um dos principais eventos da vida que podem deixar uma marca na personalidade. Tomemos como exemplo o que aconteceu com a ex-Bond girl e supermodelo Monica Bellucci e seu marido ator, o francês Vincent Cassel. Eles eram um verdadeiro supercasal, a resposta europeia para Brad Pitt e Angelina Jolie. Mas depois de dezoito anos juntos, incluindo catorze como esposa e marido, dois filhos e aparições conjuntas em pelo menos oito filmes, eles anunciaram sua separação em 2013.

As consequências atingiram Bellucci e Cassel da mesma forma que a qualquer casal menos famoso. Bellucci diz que a separação a forçou a se tornar "mais estruturada, mais fundamentada"; em termos de personalidade, mais conscienciosa e menos neurótica. "Antes, eu era só emoção", disse ela em uma entrevista de 2017.[23] "Esta é uma nova parte de mim que estou descobrindo agora nos meus 50 anos." Enquanto isso,

Cassel mudou-se de Paris, onde morava com Bellucci, para o Rio de Janeiro. "Em certo ponto da vida, um homem tem a possibilidade de se reinventar quantas vezes quiser", disse ele.[24]

A pesquisa sobre os efeitos do divórcio na personalidade revelou resultados diversos. Um estudo americano testou a personalidade de mais de dois mil homens e mulheres americanos duas vezes em um período entre seis e nove anos.[25] Entre as mulheres, as que se divorciaram naquela época tendiam a demonstrar sinais de maior extroversão e abertura para novas experiências, talvez porque elas achassem a experiência libertadora (embora isso não corresponda exatamente à descrição de Bellucci sobre sua mudança de personalidade pós-divórcio, ela também disse que "se sentiu muito viva" e "muito energizada" após a separação).[26] Por outro lado, os homens, nesse mesmo estudo, que passaram por um divórcio demonstraram mudanças na personalidade, sugerindo que se tornaram mais instáveis emocionalmente e menos conscienciosos, como se o relacionamento tivesse dado a eles um apoio e uma estrutura que agora lhes faltava.

Outras pesquisas descobriram padrões diferentes. Por exemplo, um estudo alemão com quinhentos homens e mulheres descobriu que, para ambos os sexos, o divórcio tende a reduzir a extroversão, talvez porque, quando o casamento termina, algumas pessoas tendem a perder os amigos que fizeram como casal. Outro estudo, desta vez envolvendo mais de catorze mil alemães, descobriu que o divórcio aumentou a abertura dos homens à experiência, o que parece ser um paralelo à mudança de Vincent Cassel para o Brasil e sua crença na chance de reinvenção.[27]

A pesquisa sobre o divórcio mostra como podemos usar a ciência da mudança de personalidade para antecipar o impacto dos principais eventos da vida. O estudo alemão que descobriu que homens e mulheres tendem a se tornar mais introvertidos após o divórcio é um exemplo disso. Se você já experimentou o infortúnio de passar por um divórcio (ou outro rompimento significativo de relacionamento), ou mesmo se estiver passando pela provação agora, pode se beneficiar ao reconhecer que um resultado possível é que você se tornará mais introvertido justamente no momento em que poderia se beneficiar de se tornar mais extrovertido.

De fato, outra pesquisa mostra como sentir-se solitário, seja devido ao divórcio ou por qualquer outro motivo, pode ter esse efeito contraproducente na personalidade. Ainda outro estudo realizado na Alemanha, desta vez envolvendo mais de doze mil mulheres e homens, descobriu que aqueles que se descreveram inicialmente como solitários tendiam a demonstrar extroversão e amabilidade reduzidas no final do estudo em comparação com o início.[28]

Isso não é muito surpreendente, já que outras pesquisas sobre os efeitos psicológicos da solidão apontam que ela tende a nos tornar altamente sensíveis a desrespeitos e rejeições sociais. Esta é provavelmente uma ressaca evolutiva; um certo grau de paranoia teria dado alguma vantagem aos nossos ancestrais que se encontravam sozinhos em um mundo perigoso. Mas o infeliz efeito colateral é que as pessoas solitárias são mais rápidas em detectar sinais de rejeição, como costas viradas ou rostos zangados, e seu cérebro é altamente sintonizado com palavras sociais negativas como *sozinho* e *solitário*.[29]

Uma grande experiência de vida completamente diferente que a pesquisa sugere e pode ter um impacto ainda maior em sua personalidade é ser demitido do emprego. Se você for como muitas outras pessoas, sua função no trabalho representa uma parte importante da sua identidade e confere uma estrutura relevante à sua vida. Se tiver a infelicidade de perder seu emprego (e você terá essa resposta caso isso já lhe tenha acontecido), descobrirá que de repente tem todo o tempo à sua disposição e agora não terá resposta para a inevitável pergunta "Então, o que você vai fazer agora?" quando o questionarem em eventos sociais. Tudo isso pode levar a grandes mudanças de pensamento, sentimento e comportamento — os fundamentos dos seus traços de personalidade.

É provável que os efeitos exatos em sua personalidade variem com o tempo, dependendo de quanto durar o seu período como desempregado. Uma equipe de psicólogos liderada por Christopher Boyce demonstrou isso estudando milhares de alemães que completaram testes de personalidade com quatro anos de intervalo.[30] Ao longo desse período, 210 voluntários perderam seu emprego e continuaram desempregados, ao passo que outros 251 perderam o emprego mas encontraram novas atividades no espaço de um ano.

Os resultados foram diferentes para homens e mulheres: homens recém-desempregados demonstraram um ganho inicial em seus níveis de amabilidade, talvez porque tenham se esforçado para se ajustar e causar uma boa impressão entre seus amigos e familiares. Permanecer desempregados por anos, no entanto, cobrou um preço, e eles acabaram sendo menos amáveis do que os outros homens que continuaram em seu trabalho. Homens desempregados também se tornaram gradualmente menos conscienciosos ao longo dos anos. Podemos imaginar isso se manifestando de várias maneiras, como ser menos ambicioso, menos focado, mais preguiçoso e menos motivado, menos pontual e ter menos orgulho de sua aparência. Em contraste, as mulheres demitidas apresentaram quedas iniciais em sua amabilidade e sua conscienciosidade decaiu, mas depois se recuperaram, mesmo permanecendo desempregadas por muitos anos. Os pesquisadores acreditam que isso pode acontecer porque as mulheres encontram novas maneiras de estruturar seus dias e de buscar recompensas pelo trabalho árduo relacionado aos papéis de gênero tradicionalmente femininos.

Em uma nota positiva, os participantes do estudo que retornaram ao emprego antes da conclusão da pesquisa não demonstraram nenhuma diferença de personalidade em comparação com aqueles que permaneceram no trabalho o tempo todo, sugerindo que aqueles que encontraram novo emprego se recuperaram de qualquer situação adversa causada pelo desemprego.

O que é preocupante é a maneira como o desemprego crônico levou a personalidade dos homens a mudar de maneira contraproducente, semelhante ao que acontece com a redução do traço da extroversão nos casos de solidão. Maior amabilidade e conscienciosidade aumentarão suas chances de encontrar um novo emprego, mas a pesquisa mostrou que, quanto mais tempo os homens ficam desempregados, mais baixas ficam suas pontuações nessas características — uma espiral negativa preocupante.

Felizmente, experiências e oportunidades na vida podem definitivamente nos mudar de maneira positiva também (lembre-se de meu colega de classe rebelde que prosperou depois de ser nomeado capitão de pensão). Tom Hardy, ator indicado ao Oscar, sabe disso melhor do que ninguém. Um rebelde por completo, seu vício em bebida e drogas, que começou na adolescência, atingiu seu pior ponto em 2003, quando, aos 26 anos, ele acordou de uma noite pesada de bebedeira em uma sarjeta no Soho de Londres, coberto em seu próprio vômito e sangue. Desde então, ele virou uma nova página e é um dos atores mais respeitados e sérios de Hollywood. Ele credita a isso as novas oportunidades que surgiram em seu trabalho: "Atuar era algo que eu sabia fazer — e, porque descobri que era bom nisso, queria me empenhar e investir tempo e esforço. Hoje em dia, tenho a sorte de viver atuando; algo que amo e me faz aprender coisas novas todos os dias".[31]

A experiência de Hardy corrobora a pesquisa sobre os efeitos positivos do trabalho e empregos na personalidade, que são opostos aos efeitos nocivos da perda do emprego. Quando os jovens começam em seu primeiro emprego, sua consciência aumenta consideravelmente quando comparada com o cenário anterior.[32] A explicação psicológica é que os empregos exigem de nós uma remodelagem na maneira como pensamos, sentimos e nos comportamos, de modo que, com o tempo, nos moldamos para atender a essas demandas. Para a maioria dos empregos, isso significa maior organização, autodisciplina e controle de impulsos — as características que compõem o traço de conscienciosidade e nos ajudam a entregar os projetos no prazo e a promover relações tranquilas com colegas e clientes. A pesquisa também mostra que as promoções podem ter um efeito semelhante aos do primeiro emprego: presumivelmente, à medida que as demandas de uma função aumentam, elas novamente nos forçam a adaptações, levando a ganhos adicionais em conscienciosidade e abertura à experiência.[33]

Outro evento importante, geralmente feliz, que ocorre na vida de muitas pessoas é morar com um parceiro e depois, para alguns, casar. Quanto a morar juntos, uma descoberta consistente entre casais heterossexuais é que os homens tendem a se tornar mais conscienciosos com o passar do tempo, talvez em uma tentativa de corresponder às expectativas de suas parceiras quanto à arrumação e limpeza (as mulheres, em média, pontuam mais em conscienciosidade).[34]

E os efeitos do casamento? Qualquer pessoa solteira que já passou pela experiência de um jantar com casais pode se perguntar se o casamento de alguma forma distorce a personalidade das pessoas para torná-las autossatisfeitas consigo próprias (como captado na cena do filme *O diário de Bridget Jones*, em que Bridget está cercada por casais condescendentes fingindo preocupação com seu *status* de solteira). Os psicólogos não responderam completamente a essa pergunta, mas outro estudo alemão, no qual os pesquisadores analisaram as mudanças de personalidade entre quase quinze mil pessoas durante um período de quatro anos, descobriu que os voluntários que se casaram durante a pesquisa apresentaram reduções na extroversão e na abertura para experiências — evidência concreta, talvez, de que o casamento torna as pessoas pelo menos um pouco mais chatas do que eram antes.[35]

Também há evidências de que o casamento pode atuar como uma espécie de campo de treinamento para certas habilidades de personalidade, sobretudo autocontrole e capacidade de perdoar, presumivelmente provocadas por todas aquelas vezes em que você tem de morder a língua em vez de arriscar uma discussão ou virar uma pessoa que perdoa quando seu cônjuge deixa a louça para você lavar ou paquera o vizinho. Psicólogos holandeses mostraram isso pedindo a cerca de duzentos casais recém-casados que preenchessem questionários logo após o casamento e novamente a cada ano pelos próximos quatro anos.[36] Esses voluntários casados demonstraram melhoras significativas em ambas as características; na verdade, o aumento que eles mostraram no autocontrole foi semelhante ao que se observou em pessoas que participam de programas de treinamento especificamente projetados para aumentar a autodisciplina.

É claro que os efeitos da personalidade no casamento dependerão um pouco do caráter e do comportamento de seu cônjuge e da trajetória de seu relacionamento. Outro estudo mediu a personalidade de cerca de 540 mães holandesas repetidamente ao longo de seis anos e descobriu que aquelas que relataram mais experiências diárias de amor e apoio de seus parceiros (e/ou de seus filhos) também tendiam a apresentar aumento em sua própria amabilidade e abertura — e redução no neuroticismo ao longo do tempo.[37] Esse é outro exemplo de como sua personalidade evolui e se adapta dependendo das circunstâncias nas quais você se encontra.

Infelizmente, também existem alguns eventos felizes na vida que não necessariamente terão consequências positivas para sua personalidade. O momento mais alegre que já vivi aconteceu em um dia ensolarado de abril de 2014: nasceram meus gêmeos. Os dois monstrinhos (uma menina e um menino) me trouxeram orgulho e felicidade incalculáveis, e tentar cuidar deles da melhor maneira possível redefiniu o sentido da minha vida. Isso me deu um propósito claro e uma direção que eu não tinha antes. Mas, desde aquele dia de abril, também é justo dizer que a vida tem sido uma espécie de turbilhão. É engraçado agora olhar para trás, para a vida antes dos filhos, e imaginar o que diabos minha esposa e eu fizemos com todo o nosso tempo livre. As constantes demandas sobre a nossa liberdade, as ansiedades e o peso da responsabilidade são todos grandes desafios.

Talvez sejam esses desafios, e em especial o estresse por tentar viver de acordo com os ideais de ser uma boa mãe ou um bom pai, que expliquem em parte por que a pesquisa apontou que a parentalidade pode ter efeitos adversos na personalidade, particularmente em relação à autoestima (um aspecto do traço de neuroticismo). Por exemplo, em um estudo recente, mais de oitenta e cinco mil mães na Noruega preencheram questionários durante a gravidez e várias vezes durante três anos após o parto.[38] Como era de esperar, a maioria dessas mulheres estava a mil durante os seis primeiros meses após darem à luz, e sua autoestima aumentou durante esse tempo. Mas, nos dois anos e meio seguintes, sua autoestima caiu cada vez mais. A boa notícia é que isso não parecia ser uma situação permanente. Algumas das mães participaram mais de uma vez na pesquisa e, quando retornaram ao estudo anos após o parto, seus níveis de autoestima geralmente haviam voltado ao normal.

No entanto, outra pesquisa envolvendo muitos milhares de pessoas descobriu de forma semelhante que ter um filho parece estar associado a efeitos adversos na personalidade, incluindo reduções na consciência e extroversão.[39] O efeito na extroversão faz sentido óbvio: é difícil ser divertido e sociável quando se está privado de sono e tem de levar o seu bebê para todos os lados. Mas o efeito adverso sobre a conscienciosidade é uma espécie de quebra-cabeça. Você pensaria que a enorme responsabilidade de ter um filho aumentaria a conscienciosidade, assim como foram encontrados resultados nos casos de empregos e promoções no trabalho. Uma explicação plausível é que as exigências são simplesmente excessivas e confusas quando adicionamos filhos à equação.

Finalmente, o que dizer do impacto inevitável, muitas vezes devastador, do luto? Em um relato em primeira mão particularmente comovente publicado pelo *Guardian*, Emma Dawson descreve a dor que experimentou após a perda de sua irmã mais nova, de apenas 32 anos, não como ondulações, mas mais como "trens de carga gigantescos que passam por cima da sua própria alma".[40] Ela registra como "parece que alguém tirou tudo de você — seus órgãos, seu coração, seu oxigênio, o seu próprio eu", e detalha o isolamento (desde evitar falar com os amigos), a ansiedade (incluindo pensamentos sobre sua própria mortalidade), a culpa (por não ter sido capaz de proteger sua irmã) e a raiva (desencadeada, por exemplo, pela frustração de seu filho de 3 anos estragar coisas que pertenciam à sua falecida irmã).

Em termos de traços de personalidade, há surpreendentemente pouca pesquisa sistemática sobre os efeitos do luto. Dos poucos estudos realizados, alguns não encontraram padrões de mudança nos enlutados em comparação com os participantes do grupo de controle, talvez porque os efeitos do luto sejam simplesmente tão variados e complexos que efeitos consistentes sobre a personalidade não foram descobertos. Um estudo encontrou evidências de aumento do neuroticismo após uma perda, o que refletiria o aumento da ansiedade e raiva que Emma Dawson descreveu.[41] Mais recentemente, pesquisadores na Alemanha acompanharam o mesmo grupo de pessoas por décadas e descobriram uma série de mudanças de personalidade relacionadas à perda de um cônjuge.[42] Por exemplo, antes de sua perda, as pessoas apresentaram aumentos na extroversão — presumivelmente devido a todo o esforço social envolvido em cuidar de seu cônjuge e contato com profissionais médicos — seguido por reduções na extroversão após a perda. E, sem surpresa, as pessoas demonstraram aumento do neuroticismo antes do momento da perda, mas gradualmente recuperaram sua estabilidade emocional nos anos seguintes. As descobertas fornecem outro exemplo claro da interação dinâmica entre personalidade e experiência.

A vida não é completamente aleatória

A dinâmica entre eventos de vida e personalidade não é inteiramente unidirecional: enquanto suas experiências moldam suas características, suas características também influenciam o tipo de vida que você provavelmente levará. Pesquisadores suíços recentemente avaliaram a personalidade de centenas de participantes e depois os entrevistaram seis vezes ao longo de três décadas.[43] Eles descobriram que pessoas com certos perfis de personalidade (em especial aquelas mais instáveis emocionalmente e menos conscienciosas) não apenas eram mais propensas a desenvolver depressão e ansiedade ao longo do estudo, mas também eram mais propensas a passar por mais rompimentos de relacionamento e perda de empregos — experiências perturbadoras que agora entendemos que, provavelmente, realimentam e moldam personalidades.

De todos os tipos de personalidade, as pessoas altamente agradáveis parecem ser as mais hábeis em moldar suas próprias experiências. Isso ajuda a explicar por que elas sempre parecem estar de bom humor. Pesquisadores confirmaram isso recentemente no laboratório de psicologia, medindo quanto tempo os participantes optaram por gastar olhando para uma variedade de imagens positivas ou negativas (como um bebê fofo ou uma fotografia de caveiras) e pedindo-lhes que escolhessem entre uma variedade de imagens agradáveis ou atividades menos agradáveis, como ouvir uma palestra sobre panificação ou dissecação corporal, ou assistir a um filme de terror ou uma comédia.[44] Comparados com outros, os pontuadores mais altos em amabilidade apresentaram um padrão consistente de preferir se expor a situações e experiências positivas.

Portanto, seus traços de personalidade influenciam claramente o tipo de experiências que você tem. Eles também afetam como você reage a essas experiências. Considere o casamento. Décadas de pesquisa descobriram que, embora dar esse nó geralmente traga um pico temporário de felicidade, isso logo volta à linha de base à medida que os recém-casados se ajustam ao seu novo estilo de vida. No entanto, um estudo recente descobriu que isso não é verdade para todos. Costumamos falar sobre algumas pessoas serem bons maridos ou boas esposas "materiais" (enquanto outras parecem mais adequadas para uma vida de solteiro). Consistente com essa visão, um estudo publicado em 2016 descobriu que, para algumas pessoas, o casamento parecia levar a um aumento duradouro da felicidade: especificamente, mulheres mais conscienciosas e introvertidas e homens mais extrovertidos demonstraram aumento prolongado na satisfação com a vida após o casamento, presumivelmente porque o novo estilo de vida de casado se adéqua a esses tipos de personalidade, embora isso ainda precise ser testado por pesquisas futuras.[45]

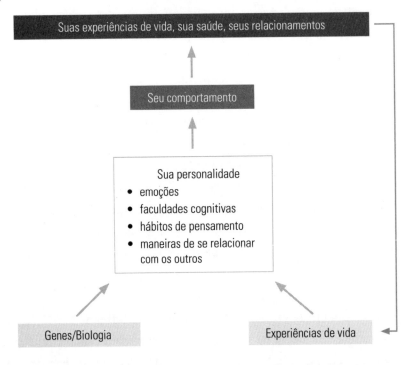

A personalidade molda e é moldada pela vida. Ao optar por alterar seu comportamento, seus hábitos e sua rotina, é possível mudar suas características e, assim, influenciar o tipo de vida que você levará.

Espero ter dado a você uma noção vívida neste capítulo de como sua personalidade está constantemente se moldando e sendo moldada por suas experiências. No próximo capítulo, eu me concentro em uma experiência muito comum na vida que é particularmente poderosa a esse respeito: lesões cerebrais e doenças mentais e físicas. Lesões e doenças podem causar mudanças de personalidade particularmente dramáticas e permanentes, e, portanto, é importante considerar seus efeitos em detalhes.

Antes de prosseguirmos, porém, reserve alguns minutos para refletir mais uma vez sobre o quadro geral: a história de sua vida e como ela o moldou até agora.

EXERCÍCIO: QUAL É A SUA HISTÓRIA DE VIDA?

A dificuldade em extrair lições da pesquisa sobre como os eventos da vida podem nos mudar é que nenhum estudo isolado pode capturar a confusa complexidade da vida real. Juntamente com as principais experiências de vida, existem muitas influências sutis que devem ser consideradas. E os grandes impactos não nos afetam isoladamente, mas se mantêm dentro do contexto de tudo o que aconteceu antes. O passado é um prólogo. Eventos profundos podem marcar os capítulos de sua vida, mas para entender verdadeiramente as forças que moldaram quem você é hoje, você precisa contemplar toda a sua história. "Se cada evento da vida é uma estrela", escreve a psicóloga Tasha Eurich em *Insight* (2017, sem publicação no Brasil), seu livro *best-seller* sobre autoconsciência, "nossa história de vida é a constelação."[46]

Aqui está um exercício de escrita que você pode fazer para refletir sobre a sua história de vida.[47] A maneira como você fará isso vai revelar coisas fascinantes sobre sua personalidade e como ela foi moldada por tudo o que você passou. Considerando que o questionário de personalidade no final do capítulo 1 revelou sua personalidade em uma série de pontuações de traços, refletir sobre sua vida e descrever sua própria história vai lhe conferir uma noção do que Dan P. McAdams, professor de psicologia da Northwestern University, chama de "identidade narrativa".[48]

Primeiro, pense em sua vida e eleja dois pontos altos notáveis e autodefiníveis ou "experiências de pico"; dois pontos baixos (ou experiências nadir); dois momentos decisivos (podem ser decisões, experiências emocionais como conhecer alguém ou eventos que foram como uma bifurcação no caminho de sua vida); duas memórias iniciais importantes; e, finalmente, mais duas memórias significativas. A ideia é que você tome o tempo que precisar e escreva de um a dois parágrafos sobre cada uma dessas dez cenas de sua vida. Escreva sobre quem, o que, onde e quando o evento ocorreu; o que você estava sentindo; e por que escolheu esse determinado episódio ou cena.

Quando terminar, releia seus relatos e veja se há algum tema abrangente — um desejo de se encaixar, por exemplo; um esforço constante para melhorar; um desejo de construir novos relacionamentos; uma sensação de coisas boas se tornando ruins (chamadas de "sequências de contaminação") ou talvez o contrário: desafios transformados em oportunidades (também conhecidas como "sequências de redenção").

Complexidade e contradições em sua narrativa são um bom sinal, porque revelam um relato sofisticado e honesto da sua vida — em suma, maior autoconsciência. As contradições também podem dar sentido a coisas que você faz e que parecem, pelo menos superficialmente, em desacordo com seus traços de personalidade. Por exemplo, se um tema-chave em sua vida é ajudar, isso pode explicar por que você gasta muito tempo interagindo com outras pessoas, mesmo sendo introvertido. "Abraçar a complexidade, as nuances e as contradições [da história da sua vida] o ajudará a apreciar sua realidade interior em toda a sua bela confusão", diz Eurich em *Insight*.

Não é surpresa, portanto, que a pesquisa geralmente apresente que as pessoas cujos relatos são preenchidos com mais sequências de redenção são mais felizes, enquanto aquelas com mais sequências de contaminação são mais propensas a ficar deprimidas (e a pontuar mais alto em neuroticismo). Observe que os mesmos tipos de evento podem ser lembrados de maneiras opostas. Sofrer *bullying* na escola pode, por exemplo, ser lembrado apenas como um momento de infelicidade e trauma (uma sequência de contaminação), mas também pode ser um marco do crescimento da resiliência pessoal e, em última análise, da descoberta de amizades genuínas e mais significativas (como uma sequência de redenção).

A complexidade do seu relato, em termos de muitas reviravoltas e quantas perspectivas diferentes você apresenta, é um indicador de sua abertura, e as menções frequentes de construir relacionamentos são um sinal de alta amabilidade. A maneira como você conta sua história é sua identidade narrativa e é quase como outro aspecto de sua personalidade, superior aos seus traços. Uma coisa importante a lembrar é que a sua identidade narrativa, assim como seus traços de personalidade, tende a ser estável ao longo do tempo, mas não está *gravada na pedra*.

Se você repetir esse exercício novamente daqui a um ano, poderá descobrir que sua mente vagueia por diferentes eventos-chave do seu passado. E se você retornar a qualquer um desses eventos, poderá escrever sobre eles sob uma luz diferente. De fato, se os seus relatos nesta ocasião estavam cheios de contos sombrios e finais tristes, da próxima vez você poderia deliberadamente tentar reformular pelo menos parte do que experimentou, vendo contratempos como oportunidades de aprendizado e tribulações passadas como uma fonte de força. Este é precisamente o objetivo do que é conhecido como terapia narrativa, porque a forma como pensamos sobre nossas histórias passadas pode influenciar nosso caráter hoje e o curso dos episódios que virão. Quando as pessoas contam narrativas pessoais mais positivas, isso leva a aumentos subsequentes em seu bem-estar.[49] "A história mais importante que podemos contar", diz McAdams, é "a história de nossas vidas."[50]

Dez passos acionáveis para mudar sua personalidade

Para reduzir o neuroticismo	Passe alguns minutos escrevendo sobre como uma experiência desafiadora na vida mudou você para melhor. Concentrar-se nas sequências redentoras na história de vida demonstrou ser capaz de aumentar a resiliência.	Aproveite para abraçar seu parceiro, amigo ou colega. O toque afetuoso é emocionalmente poderoso. Na verdade, pesquisas recentes sugerem que uma das principais razões pelas quais as pessoas que fazem mais sexo são mais felizes é que elas se abraçam mais.
Para aumentar a extroversão	Existe uma organização chamada Toastmasters, fundada em 1924, que promove as habilidades de falar em público. O consultor de fala John Bowe a compara à Alcoólicos Anônimos para pessoas tímidas.	Planeje convidar um amigo para tomar um café ou conversar informalmente por telefone ou pelo Zoom. Pesquisas sugerem que, quando os introvertidos agem de forma mais extrovertida e sociável, eles aproveitam a experiência mais do que imaginam.
Para aumentar a conscienciosidade	Comprometa-se a frequentar regularmente uma academia com um amigo. É menos provável que você desista de seus planos se isso significar decepcionar alguém. Além disso, você provavelmente aproveitará mais a experiência se for com alguém com quem gosta de passar o tempo. A propósito, qualquer compromisso que você fizer para mudar seu comportamento tem mais chances de perdurar se pedir a um amigo próximo ou parente que assine uma promessa por escrito. Há algo em nos sentirmos responsáveis perante alguém de quem gostamos que aumenta nossa determinação.	Coloque tentações como vinho ou biscoitos fora de vista na cozinha e disponibilize opções mais saudáveis. Pesquisas sobre a força de vontade sugerem que as pessoas que parecem mais autodisciplinadas são, na verdade, melhores em evitar a tentação em primeiro lugar.

Dez passos acionáveis para mudar sua personalidade *(continuação)*

Para aumentar a amabilidade	Da próxima vez que alguém o irritar, reserve um momento para considerar como as circunstâncias podem ter afetado o comportamento dessa pessoa para pior. Somos muito bons em levar a situação em consideração dessa maneira ao nos julgarmos, mas tendemos a ser muito menos indulgentes com os outros.	Passe alguns minutos anotando as características que você admira nas pessoas com quem convive e trabalha.
Para aumentar a abertura	Assista a um documentário sobre a natureza — algo como o *Planeta Terra*, da BBC, pode servir. A admiração que você experimenta aumentará sua humildade e sua abertura mental.	Da próxima vez que planejar ir a um restaurante, experimente um lugar novo.

Capítulo 3

ALTERAÇÃO PATOLÓGICA

Quando Alice Warrender recuperou a consciência na noite de 19 de fevereiro de 2011, em Fulham, Londres, ela não fazia ideia do que a havia derrubado da bicicleta ou se havia caído sozinha. De acordo com reportagens de jornais, ela teve sorte de haver paramédicos por perto atendendo a outro incidente.[1] Eles avistaram Alice e a convenceram a deixá-los levá-la ao hospital, onde uma tomografia computadorizada mostrou que a jovem de 28 anos, uma empresária da área digital e amiga de faculdade da duquesa de Cambridge, tinha um coágulo no cérebro. No dia seguinte, ela passou por uma cirurgia de mais de cinco horas para removê-lo.

A história de Alice não é tão incomum. Todos os anos, no Reino Unido, centenas de milhares de pessoas dão entrada em hospitais com danos cerebrais, e nos Estados Unidos o número anual é de milhões. Nos piores casos, lesões cerebrais podem levar a morte ou coma, paralisia, perda da fala e compreensão e outras deficiências. A árdua reabilitação de Alice nos meses seguintes foi extremamente bem-sucedida, embora ela tenha sofrido muitas das complicações frequentemente associadas a lesões cerebrais leves, incluindo dores de cabeça, dificuldades de memória e letargia extrema.

Outro efeito profundo que Alice experimentou após o acidente, e a razão pela qual estou compartilhando sua história, foi que sua personalidade mudou drasticamente, outra ocorrência comum em sobreviventes de lesão cerebral.[2] A ideia de que lesões cerebrais devem levar a uma mudança de personalidade não é muito surpreendente quando consideramos que, no patamar físico, nossas características estão parcialmente enraizadas no funcionamento das redes neurais em nosso cérebro. Se uma lesão ou doença altera o funcionamento dessas redes ou o delicado equilíbrio entre elas, mudanças em nossos hábitos de pensamento, nosso comportamento e nossa maneira de nos relacionar com os outros são quase inevitáveis.

As chances de você, ou alguém que você conhece, sofrer algum tipo de lesão ou doença que leve à mudança de personalidade são extremamente altas, o que significa que, assim como as pedradas e as flechadas da vida discutidas no capítulo anterior, a mudança patológica é outra parte fundamental da história daquilo que nos molda.

Neste capítulo, compartilho histórias de pessoas que passaram por profundas mudanças de personalidade após lesões cerebrais, demência ou doença mental, e examinarei as pesquisas mais recentes sobre como e por que isso acontece. As histórias fornecem outra lição impressionante sobre a maleabilidade da personalidade e a fragilidade do eu.

GAGE "NÃO ERA MAIS GAGE"

Em termos de efeitos da lesão cerebral ou de insulto à personalidade, a ênfase em grande parte da literatura médica e psicológica, compreensivelmente, tem sido negativa. De fato, provavelmente o estudo de caso neurológico mais famoso, o de Phineas Gage, tem sido muitas vezes apresentado como exemplo clássico desses efeitos dramáticos e perturbadores.

Gage era um empenhado trabalhador ferroviário que, em 1848, sobreviveu a uma explosão acidental na Estrada de Ferro Rutland and Burlington, no centro de Vermont, que fez com que uma barra de ferro de um metro e meio de comprimento atingisse a parte frontal de seu cérebro e deixasse intacta a outra parte. A parte frontal do cérebro é essencial para muitas funções, especialmente relacionadas à personalidade, como tomada de decisões e controle de impulsos. Não é surpresa, então, que um dos primeiros médicos a atender Gage, John Harlow, tenha escrito que sua "mente mudou radicalmente, tão decididamente que seus amigos e conhecidos disseram que ele 'não era mais Gage'". Especificamente, Harlow escreveu que o outrora "bem equilibrado... astuto, inteligente" Gage agora era "instável... irreverente", "impaciente com restrições ou conselhos" e agora era "obstinadamente teimoso, excêntrico e vacilante".[3]

Historiadores revisaram recentemente a história da recuperação de Gage: eles agora acreditam que ele teve uma recuperação muito mais completa do que se pensava anteriormente. No entanto, o quadro de mudança inicial de personalidade que Harlow apresentou corresponde à síndrome do lobo frontal, que é frequentemente observada em indivíduos que sofrem algum tipo de dano na parte frontal do cérebro. Embora a personalidade não seja afetada de maneira uniforme, podem surgir quatro padrões distintos de mudança (dependendo precisamente dos circuitos neurais comprometidos):[4]

- Pobreza de julgamento e de problemas para planejar com antecedência
- Falta de controle das emoções (incluindo ficar irritado e impaciente) e distúrbios no comportamento social, como ser agressivo, insensível ou inapropriado
- Um achatamento das emoções, apatia e comportamento retraído
- Propensão excessiva a preocupações e sentimentos de incapacidade de lidar com fatos

Trata-se de grupos sobrepostos em vez de categorias completamente distintas. A maioria das pessoas com síndrome do lobo frontal compartilha problemas em graus variados referentes a planejamento, inadequação social, angústia e apatia. Em termos dos principais traços de personalidade, isso se traduziria em aumento no neuroticismo e reduções na conscienciosidade e na amabilidade.

Na vida cotidiana, essas mudanças podem se manifestar de maneiras dramáticas, mas paradoxalmente mundanas. Tomemos, por exemplo, o homem de meia-idade descrito pelo neuropsicólogo Paul Broks, que um dia decidiu que sua vida não estava chegando a lugar nenhum e começou a fazer viagens espontâneas pelo litoral, cometendo pequenos furtos, comprou uma guitarra elétrica Fender Stratocaster, deixou sua esposa e seu emprego e se mudou para um *resort* de veraneio para trabalhar como atendente de bar.[5] O caso tinha todas as características de uma crise de meia-idade até que o homem começou a ter convulsões e uma tomografia cerebral revelou um enorme tumor em seus lobos frontais, um crescimento que, como Broks coloca, estava "recalibrando insidiosamente sua personalidade".

Pesquisas sugerem que mudanças como essas, nas quais uma pessoa começa a agir como se tivesse uma bússola moral completamente diferente, podem ser mais angustiantes para parentes e amigos. Mais do que outros aspectos da personalidade, a faculdade moral é vista como essencial para o verdadeiro eu de uma pessoa.[6]

Surpreendentemente, tem havido um crescente reconhecimento de que lesões cerebrais às vezes podem levar a mudanças benéficas na personalidade. Foi isso que experimentou Alice Warrender, a mulher que apresentei no início do capítulo. Ela disse ao *Daily Mail*: "Acho que me tornei uma pessoa mais legal. Sou mais paciente e mais abertamente emocional, tenho uma calma que nunca tive antes".[7] Em termos de traços, Alice teve um aumento em sua amabilidade e desfrutou de uma redução em neuroticismo.[8]

Alguns elementos de mudança benéfica de personalidade após danos neurológicos também são aparentes na notável história de Lotje

Sodderland, a estrela e codiretora do documentário de 2014 da Netflix *My Beautiful Brain*. Em 2011, aos 34 anos, Sodderland, uma produtora de documentários, sofreu um derrame relacionado a uma malformação congênita em seu cérebro, que ela desconhecia. Morando sozinha, ela acordou em grande confusão, não conseguia falar e sua consciência ia e voltava. Ela recebeu atendimento médico de emergência somente depois de desmaiar no banheiro público de um hotel próximo.

Após uma cirurgia no cérebro e muitos anos de extenuante reabilitação, Sodderland recuperou muitas de suas funções cognitivas básicas e agora é capaz de viver uma vida feliz. Embora ela diga que sua "essência" não mudou por causa do derrame, sua personalidade foi claramente alterada de outras maneiras, e ela teve de se adaptar a uma faceta muito mais sensível emocionalmente. No entanto, de outras maneiras, foi despertada esteticamente (em conjunto com a sugestão de aumentos marcantes no neuroticismo e na abertura à experiência).

"Todos os aspectos da sua experiência são intensificados", disse Sodderland ao *Times*. "Os sons são muito mais altos, as imagens são muito mais brilhantes e as emoções são muito, muito mais fortes, então quando você está feliz você fica em êxtase e quando você está triste é devastador e você não consegue lidar com isso. Você tem esses altos e baixos como uma tempestade incontrolável."[9]

Isso parece desagradável, mas Sodderland encontrou maneiras de se ajustar e agora vive o que ela descreve como uma simples "vida monástica".[10] "Prefiro minha nova vida com meu novo cérebro", disse ela ao *Times*. "Sou grata por ter sido forçada a reavaliar o valor da minha vida, mas também a simplificar a minha vida, a descobrir no que posso concentrar minha energia porque não posso fazer tudo."

Que uma pancada na cabeça ou um sangramento no cérebro possam levar a qualquer tipo de mudança benéfica de personalidade parece absurdo, como algo saído de um filme de Hollywood (como em *Um salto para a felicidade* (*Overboard*, 1987), a clássica comédia romântica *cult* dos anos 1980, na qual a *socialite* mimada representada por Goldie Hawn torna-se carinhosa e compassiva depois de bater a cabeça em um acidente de iate). No entanto, psicólogos da Universidade de Iowa conduziram recentemente a primeira investigação sistemática dos efeitos positivos da personalidade após uma lesão cerebral.[11] Eles descobriram que, de 97 pacientes previamente saudáveis que sofreram um incidente neural, 22 passaram a ter mudanças positivas de personalidade.[12] Por exemplo, uma mulher de 70 anos referida como paciente 3.534, que sofreu lesão cerebral frontal durante a excisão de um tumor, foi descrita por seu marido de 58 anos como tendo sido anteriormente "severa", irritável e mal-humorada, mas depois de seus ferimentos passou a ter uma personalidade "mais feliz, mais extrovertida e mais falante". Outro paciente, um homem de 30 anos, sofreu lesões cerebrais em decorrência de uma cirurgia para corrigir um aneurisma e passou de mal-humorado e "molenga" a brincalhão, "passivo e tranquilo".

Por que a maioria das pessoas experimenta mudanças adversas de personalidade após uma lesão cerebral, mas uma minoria significativa parece desfrutar de alguns efeitos positivos? Não há uma resposta simples, mas provavelmente haja relação com o padrão do dano e como isso interage com os traços de personalidade pré-lesão de uma pessoa. Essas características típicas da síndrome do lobo frontal causadas por lesões cerebrais como descrevi acima, como apatia e desinibição, podem ter um efeito calmante e socializante benéfico para algumas pessoas com uma personalidade anteriormente muito mais tensa e retraída.

As descobertas também sugerem que a mudança positiva é mais provável quando o dano afeta a parte frontal do cérebro, que está envolvida na tomada de decisões e na perspectiva dos outros. A implicação é que o dano cerebral pode levar a uma religação nessa região com efeitos benéficos na função psicológica. (Aliás, essa é a mesma parte do cérebro que às vezes é alvo deliberado em neurocirurgia para tratar depressões extremamente graves ou transtornos obsessivo-compulsivos.)

As histórias desses pacientes nos lembram de uma lição mais profunda: a personalidade tem uma base fisiológica; não é apenas um conceito abstrato, mas surge em grande parte das conexões de nosso cérebro. Além disso, essa base física é muito mais parecida com borracha do que com porcelana. Normalmente essas mudanças são sutis, mas mesmo pequenas mudanças podem se acumular ao longo do tempo, e é fortalecedor pensar que, quando você desenvolve hábitos novos e construtivos, pode propositalmente iniciar a modelagem das redes neurais subjacentes ao tipo de pessoa que você é. Em contraste, no caso de sobreviventes de lesão cerebral, a mudança pode ser aleatória, repentina e dramática. Os dados são lançados, e, embora os efeitos sobre a personalidade sejam geralmente prejudiciais, as mudanças são bem-vindas para alguns poucos sortudos.

"ELE NÃO É MAIS O CARA QUE A GENTE CONHECIA"

O amado ator e comediante Robin Williams tinha uma das maiores e mais contraditórias personalidades do *show business*. No palco, em público, ele era extrovertido, superenergético e sem limites. No entanto, ele admitiu em uma entrevista com James Lipton, em 2001, que em suas horas de inatividade era introvertido, quieto e "absorvente".[13] Mas, mesmo entendendo essa extraordinária variação de personalidade, seus amigos mais próximos começaram a notar que, de 2012 em diante (um ano após o terceiro casamento do ator, com Susan Schneider, e dois anos antes de sua morte por suicídio, em 2014), sua personalidade começava a sofrer mudanças.

Williams havia lutado contra a depressão e problemas com a bebida no passado, mas em 2012, depois de cinco anos sóbrio e livre de medicamentos psiquiátricos, ele começou a apresentar sinais de ansiedade crônica. "Ele passava menos tempo no camarim conversando com os colegas artistas. Estava tendo mais dificuldade em se livrar de seus medos", lembra sua viúva, Susan Schneider Williams.[14]

A partir daí, sua ansiedade só se intensificou. Durante um final de semana de outono no ano seguinte, Susan comentou que "seu medo e sua ansiedade dispararam a um ponto alarmante". Ela acrescenta que, "já estando ao lado do meu marido há muitos anos, eu conhecia suas reações normais quando se tratava de medo e ansiedade. O que se seguiria foi explicitamente algo fora do caráter dele".[15]

Na mesma época, um amigo de Williams, o comediante Rick Overton, estava começando a temer que algo estivesse errado. Eles ainda faziam *shows* de improvisação juntos em Los Angeles naquele ano, e Overton se lembra de como Williams ganhava vida no palco, mas que nas noites seguintes ele via os "olhos apagados" de seu amigo. "Não consigo imaginar o peso disso", diz Overton. "Não consigo nem sonhar com isso."[16]

As mudanças no caráter de Williams pioraram ainda mais em 2014, o ano de sua morte. Em abril, no *set* do que seria sua última aparição no cinema, *Uma noite no museu 3: O segredo da tumba* (*Night at the Museum: Secret of the Tomb*, 2014), ele sofreu um ataque de pânico completo. Sua maquiadora, Cheri Minns, relembra que depois ele disse a ela: "Não sei mais como. Não sei mais ser engraçado". Ele disse à esposa que queria "reiniciar o cérebro".[17] No mês seguinte, Williams foi diagnosticado com mal de Parkinson, uma doença neurológica progressiva que se manifesta principalmente por meio de dificuldades de movimentação. Mas, de acordo com sua esposa, ele estava cético de que isso pudesse explicar totalmente as mudanças pelas quais estava passando ou explicar por que "o seu cérebro estava fora de controle".[18]

Em agosto, Williams visitou seu filho Zak e sua nora. De acordo com seu biógrafo, Dave Itzkoff, ele "apareceu como um adolescente dócil que percebe que passou da hora de dormir" — em outras palavras, estava totalmente fora de sua personalidade. O outrora bombástico *showman* havia se tornado uma sombra de seu antigo eu. Então, em 11 de agosto de 2014, ele tirou a própria vida, "cobrindo o planeta com uma sombra de tristeza", para citar Itzkoff. "Ele não era mais o Robin naquela época", lembra Overton. "Ele deixou de ser o cara que a gente conhecia. Essa parte se desligou."

Foi apenas durante um exame *post mortem* que as razões para a profunda mudança de personalidade de Williams ficaram claras: ele sofria de demência com corpos de Lewy difundida ("difundida" significa que ela se espalhou por todo o seu cérebro), uma forma relativamente rara de demência que só pode ser diagnosticada conclusivamente na autópsia com base na identificação de aglomerados de proteínas que interferem na função das células cerebrais. Existem algumas evidências de que o mal de Parkinson também está associado a alterações de traços especialmente altos de neuroticismo e extroversão reduzida.[19] Com demência com corpos de Lewy, as mudanças são muito mais dramáticas e mais pertinentes às trágicas descrições de pessoas próximas a Williams nos anos que precederam sua morte.

Assim como danos neurológicos causados por ferimentos na cabeça, hemorragias internas ou tumores cerebrais podem causar mudanças de personalidade, a história de Robin Williams oferece uma demonstração trágica de como doenças neurodegenerativas também podem causar isso. "Meu marido estava preso na complexa e emaranhada arquitetura dos seus neurônios, e, não importava o que eu fizesse, era impossível salvá-lo", escreveu Susan Schneider Williams em um artigo para a revista *Neurology* com o apropriado título de "O terrorista dentro do cérebro do meu marido".[20]

Cerca de 1,5 milhão de pessoas nos Estados Unidos sofrem de demência com corpos de Lewy, o que significa ser uma doença relativamente rara. No entanto, outra forma de demência que também pode causar mudança de personalidade — e é muito mais comum — é o mal de Alzheimer, que afeta quase 6 milhões de americanos. Embora mais obviamente associada a problemas de memória, parentes e cuidadores de pessoas com a doença relatam que sua chegada precipita aumentos acentuados no neuroticismo e redução da consciência.[21] (Tais mudanças são obviamente muito angustiantes, embora alguns parentes e as próprias pessoas com demência encontrem conforto em ilhas de continuidade, como seu gosto por arte e música, que geralmente não é afetado pela doença.)

Outra pesquisa comparou pessoas com o mal de Alzheimer com voluntários saudáveis de idades e formações semelhantes.[22] Os pesquisadores descobriram que as pessoas com o mal de Alzheimer normalmente têm níveis muito mais altos de neuroticismo e níveis mais baixos de abertura, amabilidade, conscienciosidade e extroversão. (Com esse tipo de comparação, é possível que pelo menos algumas dessas diferenças de grupo estivessem presentes antes da doença. Certamente, tanto a abertura quanto a conscienciosidade mais baixas estão associadas a um risco maior de desenvolvimento de demência.)

Quaisquer mudanças de personalidade que ocorram provavelmente se devem, pelo menos em parte, à maneira como o Alzheimer causa a perda de células em regiões do cérebro ligadas a esses traços de personalidade. Por exemplo, o menor volume cerebral no hipocampo, perto das orelhas, e no córtex pré-frontal dorsolateral, perto da têmpora, já demonstrou correlação com um traço de neuroticismo mais alto.[23] O mal de Alzheimer causa a morte celular nessas mesmas regiões.[24]

A questão de quando exatamente o mal de Alzheimer começa a alterar a personalidade tornou-se altamente controversa entre os especialistas, porque alguns acreditam que essas mudanças podem ser usadas para detectar a doença no início, aumentando assim a oportunidade de medidas de enfrentamento e apoio a serem implementadas. Os céticos apontam para pesquisas que mostram que as mudanças de personalidade não começam até que a doença se instale, mas os defensores dos testes de personalidade apontam para outras pesquisas que mostram que mudanças de personalidade ocorrem *antes* de um diagnóstico de demência, especialmente aumentos acentuados no neuroticismo.[25]

Sem se deixar abater pelos céticos, em 2016, Zahinoor Ismail e seus colegas da Universidade de Calgary propuseram uma lista de verificação de 34 itens abordando diferentes sinais de mudança de personalidade que Ismail disse ao *New York Times* serem um "sintoma oculto" da doença.[26] A seguir, dou alguns exemplos de itens dessa lista. O questionário é preenchido por um médico ou por um parente próximo do paciente, e, quanto mais sinais de mudança com duração de seis meses ou mais, maior a probabilidade de que o paciente tenha o que os criadores da lista de verificação chamam de "comprometimento comportamental leve", essencialmente uma forma de alteração patológica da personalidade. Coloquei entre parênteses como os domínios da *checklist* se relacionam com os principais traços de personalidade:

Mudanças no interesse, motivação e impulso (reduzida abertura à experiência e extroversão, em termos de traços de personalidade)

A pessoa perdeu o interesse por amigos, família ou atividades domésticas?

A pessoa não tem curiosidade por tópicos que normalmente atrairiam seu interesse?

A pessoa tornou-se menos espontânea e ativa — por exemplo, é menos provável que ela inicie ou mantenha uma conversa?

Alterações no humor ou sintomas de ansiedade (aumento do traço de neuroticismo)

A pessoa desenvolveu tristeza ou parece estar desanimada? Ela/ele tem episódios de choro?

A pessoa tornou-se menos capaz de sentir prazer?

A pessoa ficou mais ansiosa ou preocupada com coisas rotineiras (por exemplo, eventos, visitas etc.)?

Alterações na capacidade de adiar a gratificação e controlar o comportamento, impulsos, ingestão oral e/ou alterações no comportamento de busca de recompensa (redução da conscienciosidade)

A pessoa ficou mais impulsiva, parecendo agir sem pensar nas coisas?

A pessoa apresenta uma nova imprudência ou falta de julgamento ao dirigir (por exemplo, excesso de velocidade, desvio errático, mudança brusca de faixa etc.)?

A pessoa desenvolveu recentemente problemas para controlar o fumo, o álcool, o consumo de drogas, o jogo ou começou a furtar em lojas?

Novos problemas em seguir as normas sociais e ter mobilidade social, tato e empatia (redução da conscienciosidade e da amabilidade)

A pessoa ficou menos preocupada sobre como suas palavras ou ações afetam os outros?

Ela/ele se tornou insensível aos sentimentos dos outros?

A pessoa parece não ter o julgamento social que tinha anteriormente sobre o que dizer ou como se comportar em público ou em particular?

Outras formas de demência estão associadas a suas próprias mudanças distintas de personalidade. Por exemplo, a demência frontotemporal, causada pela perda de células cerebrais na parte frontal do cérebro e nos lobos temporais, tende a levar a um comportamento impulsivo e socialmente inapropriado, refletindo os efeitos do dano cerebral frontal. Em contraste, a demência com corpos de Lewy (a doença que atingiu Robin Williams) está associada a um "aumento da passividade":[27]

Perda de capacidade de resposta emocional

Perda de interesse por *hobbies*

Aumento da apatia

Hiperatividade sem propósito (ser altamente ativo, mas não de forma direcionada
para qualquer objetivo)

Se você ler as listas de checagem acima e na página 63 e achar que já passou por algumas dessas mudanças ou que alguém próximo a você tenha passado, pode ser sensato consultar um médico, mas não entre em pânico. Como mencionei, a abordagem da mudança de personalidade para detectar formas de demência permanece controversa — não apenas em razão do debate sobre se as mudanças de personalidade realmente precedem, em vez de serem causadas pela demência, mas também porque alguns especialistas temem que tais listas possam levar a diagnósticos errôneos e à ansiedade indevida.

Afinal, como descrevi no capítulo anterior, mudanças pelo menos um tanto semelhantes podem ser causadas por vários outros motivos mais mundanos, desde a perda do emprego até o divórcio. Portanto, embora procurar uma mudança de personalidade como forma de detectar precocemente o mal de Alzheimer ou a demência com corpos de Lewy possa parecer uma boa ideia na teoria, na prática ela é problemática.

"CLARAMENTE, NÃO ERA ELA"

Inicialmente famosa por suas bolsas coloridas e atraentes, a empresária e *designer* americana Kate Spade passou a emprestar seu nome e seu gênio criativo para toda uma marca de estilo de vida. Dizia-se que a vibração de seus produtos, de artigos de papelaria à moda, refletia sua própria personalidade — vibrante, divertida e doce. Milhões de mulheres, incluindo

Michelle Obama e Nicole Kidman, foram atraídas por seu apelo alegre e retrô. No entanto, sem o conhecimento de todos, exceto daqueles mais próximos a ela, Spade passou grande parte de sua vida lutando contra demônios interiores. Em 5 de junho de 2018, aos 55 anos, tudo ficou difícil demais e ela se enforcou em seu apartamento em Manhattan.

Nos dias seguintes, seu marido e parceiro de negócios, Andy Spade, emitiu uma declaração pública. "Claramente, não era ela", disse ele ao mundo, explicando que ela sofria de depressão e ansiedade.[28] A talentosa *designer*, que uma vez explicou que os acessórios de moda deveriam "assumir a personalidade do usuário, não o contrário", sucumbiu à tragédia de sua própria personalidade colorida, ofuscada pela depressão.

Histórias como a de Kate Spade são tragicamente comuns. Em 2016, mais de dez milhões de americanos experimentaram pelo menos um surto de depressão maior[29] e quase cinquenta mil pessoas tiraram a própria vida.[30] Quando as pessoas escrevem sobre suas experiências de depressão e ansiedade, o efeito distorcido dessas aflições na personalidade é um tema comum.

Nossa personalidade surge de hábitos de pensamento e formas de nos relacionarmos com os outros — os próprios aspectos do eu atingidos pela depressão clínica e pela ansiedade enquanto sugam nossa energia e sequestram nossa mente —, gerando pensamentos negativos e temerosos e uma aversão à socialização. É quase inevitável, então, que uma das principais consequências da doença mental seja como ela reduz o traço da extroversão e aumenta o neuroticismo. Ao escrever para a revista *Vice* sobre sua depressão, o comediante australiano Patrick Marlborough disse sucintamente: "Quando sua mente está entorpecida e o seu dia é um ciclo contínuo de inação e pensamentos desesperados, pode ser difícil reunir forças para ir ao *show* de um amigo, sair pra tomar um café ou responder a uma mensagem".[31]

Esses relatos de primeira mão são apoiados por estudos de longa duração que mediram as características das pessoas antes de ficarem deprimidas e novamente depois de desenvolverem a depressão. Isso confirmou que pessoas com alto nível de neuroticismo são mais vulneráveis à ansiedade e à depressão, mas também que vivenciar esses problemas de saúde mental aumenta o neuroticismo. Por exemplo, um estudo holandês envolvendo milhares de voluntários analisou a depressão clínica e a ansiedade e descobriu que ambas tinham o efeito de aumentar o neuroticismo, enquanto a depressão em particular também levava a reduções na extroversão e na conscienciosidade.[32]

Existe ainda um diagnóstico psiquiátrico conhecido como "transtorno bipolar", que pode envolver não apenas os pontos baixos da depressão, mas também fases maníacas de grande energia, excitação, distração ou irritabilidade. Para aqueles com transtorno bipolar que alternam entre as fases de depressão e mania, é como se tivessem passado por uma mudança radical de personalidade. No caso da mania, isso pode sugerir que eles de repente se tornaram extrovertidos em *overdriver* — um profeta autodeclarado com níveis altíssimos de traço de abertura, digamos —, ou eles podem se transformar em um pavio ridiculamente curto, como uma pessoa com escassa amabilidade.[33] "A mania traz consigo a ideia de que você é essa pessoa incrível, que pode fazer qualquer coisa, alguém que merece estar com as pessoas", explicou uma jovem chamada Cat ao *Guardian* em 2017. "O lado ruim da mania é aquela perda de controle."[34] Uma personalidade altamente neurótica coloca você em maior risco de transtorno bipolar, assim como acontece com as chamadas depressão unipolar e ansiedade, que são mais comuns. Especificamente para o transtorno bipolar, porém, alguns especialistas argumentam, de forma controversa, que existe um tipo mais particular de "personalidade hipomaníaca" que predispõe as pessoas a desenvolver transtorno bipolar em alguns (ou múltiplos) pontos de sua vida. Aqui estão alguns dos itens da escala desenvolvida por Mark Eckblad e Loren Chapman na década de 1980, que é usada para medir esse tipo de personalidade:[35]

- Muitas vezes me senti feliz e irritado ao mesmo tempo.
- Muitas vezes fico tão inquieto que é impossível ficar parado.
- Frequentemente fico tão feliz e cheio de energia que quase fico tonto.
- Em reuniões sociais, geralmente sou a "animação da festa".
- Eu realmente gostaria de ser um político e fazer campanha.
- Realizo a maior parte do meu melhor trabalho durante breves episódios de intensa inspiração.
- Às vezes, sinto que nada pode acontecer comigo até que eu faça o que eu vim para fazer na vida.

Pessoas com personalidade hipomaníaca tendem a concordar com esses tipos de afirmação. Os três primeiros itens destinam-se a explorar tendências de humor hipomaníaco — ser altamente excitável e ter energia ilimitada. O quarto e o quinto itens dizem respeito à grandiosidade e ao pensar em si mesmo como a vida e a alma de qualquer evento. E os dois últimos dizem respeito a sentir-se altamente criativo.

Esse questionário e a ideia de que ele pode prever o risco de desenvolver transtorno bipolar são controversos porque alguns psicólogos acreditam que ele não apenas mede um estilo de personalidade ao longo da vida, mas também pode detectar sintomas de mania. Eles dizem que não é uma surpresa que o questionário preveja o risco de desenvolver transtorno bipolar se estiver realmente alinhado aos sintomas atuais da doença.[36] Outra controvérsia, relacionada à depressão unipolar e bipolar, diz respeito a se os efeitos dessas doenças mentais de personalidade desaparecem assim que cessam os sintomas ou se são mais duradouros — uma ideia conhecida como "hipótese da cicatriz".

Os resultados até agora são ambíguos. Embora a maioria dos estudos tenha constatado que as mudanças de personalidade que ocorrem durante a doença depressiva unipolar — incluindo aumento do neuroticismo e introversão — retornam aos níveis anteriores assim que os voluntários se recuperam, outros descobriram sinais de mudanças prejudiciais mais duradouras.[37] Por exemplo, um estudo de cinco anos com centenas de pacientes psiquiátricos na Finlândia descobriu que episódios acumulados de depressão levaram a aumentos prolongados do neuroticismo, especialmente o que os pesquisadores chamaram de "prevenção de danos" (eles explicaram que uma pessoa "preventora de danos" seria "pessimista, inibida e fatigável").[38] Outra pesquisa com pessoas que tiveram transtorno bipolar descobriu que elas tendem a pontuar mais em impulsividade, agressividade e hostilidade do que as que tiveram depressão unipolar e tendem a pontuar mais alto do que pessoas sem doença mental em neuroticismo e franqueza, mas com pontuações inferiores em amabilidade, conscienciosidade e extroversão — novamente, talvez indicativo de um efeito cicatrizante (embora seja possível que essas diferenças de personalidade também estivessem presentes antes da doença).[39]

A ideia de que a depressão deixa cicatrizes na personalidade parece desagradável, mas os pesquisadores finlandeses disseram que esses efeitos podem ser vantajosos em um sentido evolutivo: se circunstâncias adversas provocaram a depressão em primeiro lugar, sem dúvida isso aumentará as chances de sobrevivência de alguém que desenvolve uma atitude mais vigilante e um estilo de personalidade mais reservado. O problema, é claro, é que, embora a mudança para um estilo de personalidade mais defensivo e vigilante possa ter sido vantajosa para nossos ancestrais em tempos de ameaça, não é necessariamente tão útil na vida moderna, sobretudo em um mundo que tende a recompensar a ousadia, comportamento sociável. Infelizmente, se o efeito cicatrizante da depressão for uma realidade — e lembre-se de que o júri ainda não decidiu —, isso implica que um dos efeitos da doença é prender as pessoas em uma espiral negativa, aumentando seu risco de recaída (aumentando seu traço de neuroticismo, o que elevaria ainda mais sua vulnerabilidade à doença).

Em uma nota mais otimista, o tratamento com antidepressivos, ansiolíticos e várias formas de psicoterapia pode reverter pelo menos alguns dos efeitos nocivos da doença mental para a personalidade. Em particular, as drogas antidepressivas que visam ao funcionamento da serotonina química do cérebro (os chamados ISRSs, ou inibidores seletivos da recaptação da serotonina) demonstraram aumentar a extroversão e reduzir o neuroticismo. Em um estudo que acompanhou pacientes deprimidos ao longo de um ano, aqueles que tomaram a droga paroxetina apresentaram aumentos na extroversão 3,5 vezes maiores e reduções no neuroticismo 6,8 vezes maiores em comparação com os pacientes que receberam placebo.[40] Análises mais profundas sugeriram que pelo menos algumas dessas mudanças de traços se devem ao fato de as drogas alterarem diretamente a base biológica da personalidade, em vez de serem meramente uma consequência da redução dos sintomas de depressão.

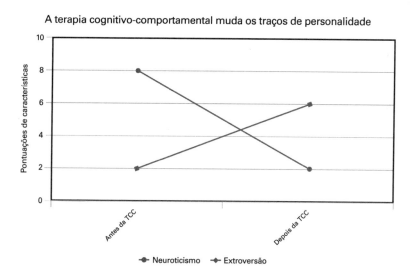

A terapia cognitivo-comportamental muda os traços de personalidade

Pesquisa com pacientes de saúde mental submetidos à terapia cognitivo-comportamental demonstra que a experiência altera seus traços de personalidade, especialmente o neuroticismo e a extroversão. *Fonte: Dados de Sabine Tjon Pian Gi, Jos Egger, Maarten Kaarsemaker e Reinier Kreutzkamp, "Does Symptom Reduction After Cognitive Behavioural Therapy of Anxiety Disordered Patients Predict Personality Change?" ["A redução de sintomas após a terapia cognitivo-comportamental de pacientes com transtorno de ansiedade prevê mudança de personalidade?"] Personality and Mental Health 4, nº 4 (2010): 237-245.*

Ocorre uma história semelhante com a ansiedade. Por exemplo, um estudo com pacientes com ansiedade submetidos à terapia cognitivo--comportamental (TCC) — uma forma de psicoterapia que se concentra na própria maneira como as pessoas pensam sobre si mesmas e sobre o mundo ao seu redor — descobriu que eles apresentaram reduções no neuroticismo e no aumento da extroversão (veja a figura na página 73).[41] Isso não se devia inteiramente a um alívio dos sintomas de ansiedade, mas parecia ser efeito direto da terapia na personalidade, provavelmente devido à mudança nos hábitos de pensamento e no comportamento dos pacientes.

O jornalista e escritor britânico Oliver Kamm descreveu esses efeitos da TCC com base em sua experiência de trabalho com uma psicóloga clínica para superar sua própria depressão e ansiedade: "O tratamento não foi com Freud, mas com Sócrates", escreve ele, "um processo de diálogo para testar e mudar formas destrutivas de pensar. A psicóloga explicou que minha depressão era uma doença grave, mas não um mistério em sua essência: ela nasceu de um erro cognitivo. A recuperação e, em seguida, a proteção contra uma recaída podem vir do questionamento das crenças que causaram meu colapso mental e da substituição delas por outras melhores".[42]

A doença mental pode roubar o caráter de uma pessoa, transformando um extrovertido ousado em um eremita ansioso, mas essas mudanças são reversíveis, e, com o apoio e o tratamento apropriados, é possível — pelo menos parcialmente — curar uma personalidade danificada.

O TRAUMA PODE DIVIDIR PERSONALIDADES, MAS TAMBÉM PODE LEVAR A MUDANÇAS POSITIVAS

Como muitas outras mães que se deparam com a perda da inocência de seus filhos, no dia em que Tara descobriu que sua filha adolescente, Kate, estava tomando pílulas anticoncepcionais, ela se sentiu chocada e frágil. Mas, ao contrário da maioria das outras mães, o efeito dessa emoção intensa foi desencadear em Tara uma mudança radical de personalidade, de modo que ela repentinamente assumiu a identidade, os traços rebeldes e os interesses de uma adolescente apelidada de "T".

Quando Kate voltou para casa, ela encontrou T em seu quarto, vasculhando seu guarda-roupa para procurar roupas da moda para vestir. Com uma arrogância adolescente, T convidou Kate para ir fazer compras com ela, usando cartões de crédito que ela havia emprestado de sua identidade principal, Tara. Kate não se assustou tanto quanto você poderia imaginar: ela reconheceu T como um dos *alter egos* de sua mãe — identidades alternativas para as quais ela mudava durante momentos de estresse. Na verdade, Kate até deu um grande abraço em T; afinal, ela era a favorita das personalidades alternativas de sua mãe.

Essa cena aparece na comédia dramática *The United States of Tara*, que foi elogiada pela precisão de seu retrato de uma condição psiquiátrica conhecida como transtorno dissociativo de identidade (perturbação de identidade dissociativa — PID), anteriormente referido como transtorno de personalidade múltipla, um dos mais controversos diagnósticos psiquiátricos na história. As pessoas com PID alternam entre personalidades e identidades diferentes, muitas vezes dramaticamente variadas — ou pelo menos parecem ser —, às vezes alegando ter pouca memória de suas experiências nos diferentes papéis.

A personagem fictícia de Tara Gregson, interpretada por Toni Collette, e seus três *alters* (além de T, seus outros *alters* são Alice, o arquétipo de uma mãe piedosa e de vida limpa, e Buck, um veterano de guerra machão que fuma e usa óculos; mais *alters* se desenvolvem ao longo da série) podem soar rebuscados para alguns. No entanto, existem muitos casos da vida real que são igualmente dramáticos.

A PID evoca memórias de *O estranho caso do dr. Jekyll e do sr. Hyde*, de Robert Louis Stevenson. Na verdade, "Conheça o Dr. Jekyll..." é o título de um estudo de caso recente na literatura médica apresentando um psiquiatra aposentado também diagnosticado com PID: um de seus *alters* era "Lewis", um promíscuo de 19 anos, e outro era "Bob", um deprimido de 4 anos de idade preso a uma cadeira de rodas.[43] Quando o psiquiatra, referido no jornal como Dr. S, teve casos extraconjugais, alegou não se lembrar deles e culpou Lewis e, quando ele tentou o suicídio aos 60 anos, culpou Bob.

Claramente a PID é uma condição extraordinária que desafia nossa própria concepção do eu. Diante de um fenômeno tão misterioso e dramático, não é de admirar que especialistas discordem sobre como interpretar o que está acontecendo. A visão dominante é de que se trata de uma espécie de mecanismo de defesa contra traumas intensos, geralmente sofridos na infância, principalmente quando a criança não tem uma figura de apego segura — um adulto que a ame e cuide dela. A teoria é que a criança desenvolve uma ou mais personalidades alternativas como forma de escapar de seu trauma para lidar melhor com o mundo hostil em que se encontra — uma estratégia de enfrentamento que persiste na idade adulta. Como Melanie Goodwin (que tem PID e é diretora da instituição de caridade PID First Person Plural [Primeira Pessoa no Plural]) disse à revista *Mosaic*: "Se você está em uma situação totalmente impossível, você se dissocia para permanecer vivo. O trauma pode congelar você no tempo. E, porque o trauma continua ao longo dos anos, há muitos pequenos congelamentos acontecendo em todo lugar".[44]

Consistente com esse relato, a maioria dos casos de PID geralmente apresenta uma história traumática. Por exemplo, o psiquiatra com PID dr. S. ficou confinado à cama por muitos meses quando criança, seu irmãozinho morreu e sua mãe era fria e distante. Melanie Goodwin diz que foi abusada quando criança, a partir dos 3 anos. E um dos casos mais famosos de PID, Chris Costner Sizemore (cujos *alters* incluíam Eve White e Eve Black, entre outros, e cuja história foi transformada no filme de 1957 *As três faces de Eva*), diz que, antes dos 3 anos de idade, ela testemunhou sua mãe sendo gravemente ferida, viu um homem afogado sendo puxado de uma vala e viu outro homem serrado ao meio em um acidente em uma serraria. Para seguir esses padrões típicos, uma história de abuso e de estupro também foi adicionada à personagem fictícia de Tara Gregson na série de TV.

No entanto, alguns psicólogos clínicos, como o falecido Scott Lilienfeld e Steve Lynn, são céticos de que as pessoas com PID *realmente* desenvolvam personalidades separadas. Eles apontam, por exemplo, que testes cuidadosos mostram que pessoas com PID não têm realmente amnésia para as experiências de suas diferentes *personas*; elas apenas *pensam* que sim. Esses céticos não acreditam que os pacientes com PID estejam fingindo (pelo menos não conscientemente), mas sim que a condição é mais bem explicada pelos problemas dos pacientes com percepção de suas próprias emoções e consciência. Por sua vez, isso contribui, com seus problemas de sono e dificuldades emocionais, para sua luta em formar um senso coerente de si mesmo. De acordo com esse relato sociocognitivo, algumas pessoas — especialmente aquelas que são altamente sugestionáveis, propensas a fantasia, experiências perceptivas estranhas e mudanças rápidas em suas emoções — dão sentido ao seu confuso mundo mental recorrendo a uma narrativa de múltiplas personalidades separadas, uma delas é (pelo menos em alguns casos) moldada pela noção de personalidades divididas que elas encontraram por meio da ficção ou das ideias que seus terapeutas apresentaram a elas.

Para complicar ainda mais as coisas, um início de vida traumático também pode dar origem a um diagnóstico de personalidade intimamente relacionado, conhecido como transtorno de personalidade limítrofe ou transtorno de personalidade emocionalmente instável. Assim como acontece com o PID, as pessoas com esse tipo de personalidade também experimentam frequentes mudanças de humor, dificuldades de relacionamento e problemas para formar um senso de identidade coerente, mas geralmente não acreditam que tenham personalidades separadas dessa maneira. (Pessoas com transtorno de personalidade limítrofe correm um risco muito maior do que o normal de também desenvolver PID.)

A boa notícia, coerente com a tese central deste livro sobre a promessa e o potencial da mudança positiva da personalidade, é que houve um grande progresso na forma de ajudar as pessoas com esses tipos de transtorno. No caso do PID, os terapeutas visam criar um relacionamento de confiança com seu cliente, ajudá-lo a processar seus traumas passados, ensinar-lhe técnicas para controlar melhor suas emoções e, finalmente, apoiá-lo para reconciliar e integrar suas diferentes personalidades — esforços considerados úteis pela pesquisa inicial.[45] No caso de transtorno de personalidade limítrofe, houve uma crença pessimista por muitos anos de que não poderia ser tratado, porque se acreditava que os problemas infundiam a personalidade da pessoa, e, porque a personalidade era considerada escrita em pedra, a condição era vista como permanente.

Felizmente, hoje, usando a terapia comportamental dialética (TCD) e abordagens semelhantes, é amplamente reconhecido que *é* possível para pessoas com personalidade limítrofe alterar seus hábitos mentais e emocionais (por exemplo, aprendendo a tolerar e administrar melhor suas emoções negativas), adquirir novas habilidades sociais e gradualmente mudar suas características em uma direção mais saudável e feliz.

A TCD empresta princípios budistas para ensinar às pessoas com personalidade limítrofe uma perspectiva equilibrada, para aceitar os aspectos de si mesmos que não podem mudar enquanto trabalham para ajustar as partes que podem. É realizado com sessões individuais com um terapeuta e trabalho em grupo para desenvolver habilidades sociais e emocionais. Outra abordagem é a terapia de mentalização para ajudar a melhorar a percepção da pessoa sobre as razões por trás do comportamento dela e dos outros, com o objetivo de capacitá-la a formar relacionamentos mais significativos e saudáveis. Por exemplo, um terapeuta pode ajudar seu cliente a entender melhor como seu próprio comportamento pode afetar as pessoas ao seu redor e como ele pode responder adequadamente às emoções demonstradas e sentidas pelos outros.

Portanto, ao mesmo tempo que o trauma pode prejudicar sua personalidade, com dedicação e apoio suficientes, e por meio do aprendizado de novas habilidades sociais e hábitos e técnicas emocionais, também é possível retomar o controle e alcançar uma mudança de personalidade benéfica e duradoura.

Também é animador saber que, assim como danos cerebrais às vezes podem causar mudanças benéficas na personalidade, experiências de vida traumáticas para algumas pessoas podem realmente desencadear mudanças bem-vindas na personalidade — um processo que os psicólogos chamam de "crescimento pós-traumático". A ideia é que o trauma pode desencadear uma reavaliação da própria vida, uma mudança de prioridades e uma nova perspectiva. Os pesquisadores agora documentaram esse tipo de mudança positiva pós-traumática em muitos grupos, de pacientes com câncer a sobreviventes de desastres naturais.

Para medir o crescimento pós-traumático, os psicólogos normalmente usam uma escala, criada e desenvolvida pelos psicólogos americanos Richard Tedeschi e Lawrence Calhoun, que avalia a mudança em cinco áreas:[46]

- Relacionamento com os outros (Você tem um maior senso de proximidade com os outros? Ou você percebe agora que existem pessoas maravilhosas em quem você pode confiar?)
- Novas possibilidades (Você desenvolveu novos interesses? Ou reconheceu novas oportunidades que não existiam antes?)
- Energia pessoal (Você se sente mais forte? Você consegue lidar melhor com as dificuldades que a vida lhe apresenta?)

- Fator de mudança espiritual (Sua fé religiosa aumentou?)
- Valorização da vida (Você agora valoriza os dias mais do que antes?)

Em termos dos principais traços de personalidade, o crescimento pós-traumático pode se manifestar como maior abertura, amabilidade e conscienciosidade e menor neuroticismo, embora poucas pesquisas até o momento tenham se concentrado nas mudanças de traços *per se* neste contexto. (Uma exceção importante foi um estudo que mediu a mudança de personalidade entre os cônjuges enlutados de pacientes que morreram de câncer de pulmão. Os cônjuges sobreviventes tornaram-se mais extrovertidos, agradáveis e conscienciosos à medida que se adaptavam à perda.)[47]

Acredito que eu também possa ter experimentado meu próprio equivalente menor de crescimento pós-traumático em 2014, quando, com o nascimento esperado dos meus gêmeos para apenas dali a duas semanas, minha nova empresa, uma *startup* de tecnologia em rápido crescimento com sede em Nova York, me avisou que estava me dispensando. Não foi um desastre natural ou um acidente de carro, mas imagine que você perdeu o emprego duas semanas antes de seus gêmeos chegarem ao mundo!

Eu havia me juntado à equipe um mês antes para liderar o novo *blog* da *startup*, tentado pela oportunidade de mudança, um grande aumento de salário e benefícios incríveis para funcionários do tipo que eu nunca havia imaginado antes (meu favorito era o cartão Starbucks a cargo da empresa). Eu não saltei na hora para esse convite, mas meus familiares próximos concordaram comigo que se tratava de uma oportunidade empolgante.

Fui contratado pelo recém-empossado diretor de *marketing* para escrever artigos baseados em psicologia, oferecendo conselhos e inspiração para *designers*, o que parecia ser meu caminho profissional. Infelizmente, não muito tempo depois que comecei, ficou claro que o fundador e

CEO tinha outras ideias (sem dúvida, essa confusão é bastante comum em uma empresa em rápida mudança, que agora, eu acrescento, já é extremamente bem-sucedida). A empresa gentilmente amenizou o golpe com um pagamento de despedida, mas, quando me deram a notícia, tive uma terrível sensação de pânico crescendo em meu estômago. Contar a notícia para minha esposa foi um trauma.

Nos dias e nas semanas que se seguiram, porém, senti que minhas prioridades mudaram. Passei a ver as vantagens em meu papel anterior, menos empolgante, mas muito mais estável — um que acabei conseguindo retomar em alguns meses (essa é outra história). É verdade que perdi o cartão da Starbucks, mas vi valor em meu antigo emprego seguro e experimentei um novo senso de equilíbrio entre minhas ambições de carreira e minhas crescentes responsabilidades familiares (na verdade, a demissão significava que eu tinha um período extralongo de licença de paternidade). Senti-me humilhado por tudo o que aconteceu, mas também de alguma forma mais sábio e feliz.

O conceito de evolução pós-traumática confere uma certa realidade científica ao velho ditado de que tudo tem seu lado positivo. Se você está passando por um momento particularmente difícil ou passará no futuro, pode encontrar conforto na ideia de que a experiência pode acabar mudando você para melhor. Como o psicólogo Scott Barry Kaufman escreveu recentemente no Twitter: "A adversidade é uma droga, mas superar a adversidade é incrível. Quanto mais podemos superar, mais resilientes nos tornamos".[48]

Alguns psicólogos expressaram ceticismo de que o crescimento pós-traumático seja um fenômeno real. Eles sugerem, por exemplo, que pode ser simplesmente um caso de sobreviventes de trauma olhando para o lado positivo, em vez de realmente mudar para melhor. No entanto, acredito que há mais do que um grão de verdade no conceito, especialmente quando já conseguimos desenvolver nossa resiliência ou alguma estabilidade emocional. Por exemplo, uma meta-análise recente (um estudo que adota uma visão geral ao combinar os resultados de pesquisas existentes) concluiu que o crescimento pós-traumático *é* um fenômeno real para algumas crianças e jovens com câncer.[49] Outras pesquisas recentes também descobriram que, em média, as pessoas que passaram por adversidades tendem a ser mais compassivas (uma forma de maior amabilidade),[50] e aquelas que passaram por mais traumas têm maior controle mental do que a média sobre seus pensamentos e memórias (um componente importante do traço de conscienciosidade).

Compartilhei com você exemplos assustadores e inspiradores das mudanças de personalidade que podem surgir de lesões e doenças, mentais e físicas. Essas histórias e descobertas de pesquisas demonstram ainda mais a fragilidade e a plasticidade da personalidade — como o tipo de pessoa que você é depende de processos biológicos suscetíveis a acidentes, estresse e patologias. Pelo lado positivo, às vezes essas mudanças podem ser para melhor ou, se indesejadas, podem ser revertidas com o tratamento, a ajuda e o suporte corretos. (Se você, ou alguém que você conhece, é afetado pelas condições levantadas neste capítulo, eu recomendo fortemente que você procure ajuda profissional, caso ainda não o tenha feito.) Em última análise, porém, casos de alteração patológica são outro exemplo de como a sua personalidade é um trabalho em progresso — um processo contínuo, não um resultado final.

Dez passos acionáveis para mudar sua personalidade

Para reduzir o neuroticismo	Escreva as emoções com as quais você está lutando em um lado de um cartão. Do outro lado, escreva o que você mais valoriza na vida. Agora, reflita sobre como os dois estão ligados e veja que, se você rasgar o cartão (para banir as dificuldades emocionais), também perderá tudo o que mais importa para você. A lição da terapia de aceitação e compromisso é que uma vida rica e significativa não é necessariamente o caminho mais fácil ou feliz.	Muitos aplicativos ensinam meditação de atenção plena e técnicas semelhantes; o *Headspace* é um deles. Comprometa-se a meditar duas a três vezes por semana, e isso o ajudará a se sentir mais relaxado e diminuirá seu neuroticismo.
Para aumentar a extroversão	Junte-se a um grupo que o colocará em contato com outras pessoas, como uma aula de improvisação, um coral ou o time de futebol local. Se a atividade for desafiadora ou houver um elemento de equipe nela, isso o ajudará a formar laços com os outros. Mesmo os mais introvertidos geralmente descobrem que gostam mais do contato social do que esperavam.	Voluntarie-se para uma instituição de caridade com a qual você se preocupa. Isso o colocará em contato com outras pessoas em busca dos valores que são importantes para você. Um efeito colateral é que você se acostumará a um maior contato social.
Para aumentar a conscienciosidade	Da próxima vez que precisar de foco, tente ir a um lugar onde outras pessoas estejam exibindo a concentração de que você precisa. Pode ser trabalhar em uma biblioteca ou em um espaço de *coworking*, ou sentar deliberadamente ao lado de seu colega mais diligente. Pesquisas sugerem que estar ao lado de alguém altamente focado pode afetar seu comportamento.	Tome medidas práticas para facilitar ao máximo o cumprimento de seus compromissos. Por exemplo, se seu objetivo é fazer uma aula de ginástica matinal uma vez por semana, certifique-se de arrumar sua bolsa de ginástica na noite anterior para que, pela manhã, você só precise sair. Geralmente, quanto menos árduos forem seus objetivos, mais fácil será cumpri-los.

Dez passos acionáveis para mudar sua personalidade *(continuação)*

Para aumentar a amabilidade	Envie a um amigo ou parente um texto de apoio pelo menos uma vez por semana. Pesquisas mostram que receber uma mensagem desse tipo pode ajudar as pessoas a lidar com tarefas desafiadoras e reduzir seus níveis de estresse.	Comprometa-se a fazer um gesto gentil para um estranho pelo menos uma vez por semana. Isso não apenas beneficiará os outros, mas há evidências de que praticar a gentileza regularmente aumenta seu bem-estar físico e mental.
Para aumentar a abertura	Tente manter um "registro de beleza" semanal por alguns meses. No final de cada semana, escreva algumas linhas sobre algo na natureza que você achou bonito; faça o mesmo com algo feito pelo homem que você achou bonito; e, finalmente, escreva algumas linhas sobre um comportamento humano (boas ações) que você achou bonito.	Quando você enfrentar uma decisão complicada, tente descrever a situação de uma perspectiva de terceira pessoa (por exemplo, "Ele estava confortável e feliz em seu trabalho atual, mas a nova oportunidade foi emocionante e mais um desafio"). Usar essa antiga técnica retórica, conhecida como ileísmo, pode aumentar sua abertura mental e a capacidade de ver as coisas na perspectiva de outras pessoas.

Capítulo 4

DIETAS, VIAGENS E RESSACAS

Após três minutos e meio de discurso, as lágrimas começaram a escorrer por seu rosto. O homem, apelidado de "Sr. Spock" por alguns, devido ao seu frio distanciamento, estava chorando. Enquanto ele fazia uma pausa para se recompor, a sala ficou em silêncio. Em seguida, uma erupção de aplausos.

Isso foi em Chicago, quando o presidente Barack Obama estava agradecendo à sua equipe de campanha um dia depois de ser reeleito em 2012.[1] "Qualquer bem que fizermos nos próximos quatro anos", disse ele, "será insignificante em comparação com o que vocês já realizaram por anos e anos, e essa tem sido a minha fonte de esperança."

O vídeo se tornou viral quando jornalistas de todo o mundo comentaram sobre essa demonstração surpreendentemente aberta de sentimento de "Obama sem drama". No entanto, há muitos outros exemplos de como as emoções de Obama levaram a melhor sobre ele. Em 2015, por exemplo, ele lutou contra as lágrimas quando fez um elogio fúnebre a Beau Biden, filho do vice-presidente Joseph Biden Jr.[2] E, em 2016, a internet voltou a ficar alvoroçada quando as lágrimas de Obama rolaram livremente durante seu discurso sobre o controle de armas. Na verdade, muitas vezes, nos anos anteriores, Obama lutou para conter suas emoções ao discutir essa questão.

Aliás, existem tantos casos em que Obama se emocionou que pode parecer estranho, em retrospecto, ler as manchetes que suas demonstrações afetivas tendiam a provocar, como o *New York Times*, em 2015, "Obama baixa a guarda em exibições incomuns de emoção",[3] e uma reportagem *do Washington Post*, de 2016, que começou com uma rígida introdução de uma linha, "O presidente Obama chorou em público na terça-feira", como se esse episódio emocional por si só fosse digno de nota.[4]

Em outro sentido, no entanto, as reações do público e da mídia às emoções de Obama não são uma surpresa, porque derivar impressões fortes e um tanto simplistas (ou caricaturais) das personalidades uns dos outros é algo que fazemos o tempo todo. Quer estejamos pensando em um presidente ou em um amigo, quase sempre ficamos chocados quando pessoas que pensamos conhecer se comportam de uma maneira que achamos que não é característica delas.

Não há dúvida de que a personalidade de Obama foi — pelo menos na maioria das vezes — caracterizada por frieza e controle emocional. Como Kenneth Walsh, ex-presidente da Associação de Correspondentes da Casa Branca, disse em 2009: "Obama é um cliente legal. Ele não parece ficar realmente zangado, deprimido ou frustrado, nem parece perder o controle de suas emoções".[5] E, em uma análise aprofundada para a *Atlantic*, James Fallows observou que, "se as coisas estão indo muito bem ou muito mal, [Obama] sempre apresenta a mesma face desapaixonada".[6]

Quanto aos cinco grandes traços de personalidade, Obama certamente pontuaria como um forte introvertido e ainda mais fortemente na estabilidade emocional (baixo neuroticismo). Então, o que fazer com suas lágrimas fluindo livremente em várias ocasiões? Qual é o verdadeiro Obama? Bem, ambos. Obama é humano, e às vezes a força da situação supera nossa personalidade.

O QUE EXPLICA A SUA MANEIRA DE SE COMPORTAR: A SITUAÇÃO OU A SUA PERSONALIDADE?

A aparente contradição no comportamento de Obama resume perfeitamente um debate que consumiu a psicologia da personalidade por décadas até o final do século XX. No extremo estavam aqueles que diziam que a personalidade não tem sentido porque a situação é onipotente. Provavelmente o exemplo mais famoso apontado por esses situacionistas tenha sido o experimento da prisão de Stanford, de Philip Zimbardo, conduzido em 1971, que teve de ser abandonado depois que voluntários recrutados para fazer o papel de guardas começaram a maltratar os outros que agiam como prisioneiros — como se sua personalidade habitual tivesse sido tomada pelo poder da situação.

Mais tarde, o argumento situacionista tornou-se mais nuançado. O psicólogo Walter Mischel e seus colegas propuseram uma descrição do comportamento que enfatizava as formas idiossincráticas pelas quais as pessoas são afetadas pelo contexto social. Em um estudo com crianças em um acampamento de verão de seis semanas, eles mostraram como o comportamento das crianças variava fortemente dependendo de com quem estavam, mas, crucialmente, o modo como isso acontecia era diferente para diferentes campistas.[7] Por exemplo, um menino poderia ter um surto com muito mais raiva do que seus colegas sempre que era repreendido por um adulto, e ainda assim o mesmo menino era superlegal quando seus amigos o provocavam. Seu amigo, por outro lado, pode demonstrar o padrão oposto. A implicação era de que seria enganoso rotular qualquer uma das crianças como agressiva ou descontraída, como se essas fossem características fundamentais de seu caráter.

Com base nesses tipos de estudo, alguns comentaristas chegaram a declarar a noção de personalidade um mito. No entanto, como argumentei no início deste livro, não há dúvida de que a personalidade — a constelação de nossas tendências habituais de pensamento, sentimentos e comportamento — é real e claramente muito importante, prevendo todos os tipos de resultado na vida, do salário à longevidade. Hoje, poucos especialistas endossam a ideia da personalidade como um mito. O debate acadêmico avançou, aproximando-se de um consenso que vê tanto a personalidade quanto a situação como igualmente importantes para explicar o comportamento.[8]

Você perceberá a dupla influência da situação e da personalidade entre seus amigos e familiares. A longo prazo, seu amigo extrovertido será mais extrovertido e sairá mais em busca de prazer do que o seu primo mais introvertido, mas isso não significa que seu amigo tagarela será extrovertido e brincalhão a ponto de rir a todo momento, todos os dias.

Psicólogos recentemente demonstraram essa mistura de consistência e adaptabilidade no comportamento quando filmaram centenas de graduandos participando de três tipos diferentes de situações sociais em um grupo com dois estranhos, separados por uma semana.[9] O primeiro foi um encontro não estruturado (foi dito aos alunos que podiam "falar sobre o que quisessem"), enquanto a segunda e a terceira semanas envolviam tarefas estruturadas com incentivo financeiro: uma cooperativa, outra competitiva. A cada semana, os pesquisadores registravam quantas vezes os alunos exibiam comportamentos de uma lista de sessenta e oito diferentes, incluindo rir, relaxar, sorrir, loquacidade e irritação.

De certa forma, o comportamento dos alunos variou muito nas situações, exatamente como seria de esperar. Por exemplo, em média, eles forneceram mais informações sobre si mesmos no encontro informal. No entanto, também havia consistências claras no comportamento: os alunos que agiam mais reservadamente do que outros em uma situação também agiam de maneira relativamente reservada nas outras situações. Comportamentos mais automáticos, como sorrir, mostraram a maior consistência de traço em todos os contextos, o que faz sentido, porque é mais provável que a personalidade transpareça nos comportamentos sobre os quais temos menos controle.

Essas descobertas recentes dão sentido à personalidade do presidente Obama. Sim, às vezes ele fica emotivo, mas provavelmente fica emotivo com menos frequência do que muitos de nós, sobretudo na média ao longo do tempo e em muitas situações diferentes. Isso porque ele é baixo em neuroticismo e extroversão. Mas as situações também são importantes. Mesmo que você seja emocionalmente sólido e resiliente como o presidente Obama, haverá certos contextos que farão com que você se comporte fora do seu personagem, especialmente em situações fortes que anulam sua disposição habitual (como ao fazer um discurso para seus apoiadores mais próximos após um tumultuado e exaustivo período de campanha).

Para dar um exemplo mais extremo, se alguém apontar uma arma para a sua cabeça, realmente não importa se você é alto ou baixo em neuroticismo, você ainda sentirá medo — embora, se você for altamente neurótico, possa sentir um medo mais intenso e tornar-se mais vulnerável a desenvolver estresse pós-traumático. Felizmente, para muitos de nós, o tipo de situação forte que desafia a personalidade que provavelmente encontramos na vida cotidiana não é uma arma apontada para a cabeça, mas um papel social ou ocupacional claramente definido — digamos, fazer um discurso em um casamento, visitar o médico para obter resultados de exames ou participar de uma entrevista de emprego.

As pessoas que trabalham no mundo dos esportes ou do entretenimento fornecem exemplos dramáticos. Já mencionei como o tenista Rafael Nadal é quase como duas pessoas diferentes: Superman na quadra e Clark Kent fora dela. Muitos boxeadores são parecidos, especialmente porque ficam confinados por meses no campo de treinamento antes de uma luta. Por exemplo, o ex-campeão mundial dos pesos-pesados Joseph Parker, da Nova Zelândia, afirmou que é uma pessoa totalmente diferente na concentração, onde vive um estilo de vida rígido e uma dieta à risca (indicativo de extrema conscienciosidade), do que fora, onde gosta de comer torta e tocar violão (uma mudança para menor conscienciosidade, maior extroversão e abertura).

Alguns atletas falam de mudanças de personalidade mais repentinas desencadeadas no momento em que entram em campo. Considere a lenda do críquete australiano Dennis Lillee, conhecido por seus toques rápidos e agressivos. Uma pessoa extrovertida agradável fora do campo, ele era hostil e intimidador em ação. "Assim que ultrapassava aquela linha no campo, minha personalidade mudava", disse ele ao *Telegraph*. "Para mim, foi uma batalha. Austrália *vs.* Inglaterra foi uma guerra. Você quer jogá-los no chão e esmagá-los."[10] Outro ex-campeão de boxe peso--pesado, o americano Deontay Wilder, descreveu sua própria mudança repentina de personalidade: "Quando estou em uma luta real, há uma transformação. Não sou mais Deontay. Às vezes me assusto quando fico assim. É aterrorizante".[11]

Às vezes, há um vazamento de personalidade entre os papéis — o ator Benedict Cumberbatch descreveu como interpretar Sherlock Holmes o levou a ser mais brusco e impaciente em seus relacionamentos pessoais ainda por muito tempo após as filmagens (uma mudança para menor afabilidade).[12]

Não são apenas as estrelas do esporte, cantores e atores que apresentam diferenças de personalidade. Por exemplo, Brian Little, um professor de personalidade, descreveu como ele se transforma em um extrovertido temporário quando está dando palestras. Ou, para dar um exemplo completamente diferente, desta vez do mundo dos negócios e do ativismo, veja Florence Ozor, uma das líderes do movimento Bring Back Our Girls (um movimento social estabelecido para chamar a atenção para a situação de meninas sequestradas por Boko Haram, em 2014) e idealizadora de sua própria Fundação, Florence Ozor, que visa capacitar as mulheres na Nigéria. Como Tasha Eurich descreve em seu livro *Insight,* Ozor é uma forte introvertida, mas aprendeu cedo em seu trabalho como ativista que, para alcançar a mudança que desejava, precisava agir como uma extrovertida, pelo menos quando estava nessa função. "Nunca mais vou fugir de algo só porque tenho medo dos holofotes", ela jurou a si mesma.[13]

O ponto principal na compreensão da dinâmica entre situações e personalidades é que ambos são importantes para analisar a forma como nos comportamos em um determinado momento. A personalidade, no entanto, sempre se expressará a longo prazo (embora lembre-se de que a sua própria personalidade pode evoluir de forma mais permanente com o tempo).

O restante deste capítulo é sobre a interação situação-personalidade — como diferentes situações, humores, substâncias e outras pessoas afetam a maneira como nos comportamos no momento específico e como isso interage com nossos traços de longo prazo.

INSTÁVEL *VERSUS* ADAPTÁVEL

Ao considerar o poder da situação, uma coisa a termos em mente é que alguns de nós mostrarão mais variabilidade de curto prazo do que outros, dependendo de nossas pontuações nos cinco grandes traços de personalidade. Especialmente se você for altamente neurótico, poderá achar que seu comportamento é mais imprevisível e mutável, enquanto, se for extrovertido, provavelmente será mais consistente. Uma distinção fundamental a esse respeito é entre instabilidade e adaptabilidade.

O comportamento de pessoas altamente neuróticas costuma ser instável e difícil de prever de uma ocasião para outra. Isso ocorre porque surge em grande parte de suas emoções e humores internos erráticos. O comportamento dos extrovertidos resilientes, ao contrário, é mais estável e fácil de prever, porque eles tendem a se comportar de maneira mais semelhante em diferentes situações. Quando seu comportamento realmente muda, é muito provável que seja para se adaptarem adequadamente às demandas da situação social.

Psicólogos demonstraram isso recentemente quando pediram a alunos da graduação que usassem um *smartphone* para registrar seu comportamento e sentimentos durante todas as suas interações sociais por cinco semanas.[14] Eles descobriram que pessoas altamente neuróticas eram muito mais imprevisíveis em sua simpatia de um encontro para o outro, mesmo que esses encontros tenham acontecido exatamente no mesmo contexto social (isso provavelmente ajuda a explicar por que pessoas altamente neuróticas podem ser difíceis de conviver e tendem a passar por mais rompimentos de relacionamento). Ao mesmo tempo, mostraram a menor adaptabilidade em diferentes situações; ou seja, eles não pareciam ter a flexibilidade de adaptação de seus comportamentos sociais para corresponder a diferentes contextos de maneira consistente e vantajosa.

Em contraste, os extrovertidos e as pessoas altamente agradáveis eram mais consistentes: eles eram geralmente mais felizes e amigáveis em média ao longo do tempo, mas também apresentavam maior adaptabilidade às situações, modelando seu comportamento de modo a se encaixar no contexto social. (Imagine o extrovertido agradável que é constantemente tagarela e engraçado quando está com amigos, mas também tem a habilidade de demonstrar compaixão e preocupação em uma situação mais solene.)

COMPANHIA ATUAL

Um dos aspectos mais importantes em qualquer situação é com quem estamos. Você provavelmente pode pensar em pelo menos uma pessoa que parece trazer à tona um lado particularmente forte de seu caráter, ou em geral bem escondido, quando você está com ela.

Quando eu era criança, essa pessoa era minha avó. Claro, eu costumava me comportar razoavelmente bem, mas, perto de Nanna, eu era um anjo absoluto. Estou surpreso por não terem brotado asas e uma auréola em mim. Na companhia dela, eu agia como se fosse vários anos mais velho do que minha verdadeira idade — nunca de maneira tola ou desobediente, sempre prestativo e educado. Eu era nauseantemente precoce: concordava com a cabeça sabiamente sempre que ela falava sobre o declínio das boas maneiras ou expressava desaprovação sobre a linguagem imprópria na TV, como se eu fosse fazer 90 depois dos 9 anos. Parecia uma dinâmica que se encerrava em si mesma: eu sabia que ela confiava que eu nunca sairia da linha, e isso se tornou um papel que eu me sentia pressionado a cumprir.

Esse é um exemplo extremo, mas a maioria de nós tende a adaptar nosso comportamento dependendo do papel social em que estamos. Talvez você comece agindo como um parceiro com seu chefe, porque ele adora esportes, ou que você se torne estranhamente introvertido na presença da mãe supercrítica do seu namorado. A palavra *personalidade* vem de *persona*, que significa "máscara" em latim. Os psicólogos estudam essas mudanças de personalidade de curto prazo há algum tempo, e alguns dos padrões parecem ser bastante universais.

Um estudo típico envolveu centenas de pessoas avaliando seus traços de personalidade quando estavam com pais, amigos e colegas de trabalho.[15] Previsivelmente, eles se classificaram como mais extrovertidos quando com amigos, mais conscienciosos quando com colegas de trabalho e mais neuróticos (emocionalmente instáveis e carentes) quando estavam com os pais. A extroversão mostrou a maior quantidade de variação entre os contextos sociais (o que não é realmente surpreendente quando você considera que é em grande parte um traço social), enquanto a conscienciosidade apresentou a menor variação.

Em outro estudo, este envolvendo entrevistas aprofundadas com oito pessoas sobre sua experiência de usar uma máscara social com pais, amigos ou colegas, os entrevistados descreveram como pode ser desgastante colocar um disfarce.[16] Por exemplo, Mary, uma gerente de fundos de investimentos de 35 anos, falou sobre o esforço cansativo de adotar uma *persona* conscienciosa no trabalho: "Não é algo que eu queira fazer, mas é como se, uma vez que você já fez, entrasse em uma esteira que você não pode mais parar senão vai cair". Trudy disse que sua personalidade quase regride quando ela está com a família: "Todo o meu personagem volta a ser como eu era e eu sou meio que muito insegura, muito tímida, sempre esperando tomar uma bronca o tempo todo. Uma parte da minha personalidade extrovertida aparece, de alguma forma, mas é esmagada por eles e eu simplesmente me torno mais retraída". A essência das entrevistas revelou que é mais fácil ser o seu "verdadeiro eu" com amigos do que com colegas ou pais, embora às vezes possa ser cansativo também com os amigos, especialmente se você não estiver com disposição para ser sociável ou relaxado.

Algo que eu acho que é muito mais difícil para a pesquisa definir é como determinados indivíduos podem ter efeitos específicos em nossos próprios personagens, como a minha Nanna costumava fazer comigo. Às vezes isso pode ser vantajoso. Minha vida social teve um pontapé inicial na faculdade porque, no meu primeiro ano, fiz amizade precoce com um baladeiro que despertou o extrovertido dentro de mim. Na verdade, eu diria que sempre gostei de estar perto de pessoas que me fazem sentir mais extrovertido, ao passo que posso achar desconfortável estar perto de pessoas que exacerbam minha autoconsciência.

Talvez uma das características definidoras do que cria verdadeiros bons amigos é que eles nos ajudam a ser nós mesmos (ou pelo menos sentir que somos), o tipo de pessoa que gostaríamos de ser.

VOCÊ É UM CAMALEÃO SOCIAL?

Os efeitos temporários da companhia atual em nossa personalidade podem ser maiores para alguns de nós do que para outros. No final dos anos 1970, o psicólogo Mark Snyder propôs que é possível dividir as pessoas em duas categorias: alguns de nós se comportam como um camaleão, sendo altamente motivados para causar uma boa impressão e hábeis em adaptar o comportamento para se adequar à situação atual (ele os chamou de "alto automonitoramento"), enquanto outros estão mais preocupados em ser genuínos e mostrar seu verdadeiro eu, independentemente de com quem estão ou do que está acontecendo ("baixo automonitoramento"). Snyder diz que os automonitoradores se perguntam "O que essa situação exige de mim?" e são hábeis em captar pistas sociais para descobrir a resposta. Os automonitoradores baixos, por outro lado, se perguntam: "Como posso ser eu mesmo nesta situação?" e voltam sua atenção para dentro em busca de respostas. Não é surpresa, então, que os automonitoradores altos tendam a ser considerados mais amigáveis e fáceis de lidar pelos colegas de trabalho e que isso possa ajudá-los a progredir. Snyder disse à *Cut*: "É a diferença entre viver uma vida construída na projeção de imagens que são projetadas para fins específicos, ou se é uma questão de você viver uma vida que é sobre ser fiel ao seu próprio senso de identidade".[17]

A diferença entre esses tipos de personalidade também afeta suas atitudes. Alguém com alto automonitoramento dobrará suas preferências e opiniões sobre tópicos controversos para combinar com a mentalidade de grupo — de qualquer grupo em que esteja —, enquanto o baixo automonitoramento se orgulhará de manter suas armas e ser autêntico. Os automonitoradores altos também tendem a ter mais amigos, mas de qualidade mais superficial, preferindo estar com o tipo de pessoa que mais combina com o que a situação exigir (preferem ir ao jogo de futebol com o novo amigo, que é um grande fã de futebol, do que com seu amigo de longa data, que não gosta muito disso). Os automonitoradores baixos são o oposto: eles têm menos amizades, porém mais profundas, preferindo estar com a pessoa de quem mais gostam, quer essa pessoa corresponda à ocasião ou não.

O conceito de automonitoramento se aplica até mesmo ao namoro: quando examinam anúncios pessoais, os automonitoradores altos estão mais preocupados com a aparência física de parceiros em potencial (eles acham que simplesmente se adaptarão à personalidade de sua namorada); os automonitoradores baixos, em contraste, se preocupam mais com as descrições de personalidade, porque, para eles, o relacionamento é muito importante e impossível de falsificar.

Você provavelmente tem uma ideia da categoria em que se enquadra, mas, para ter uma noção mais precisa, aqui está um pequeno teste que adaptei de um outro que Snyder criou com seu colega Steven Gangestad:[18]

1. Nas festas, digo coisas que acho que as outras pessoas vão gostar.   Sim ou não?

2. Se vou argumentar a favor de algo, tenho que acreditar no que estou dizendo.   Sim ou não?

3. Eu era bom em teatro na escola e daria um bom ator.   Sim ou não?

4. Sou uma pessoa diferente, dependendo da companhia em que estou.   Sim ou não?

5. Não sou muito bom em agradar os outros.   Sim ou não?

6. Fico feliz em mudar de opinião se isso puder me ajudar a progredir ou agradar alguém de quem gosto.   Sim ou não?

7. Tenho dificuldade em representar uma *persona* que se adapte a diferentes situações sociais.   Sim ou não?

8. Fico socialmente ansioso e não sou muito bom em fazer novos amigos.   Sim ou não?

9. Eu poderia realmente não gostar de alguém, mas eles não teriam
   ideia porque eu sou bom em esconder meus sentimentos.   Sim ou não?
10. Eu acharia muito difícil olhar alguém nos olhos e contar
    uma mentira descarada.   Sim ou não?

O quanto você é um camaleão social? Conte quantas vezes você respondeu *sim* aos itens 1, 3, 4, 6, 9. Agora conte quantas vezes você respondeu *sim* aos itens 2, 5, 7, 8, 10. Se o primeiro número for maior que o segundo, você tende a usar uma máscara social (você é um alto automonitorador); se o segundo número for maior, você está mais inclinado a ser apenas você, independentemente de com quem esteja (você é um automonitoramento baixo).

Você pode achar útil ver as pessoas dessa forma binária; talvez isso até dê sentido aos conflitos entre seus amigos e parentes. Os automonitoradores baixos e altos tendem a não pensar muito bem um do outro: os baixos veem os altos como falsos, e os altos veem os baixos como rígidos e desajeitados.

Para mim, é definitivamente uma maneira divertida e interessante de pensar sobre como as pessoas se relacionam com o mundo. Mas devo apontar que, do ponto de vista científico, há problemas com o conceito de automonitoramento. Alguns especialistas dizem que o automonitoramento é realmente uma expressão de extroversão; ou seja, alto automonitoramento são extrovertidos fortes, mais capazes de jogar para a plateia e de usar uma máscara de felicidade para os seus amigos (o que combina com o que expliquei anteriormente sobre a diferença entre estabilidade e adaptabilidade no comportamento, sendo os extrovertidos altamente adaptáveis).

Além disso, se você é propenso à ansiedade social, como eu, pode considerar as duas categorias inadequadas, achando que se encaixa perfeitamente entre as duas. Certamente sinto uma pressão para causar boa impressão (fico ansioso até quando estou falando com a Siri). Mas gostaria de não ser, e estou sempre me repreendendo por tentar demais ser legal em vez de ser mais aberto e honesto. Isso faz de mim um automonitorador relutante? Provavelmente não, porque eles deveriam ser hábeis em desempenhar diferentes papéis sociais e supostamente não se estressar com os desafios sociais. Dados esses problemas com o conceito, recomendo ver sua pontuação de automonitoramento como divertida e instigante, em vez de levá-la muito a sério.

ESTÁ DE MAU HUMOR?

Eu estava em uma pequena festa em casa com alguns amigos de vinte e poucos anos que eu mal conhecia, cuidando de uma terrível ressaca e tentando manter a discrição. "Ah, você é um *daqueles tipos* de pessoa", o cara na minha frente disse, me tirando do meu transe. "Você não fala muito, não é?", ele acrescentou, obviamente nada impressionado.

Esse cara rude parecia ter feito algumas suposições rápidas sobre a minha personalidade e, pelo seu tom, não gostou muito do que viu. Eu odeio admitir que suas palavras doeram. Ok, talvez eu seja um introvertido — pelo menos eu era naquela época —, mas ninguém deveria se desculpar por isso. Eu me ressentia, principalmente, de como ele presumiu que meu comportamento revelava uma verdade inerente sobre mim, em vez de apenas refletir meu humor, que naquele momento estava sob uma nuvem graças ao álcool retumbando em minha cabeça. Sim, eu estava agindo de maneira quieta e introvertida no momento, mas ele deveria ter me visto na pista de dança na noite anterior!

Frequentemente, presumimos de outras pessoas que seu comportamento atual reflete sua personalidade subjacente — o "tipo de pessoa" profundamente enraizado que elas são — e desconsideramos a contribuição das circunstâncias específicas, incluindo o seu humor. Em contraste, e bastante conveniente, quando se trata de nosso próprio comportamento, muitas vezes estamos muito mais conscientes dos efeitos do humor e da emoção — como a modelo polonesa Natalia Sikorska, que foi poupada da prisão em 2017 depois de tentar furtar uma loja da Harrods em Londres. Ela disse ao tribunal de Londres que agiu como uma pessoa completamente diferente do que costuma ser, por causa do estresse e do choque cultural de voltar de férias nos Estados Unidos.[19] Pobre Natalia. Que provação!

Para ser justo com a minha ressaca e com a modelo Natalia, é verdade que o humor tem fortes efeitos sobre como nossa personalidade se manifesta em determinado momento. Em um estudo recente, psicólogos deram a centenas de alunos breves questionários por *e-mail* para serem respondidos várias vezes ao dia por até duas semanas.[20] Cada *e-mail* incluía um pequeno teste de personalidade e um espaço para os alunos relatarem seus níveis de humor positivo e negativo e para dizerem o que estavam fazendo, inclusive se estudando ou fazendo algo mais divertido.

As pontuações de personalidade dos alunos variaram até certo ponto de uma época para outra; isso foi amplamente explicado por diferenças em seu humor. Quando os alunos se sentiam mais felizes, eles tendiam a pontuar mais alto em extroversão e mente aberta. Por outro lado, quando se sentiam menos felizes e mais tristes ou deprimidos, pontuavam mais em neuroticismo e menos em amabilidade. Curiosamente, a conscienciosidade revelou-se em grande parte não relacionada ao humor, mas isso pode ser porque a associação era oposta para pessoas diferentes (portanto, os efeitos teriam sido anulados em todos os alunos).

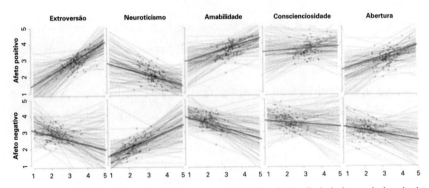

Como a personalidade das pessoas no momento (avaliadas de 1 a 5, de baixo a alto) varia de acordo com seu humor (linha superior: humor positivo; linha inferior: humor negativo; cada linha representa um voluntário diferente). *Fonte: Reproduzido de Robert E. Wilson, Renee J. Thompson e Simine Vazire, "Are Fluctuations in Personality States More Than Fluctuations in Affect?" ["As flutuações nos estados de personalidade vão além das flutuações no afeto?"], Journal of Research in Personality 69 (2017): 110-123.*

Falando por mim, sei que minha conscienciosidade diminui momentaneamente quando estou me sentindo mais deprimido — é mais provável que eu comece a navegar pelos vídeos do YouTube em vez de me esforçar para escrever. Imagino, porém, que outras pessoas podem ficar mais concentradas quando estão de saco cheio, talvez usando o trabalho ou as tarefas domésticas como distração.

A personalidade dos alunos também mudou quando estavam estudando, tornando-se menos extrovertidos, menos agradáveis, menos abertos e mais neuróticos (quem poderia culpá-los?), mas também mais conscienciosos. É importante ressaltar, porém, que essas mudanças momentâneas foram quase inteiramente explicadas pelos efeitos do estudo no humor dos alunos.

A influência do humor em nossa personalidade me faz pensar se alguns dos efeitos da companhia atual sobre a personalidade podem ser amplamente explicados por como diferentes pessoas nos fazem sentir. Na verdade, psicólogos propuseram recentemente que existe algo chamado "presença afetiva", a tendência consistente que cada um de nós tem de influenciar o humor das pessoas ao nosso redor, algo semelhante a deixar uma pegada emocional nelas. Um estudo com centenas de estudantes de negócios bastante amigos descobriu que alguns indivíduos populares sempre melhoravam o humor daqueles ao seu redor, enquanto outros (sobretudo aqueles com baixa amabilidade e, surpreendentemente, também com alta extroversão) consistentemente fizeram as pessoas se sentir mais aborrecidas.[21]

Efeitos de humor em sua personalidade momentânea também podem surgir como resultado do filme que você acabou de assistir ou da música que acabou de ouvir (e provavelmente do livro que acabou de ler também). Em outro estudo, os pesquisadores fizeram com que voluntários preenchessem um questionário de personalidade antes e depois de assistir a um trecho triste do filme *Filadélfia*, acompanhado por uma música clássica sombria e emocionante, "Adagio for Strings", de Barber, ou antes e depois de assistir a um vídeo feliz de famílias se reunindo após a queda do Muro de Berlim, acompanhado pela edificante "Eine Kleine Nachtmusik", de Mozart.[22] Os voluntários ficaram menos extrovertidos e mais neuróticos depois de assistir ao vídeo triste, e houve um leve aumento em sua extroversão depois de assistir ao vídeo feliz.

Não podemos controlar muitas coisas na vida, mas podemos escolher o que ouvimos e assistimos na TV (embora você possa ter de arrancar o controle remoto do seu parceiro), e geralmente temos pelo menos alguma influência sobre com quem passamos o nosso tempo. Estar mais atento a como essas decisões influenciam nosso humor e, portanto, nossa personalidade momentânea faz parte de uma estratégia psicológica simples, mas poderosa, sobre a qual falarei a seguir.

A ESTRATÉGIA DE SELEÇÃO DA SITUAÇÃO

Onde você está, o que está fazendo e com quem são coisas que afetam sua personalidade no momento. Com o tempo, essas influências podem se acumular, moldando o tipo de pessoa que você se torna. Mas você não precisa aceitar esse estado de coisas passivamente. A poeta Maya Angelou disse: "Erga-se e perceba quem você é, que você se eleva acima de suas circunstâncias".[23] Ela certamente estava certa no sentido de que podemos ser inteligentes em como escolhemos gastar o nosso tempo: podemos moldar nossas circunstâncias para que funcionem a nosso favor, não contra nós. Por exemplo, se você deseja desenvolver uma personalidade mais aberta, sociável e calorosa, uma maneira importante de conseguir isso é se esforçar para se colocar em situações que melhorem seu humor. Isso pode parecer óbvio, mas, se você pensar honestamente por um momento, com que frequência você é estratégico ao planejar o seu tempo?

Pegue o próximo fim de semana — quais são seus planos? Você realmente considerou como o que está planejando fazer o fará se sentir? É bem provável que sua programação seja baseada muito mais no hábito ou na conveniência. Claro, você pode ter responsabilidades inevitáveis. No entanto, para muitos de nós que vivemos em sociedades livres e mesmo com uma renda modesta, é possível pensar de forma mais deliberada do que o normal sobre o que planejamos fazer, levando em consideração como provavelmente nos sentiremos e, portanto — a longo prazo —, permitindo-nos exercer uma influência mais independente sobre o tipo de pessoa que nos tornaremos. Em vez de cerrar os dentes ao enfrentar mais um período de tédio ou até mesmo uma tempestade de angústia emocional, tente fazer um esforço maior para planejar com antecedência e procurar os lugares ensolarados que prometem mais alegria. Psicólogos da Universidade de Sheffield, na Inglaterra, testaram essa abordagem recentemente.[24] Eles deram a metade de seus voluntários a seguinte instrução de seleção de situação antes do fim de semana e pediram que a repetissem três vezes e se comprometessem a fazê-la: "Se estou decidindo o que fazer neste fim de semana, selecionarei atividades que me farão sentir bem e evitarei fazer coisas que me farão sentir mal!". Na segunda-feira, todos os voluntários relataram como passaram o fim de semana e quais emoções vivenciaram. A principal descoberta foi que aqueles que seguiram as instruções experimentaram emoções mais positivas no fim de semana. Foi o caso particularmente dos voluntários com personalidade mais neurótica, que disseram que geralmente lutavam para regular suas emoções. Se você gostaria de ser menos neurótico, essa pode ser uma abordagem especialmente útil para você.

Mas não é fácil embarcar na estratégia de seleção de situação. Um obstáculo infeliz e importante para adotar essa abordagem mais estratégica da vida e do desenvolvimento de nossa própria personalidade é que, na maioria das vezes, não somos muito bons em antecipar como as diferentes situações nos farão sentir. Os psicólogos chamam essa habilidade de "previsão afetiva" e descobriram que tendemos a superestimar o impacto de eventos raros e dramáticos em nossas emoções positivas e negativas. Achamos que ganhar na loteria nos deixará em permanente estado de euforia, ou que a reprovação no exame da próxima semana nos deixará arrasados, mas, na realidade, somos rápidos em nos adaptar a esses eventos isolados e retornar à nossa base emocional habitual.

Ao mesmo tempo, temos a tendência de subestimar o efeito cumulativo de experiências repetidas, menores e mundanas. Refiro-me a coisas simples e cotidianas, como o caminho que você percorre para o trabalho. Considere que, se você caminhar pelo parque, pode levar mais tempo para chegar ao trabalho, mas isso melhoraria um pouco o seu humor. Estudos sugerem que apenas dez minutos de exercício por dia podem aumentar nossa felicidade.[25]

Ou que tal aquele colega com quem você sempre sai na hora do almoço? Claro, é fácil bater um papo com a pessoa que você conhece há anos, mas se ela for mal-humorada por natureza — ou tiver uma "presença afetiva" ruim —, ela certamente o deixará desmotivado todos os dias.

E depois há todo o tempo que você passa assistindo TV à noite. Como um veterano de inúmeros aparelhos de TV, certamente sei como é tentador pegar o controle remoto. Mas assistir ao drama mais recente sobre traficantes de drogas ou assassinos em série provavelmente não vai melhorar muito o seu humor ou ajudá-lo a encontrar sentido na vida.[26]

Você pode até rever suas decisões sobre quando ir para a cama como parte da estratégia de seleção de situação. Dormir o suficiente é uma das maneiras mais seguras de melhorar seu humor. Um estudo recente com mais de vinte mil pessoas descobriu que ficar apenas uma hora aquém da quantidade ideal de sono — sete a nove horas — estava associado a um aumento de 60% a 80% no risco de experimentar humores negativos, como falta de esperança e nervosismo.[27] Apesar disso, muitos de nós repetidamente adiamos a ida para a cama em um momento apropriado, preferindo ficar acordados assistindo a *Game of Thrones* ou conversando nas redes sociais, um mal-estar moderno que os psicólogos chamam de procrastinação da hora de dormir.[28] Estabeleça algumas regras básicas simples, como nenhum dispositivo digital no quarto, e isso pode ajudá-lo a superar esse mau hábito.

Adotar uma abordagem mais estratégica da vida será mais fácil para algumas pessoas do que para outras. Em particular, aquelas que são muito agradáveis tendem a ter instinto perspicaz sobre como escolhem passar o tempo, colocando-se frequentemente em situações agradáveis, o que os ajuda a ser mais calorosos, otimistas e a evitar conflitos. Aqueles de nós que não somos abençoados com esse instinto ainda podemos aprender muito com ele, fazendo um esforço maior para escolher situações benéficas para o desenvolvimento de nosso humor e personalidade.

Uma regra simples pode ser tentar realizar quaisquer atividades com uma companhia que o ajude a se comportar da maneira mais extrovertida e amigável possível. Um estudo fascinante registrou o comportamento e o humor de mais de cem graduandos em um diário noturno por duas semanas e descobriu que eles se sentiam mais felizes nos dias em que eram relativamente mais sociáveis, amigáveis e conscienciosos.[29] Criticamente, isso era verdade, independentemente de seu perfil de personalidade habitual, incluindo ser introvertido ou extrovertido. Isso provavelmente ocorre porque se comportar dessa maneira ajuda a satisfazer nossas necessidades humanas básicas de nos sentirmos conectados aos outros, de nos sentirmos competentes e no controle da nossa vida.

FRIO NA BARRIGA E CORAGEM DE BÊBADO

Há um elefante neste capítulo que ainda não mencionei. Na maior parte do tempo, nosso comportamento e nosso humor são influenciados não apenas por quem está conosco e pelo que estamos fazendo, mas também pelo que colocamos na boca para comer, beber ou fumar. É quase desnecessário dizer que as substâncias que afetam nosso funcionamento cerebral também induzem mudanças de personalidade de curto prazo. Afinal, elas alteram nosso pensamento e nosso comportamento. Mas quais são esses efeitos e suas variações, dependendo do nosso tipo de personalidade usual?

O exemplo mais mundano é a fome (ou baixo nível de açúcar no sangue). A fome afeta a nossa função cerebral de maneira semelhante à resposta de lutar ou fugir, aumentando nossa inclinação para correr riscos (extroversão temporariamente mais alta e menos conscienciosidade) e nos tornando impacientes e intolerantes (menor amabilidade) — um efeito que alguns chamam de "morto de fome."

Minha demonstração favorita disso é um estudo que envolveu casais heterossexuais inserindo alfinetes em uma boneca vodu de seu parceiro todas as noites antes de dormir: quanto mais raiva eles sentiam de seu parceiro, mais alfinetes deveriam colocar na boneca.[30] Os pesquisadores também monitoram os níveis de açúcar no sangue dos participantes. Eles descobriram que, nas noites em que esses níveis eram mais baixos, os participantes tendiam a espetar mais alfinetes na boneca. Certamente vale a pena ter em mente esses efeitos da fome no humor e na personalidade do momento se você planeja fazer uma dieta ou tende a pular o café da manhã.

O álcool é um exemplo ainda mais dramático de como as substâncias podem afetar nossa personalidade. Em um nível básico, como você já deve ter experimentado em primeira mão, os efeitos neurológicos do álcool significam que nos tornamos desinibidos e mais impulsivos; em termos de personalidade, somos mais extrovertidos e menos conscienciosos. Este é um padrão que foi confirmado cientificamente, pedindo às pessoas que avaliassem sua própria personalidade quando sóbrias e quando alteradas[31] e para que um amigo também as avaliasse.[32] Outros estudos filmaram pessoas ficando levemente bêbadas, e, em seguida, observadores não familiarizados avaliaram a personalidade das pessoas bêbadas.[33]

No geral, essa pesquisa confirmou o que já sabíamos: estar bêbado costuma nos tornar mais extrovertidos, mas inferiores em tudo o mais — menos amáveis, menos abertos, menos conscienciosos e menos neuróticos (ou seja, mais emocionalmente estáveis). A única nuance da pesquisa é que os observadores detectaram nos bebedores apenas aumentos na extroversão (especialmente maior gregariedade, assertividade e níveis de atividade) e, em menor grau, diminuição no neuroticismo. Eles não identificaram as outras mudanças de personalidade (autorrelatadas), como menor abertura, talvez porque elas dependam mais de mudanças em nossos pensamentos e nossos sentimentos íntimos.

A maioria dos estudos sobre os efeitos do álcool calculou as mudanças de personalidade provocadas por quantidades moderadas de álcool, mas é claro que nem todos reagimos exatamente da mesma maneira. Quando os psicólogos analisaram recentemente a variação da personalidade das pessoas em resposta ao álcool, eles encontraram quatro tipos principais de personalidade bêbada e deram a elas alguns nomes engraçados.[34] Veja se você consegue se reconhecer:

> *Ernest Hemingway:* Você não muda tanto quanto os outros quando está bêbado e, especialmente, mantém sua abertura à experiência e ao intelecto.
>
> *Mary Poppins:* Você fica charmosa quando bêbada, o que se manifesta quando sua afabilidade sóbria usual não é afetada (essa foi a categoria mais rara na pesquisa).
>
> *Professor Aloprado:* Você é um introvertido quando sóbrio e mostra aumento drástico na extroversão e diminuição da conscienciosidade quando está bêbado. (Eu odeio admitir, mas este sou eu.)
>
> *Sr. Hyde:* Você é desagradável quando está bêbado, mostrando reduções especialmente importantes na amabilidade e na conscienciosidade — portanto, é mais provável que corra riscos e ofenda os outros (na pesquisa, mais mulheres do que homens aparentemente se encaixam nessa categoria).

Antes de colocar orgulhosamente o rótulo de Hemingway ou Mary Poppins em si mesmo, pode valer a pena verificar como seus amigos o categorizam. Aposto que muitos de nós temos uma visão um tanto duvidosa de nossa própria personalidade bêbada. Na verdade, uma pesquisa divertida com centenas de universitários britânicos sugeriu isso recentemente. Os pesquisadores descobriram que os alunos tendiam a se descrever, mais do que aos outros, como agindo quando bêbados da mesma forma que quando sóbrios, e também se viam, mas não aos outros, como "bons bêbados". "Quando bebo, fico muito feliz e divertido, não sou como os outros que ficam bêbados demais e não têm maior controle de si mesmos", era um comentário típico.[35]

Uma pergunta natural neste ponto, especialmente se você é do tipo Professor Aloprado e quer se tornar temporariamente mais extrovertido, é se é sensato usar álcool para deliberadamente alterar seu caráter. Claro, quaisquer benefícios momentâneos devem ser pesados contra os efeitos médicos e sociais nocivos do abuso do álcool, incluindo o aumento do risco de câncer e de desintegração do casamento. Observe também que, em termos de mudança de personalidade, pesquisas que analisaram os efeitos do uso crônico e abusivo de álcool também descobriram que isso leva a uma maior extroversão, mas também a uma menor amabilidade, conscienciosidade e aumento do neuroticismo — o que não é a combinação mais atraente.[36]

Mas, mesmo deixando de lado a séria questão da dependência doentia do álcool, outra coisa a considerar se você está pensando em usar o álcool para induzir mudanças de personalidade de curto prazo (não apenas para ser mais extrovertido, mas talvez também menos neurótico e ansioso) é que seus efeitos podem ser específicos em determinado contexto. Por exemplo, o humor. Embora geralmente pensemos que o consumo moderado de álcool melhora o nosso humor, estudos mais sutis mostraram que seus efeitos são bem mais específicos: nos faz sentir mais conectados ao momento presente, com foco mais restrito e menos afetados pela inércia emocional ou por experiências recentes.

Essa é uma boa notícia se você estiver em uma situação feliz, fazendo algo de que gosta e com pessoas de quem gosta, porque beber provavelmente aumentará seu prazer. Em situações sociais, o álcool aparentemente também torna o humor positivo mais contagiante de uma pessoa para outra. Mas, se você está deprimido ou angustiado ou apenas sentado sozinho com suas próprias preocupações, saiba que beber provavelmente fará você se sentir pior.

Há uma nuance semelhante a considerar em relação aos efeitos calmantes do álcool. O que o álcool parece fazer especialmente bem é ajudar a reduzir o nosso medo genérico da incerteza — por isso, às vezes, ele pode ser um tônico eficaz para a ansiedade social. No entanto, não é tão eficaz para aliviar o medo sobre uma ameaça específica que você sabe que está por vir, como uma apresentação de projeto ou o discurso do padrinho que você precisa fazer. Também é importante notar que, mesmo que um ou dois drinques acalmem seus nervos antes de uma palestra, o álcool provavelmente prejudicará seu desempenho por causa de seus efeitos prejudiciais em suas habilidades mentais,[37] embora aparentemente possa aumentar sua fluência ao aprender a falar um idioma estrangeiro, talvez porque alivie a autoconsciência.[38]

Os efeitos de curto prazo do álcool na personalidade também podem depender do seu tipo de personalidade habitual. Uma pesquisa que filmou estranhos se conhecendo com o benefício de uma bebida alcoólica descobriu que são os extrovertidos que têm maior probabilidade de dizer que acharam que a bebida melhorou seu humor e que isso os ajudou a se sentir socialmente mais próximos das outras pessoas, talvez porque os extrovertidos já estão se divertindo e o álcool tende a acentuar seu humor atual. Essa diferença nos efeitos do álcool em introvertidos e extrovertidos também pode ajudar a explicar por que os extrovertidos são mais propensos ao abuso de álcool: eles acham mais prazeroso, então há uma tentação maior de beber mais.

LIGADO NA CAFEÍNA

Você não ficará surpreso ao saber que a cafeína é o psicoestimulante mais consumido no mundo. Os psicoestimulantes são uma categoria de drogas que inclui substâncias ilegais como cocaína e anfetaminas, que aumentam a atividade do cérebro e do sistema nervoso. Nos Estados Unidos, cerca de 80% a 90% dos adultos consomem regularmente cafeína, em sua maioria o café, mas também o chá, bebidas energéticas e chocolate. Bebedores regulares de café — estou olhando para vocês, escritores e estudantes — estarão muito familiarizados com os efeitos da cafeína em sua mente, em especial o aumento do estado de alerta e de concentração e, portanto, pelo menos momentaneamente, em sua personalidade.

A cafeína exerce seu efeito estimulante bloqueando rapidamente a ação da adenosina química do cérebro, que em geral age para nos deixar mais relaxados, diminuindo nossa respiração e nossa pressão sanguínea. Ao bloquear esse composto químico, a cafeína nos acelera. Uma vasta literatura mostra que em doses moderadas — digamos, uma a duas xícaras de cada vez — o café realmente aguça a mente, sobretudo para as chamadas "funções mentais de baixo nível", como nosso tempo de reação e nossa capacidade de manter a atenção por um longo período.[39] E isso é ainda mais importante para as pessoas que se sentem cansadas, como o estudante ou o segurança que fica acordado a noite toda.

O que isso significa para a mudança de personalidade de curto prazo? É claro que esses efeitos mentais e físicos da cafeína provavelmente aumentarão nossa consciência no momento imediato. Se você está caindo de sono diante de uma planilha na tela do computador ou lutando para se motivar para ir à academia, então o café ou uma bebida energética à base de cafeína deve ajudá-lo, levando-o efetivamente a se comportar por algum tempo como alguém com maior conscienciosidade e extroversão inerentes (dado que os extrovertidos normalmente têm níveis mais altos de energia e atividade).

No entanto, nem tudo são boas notícias. Os efeitos da cafeína dependem da dose, e, como você já deve ter descoberto por si mesmo, beber demais pode deixá-lo nervoso e ansioso. Alguns estudos iniciais sugeriram que os extrovertidos em busca de emoções são mais propensos a aproveitar os benefícios de beber café do que os introvertidos,[40] com base na ideia de que eles têm níveis mais baixos de energia nervosa básica e que, portanto, correm menor risco de que o café os deixe excessivamente ansiosos. (Se isso for verdade, explicaria por que os caçadores de novidades bebem mais café do que os introvertidos que procuram relaxar.)[41] Alguns estudos posteriores falharam em replicar essa interação entre os efeitos da cafeína e a personalidade, embora ainda pareça provável que, pelo menos em termos das experiências subjetivas das pessoas (em vez de efeitos objetivos no desempenho), a personalidade faz a diferença.[42] Por exemplo, outro estudo descobriu que os extrovertidos disseram que o café os fazia se sentir mais enérgicos, enquanto a pontuação alta em neuroticismo dizia que isso os fazia se sentir mais ansiosos.[43]

De fato, se você é altamente neurótico e propenso a excesso de ansiedade, deve tomar um cuidado extra ao ingerir muita cafeína. Existe até uma condição psiquiátrica reconhecida, o transtorno de ansiedade induzido por cafeína. É improvável que beber muito café o transforme em uma pilha de nervos se você geralmente é uma pessoa relaxada, mas, se for suscetível à ansiedade, há evidências de que você pode ser mais sensível aos efeitos físicos e psicológicos da cafeína e que ela pode desencadear em você ataques de extremo nervosismo ou até mesmo um ataque de pânico.[44]

Esses potenciais efeitos indutores de ansiedade se aplicam tanto a bebidas energéticas populares como o Red Bull e o Monster quanto ao café espresso à moda antiga. As bebidas energéticas contêm mais cafeína do que um espresso duplo, bem como grandes quantidades de açúcar, e houve apelos nos Estados Unidos e no Reino Unido para proibir sua venda para crianças e adolescentes.[45]

As preocupações com as bebidas energéticas atingiram o pico na Grã-Bretanha no início de 2018, depois que os pais de um jovem culparam seu consumo excessivo — quinze latas por dia — por seu suicídio.[46] Não era uma afirmação tão estranha de fazer. Pesquisas relacionam bebidas energéticas com recaídas para pessoas com problemas de saúde mental — que provavelmente têm pontuação alta em neuroticismo —, em parte devido aos efeitos indutores de ansiedade da cafeína, mas também porque podem interferir quimicamente nos efeitos da medicação psiquiátrica.[47] Outra preocupação é a tendência popular de consumir bebidas energéticas misturadas ao álcool, o que pode levar as pessoas a subestimar quão embriagadas estão e, por mantê-las acordadas por mais tempo, essa mistura facilita a bebedeira.

Outra questão a ter em mente é que, como a maioria das drogas que alteram a mente, há um efeito de abstinência à medida que seu cérebro se descafeína gradualmente, o que pode incluir dores de cabeça e mau humor.[48] Essa é ainda outra maneira de a ação de beber café, à parte seus benefícios, levar você a experimentar neuroticismo temporariamente aumentado.

SPACE CAKES E VIAGENS PSICODÉLICAS

Em certos cafés, a cafeína não é a única droga do cardápio. Eu me lembro da época em que minha então futura esposa e eu estávamos em Amsterdã, em uma das paradas da viagem de pesquisa para sua tese de graduação, e (você adivinhou) mal podíamos esperar para visitar os cafés e experimentar a especialidade local, o "space cake" (que é um bolinho cujos ingredientes incluem manteiga e maconha) e o "space tea" (que é um chá com infusão de THC) — guloseimas comestíveis preparadas com *cannabis*.

Nós nos sentíamos como jovens rebeldes — a maconha era, e ainda é, ilegal em nosso país, o Reino Unido.[49] Eu me lembro de como nos olhamos com entusiasmo, esperando a aventura começar. Verdade seja dita, foi um pouco deprimente no começo: não aconteceu muita coisa. Sem que soubéssemos na época, os efeitos da maconha que alteram a mente demoram muito mais para ser atingidos quando consumidos dessa maneira, em vez de fumar. No entanto, ainda assim foi divertido. Em vez de desfrutar de uma viagem alucinante, acabamos rindo enquanto tentávamos identificar qualquer indício de efeito nas palavras e no comportamento um do outro.

Embora centenas de milhões de pessoas em todo o mundo usem *cannabis*, sua perspectiva é muito diferente da cafeína ou do álcool. Sua composição e seus efeitos são muito mais complicados e um tanto misteriosos. Os principais compostos psicoativos são o delta-9-tetraidrocanabinol (THC) e o canabidiol (CBD), que atuam com efeitos contrastantes nos receptores canabinoides no cérebro e no resto do corpo. No entanto, uma folha comum de maconha contém mais de cem outras substâncias químicas relacionadas, cada uma com seus próprios efeitos cerebrais e corporais que a ciência médica ainda está descobrindo. Essa complexidade e a variedade química podem explicar por que os efeitos subjetivos da *cannabis* variam tanto. As pessoas relatam que a *cannabis* as afeta de muitas maneiras diferentes, inclusive fazendo com que se sintam calmas e eufóricas, com a sensação do passar do tempo diminuindo ou acelerando e permitindo que experimentem revelações ou *insights* raros.

Em termos de funcionamento mental básico medido em um laboratório psicológico, os efeitos da *cannabis* contrastam fortemente com os da cafeína. Ela prejudica a memória e a capacidade de manter e mudar o foco da atenção.[50] A longo prazo, alguns especialistas também acreditam que existe algo como a síndrome amotivacional da *cannabis*, consistente com o estereótipo do maconheiro que está muito relaxado para se preocupar em fazer qualquer coisa. Um estudo recente com centenas de estudantes de graduação descobriu que aqueles que fumavam maconha apresentavam menos iniciativa e persistência, mesmo depois de controlar quaisquer diferenças iniciais subjacentes de personalidade de não usuários.[51] Em termos de personalidade, você pode ler essas descobertas de pesquisa como se a maconha provavelmente atingisse sua consciensiosidade tanto no momento imediato quanto a longo prazo, se você usá-la repetidamente.

Combine o consumo de maconha com outras drogas, e, claro, os riscos se multiplicam. O mundo do *rock*, onde tal estilo de vida é muito comum, sem surpresa fornece inúmeras evidências factuais de como o uso de drogas pode ter efeitos adversos na personalidade. Por exemplo, Charlie Watts, dos Rolling Stones, que durante anos bebeu muito, fumou maconha e consumiu heroína, entre outras indulgências, disse ao *New York Times* como seu consumo de drogas era um "pesadelo" para os seus entes queridos e como sua "personalidade mudou completamente".[52]

Para sermos justos, quando se trata especificamente da *cannabis*, também existem muitos relatos positivos sobre seus efeitos no mundo da música, incluindo como ela pode aumentar a criatividade. Por exemplo, o cofundador dos Beach Boys, Brian Wilson, atribui à maconha a ajuda para terminar seu álbum mais emblemático, de 1966, o *Pet Sounds*: "Eu ouvi *Rubber Soul* e fumei um pouco de maconha e fiquei tão maravilhado que fui direto para o meu piano e escrevi 'God Only Knows' com um amigo meu", disse ele ao *site* de música de Denver *Know* em 2015.[53]

Alguns estudos apoiam a ideia de que a *cannabis* tem esse efeito agudo de expansão da mente, o que implicaria um aumento temporário no traço de abertura à experiência, sobretudo em pessoas que normalmente têm a mente mais fechada.[54] Outra pesquisa descobriu que, mesmo quando sóbrios, os usuários da *cannabis* têm melhor desempenho em testes de criatividade do que os que não a usam, possivelmente um indicativo de um impacto mais duradouro da planta em sua abertura à experiência. Alternativamente, talvez as pessoas que já têm a mente mais aberta sejam mais propensas a usar maconha, como afirma um estudo recente.[55] A mesma pesquisa também descobriu que os usuários de maconha são mais extrovertidos do que os que não a usam, porém menos conscienciosos.

Em termos dos efeitos da erva na ansiedade, algumas pessoas nervosas juram que ela as ajuda, mas também há evidências de que a maconha pode causar problemas de ansiedade.[56] Parte da razão para os efeitos mistos é que a erva simplesmente varia muito quimicamente, dependendo de onde você a obtém, em termos de conteúdo e potência (é importante notar que a potência da *cannabis* recreativa aumentou dramaticamente nas últimas décadas, de acordo com a US Drug Enforcement Administration).[57] O efeito também varia dependendo da personalidade do usuário (embora ainda não haja conclusão exata sobre a maneira como isso ocorre), suas expectativas e com que frequência e por quanto tempo usa a *cannabis*.

A psicóloga Susan Stoner, autora de um relatório recente sobre os efeitos da *cannabis* na saúde mental para a Universidade de Washington, resumiu bem as coisas, dizendo à revista *Vice* que "é praticamente especulação pura o que alguma cepa ou produto pode fazer a qualquer pessoa em específico em relação à ansiedade".[58] Alguns conselhos sugerem que você deve tentar obter maconha com mais CBD e menos THC se quiser ter um efeito calmante, mas, dado o estado da ciência, você certamente está arriscando se tentar usar *cannabis* para reduzir seu traço de neuroticismo, seja no momento ou a longo prazo.

Outra classe de drogas com alguns efeitos poderosos sobre a personalidade é a dos psicodélicos, incluindo o LSD (também conhecido como ácido), a psilocibina (encontrada nos "cogumelos mágicos"), a ketamina e o MDMA/ecstasy.

Os psicodélicos alteram a consciência e provocam alucinações. No âmbito neural, eles aumentam os níveis de entropia no cérebro, o que significa que há menos sincronia e maior imprevisibilidade na atividade observada em diversas regiões cerebrais. Acredita-se que tais mudanças facilitem novos aprendizados e quebrem velhos hábitos de pensamento. Eles também reduzem a atividade na chamada "rede de modo padrão do cérebro", que está envolvida na autorreflexão e na autoconsciência. Acredita-se que isso leve à dissolução do ego, facilitando um senso de unidade com o mundo. "Eu me senti como um grão de areia na praia

— ao mesmo tempo insignificante e essencial à minha maneira." Foi assim que um usuário descreveu sua primeira viagem.[59]

Quase por definição, a maneira como essas drogas provocam os usuários a ver o mundo de maneira diferente sugere um aumento temporário no traço de abertura de personalidade à experiência. De fato, pesquisas envolvendo cogumelos mágicos relataram mudanças de personalidade de pelo menos seis meses de duração, incluindo aumentos em "proximidade interpessoal, gratidão, significado ou propósito de vida, transcendência da morte, experiências espirituais diárias, fé religiosa e enfrentamento" — em termos de traços de personalidade, abertura e amabilidade aumentadas e neuroticismo reduzido.[60] Mais da metade dos voluntários descreveu sua sessão com a droga como a "experiência espiritual mais significativa de sua vida".[61] Outra pesquisa recente sugeriu

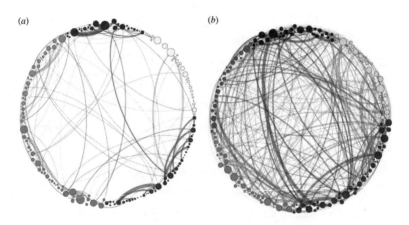

(a)   *(b)*

Uma imagem simplificada de um estudo de 2014 mostra a conectividade neural em um cérebro normal (a) e em um cérebro sob a influência da psilocibina (b), em que há maior comunicação entre diversas áreas do cérebro que geralmente não estão conectadas. Acredita-se que essas mudanças cerebrais sejam a base das profundas alterações na personalidade causadas por viagens psicodélicas, incluindo uma mente mais aberta e a dissolução do ego. *Fonte: Reproduzido de Giovanni Petri, Paul Expert, Federico Turkheimer, Robin Carhart-Harris, David Nutt, Peter J. Hellyer e Francesco Vaccarino, "Homological Scaffolds of Brain Functional Networks" ["Andaimes homológicos de redes funcionais cerebrais"], Journal of the Royal Society Interface 11, nº 101 (2014): ID 20140873.*

que o MDMA pode ajudar a aumentar a eficácia da psicoterapia e faz isso ampliando o a abertura das pessoas, ajudando-as a ver experiências traumáticas anteriores sob uma nova luz.[62]

Lembre-se de que as drogas psicodélicas são ilegais na maioria dos lugares, e, embora os estudos de pesquisa usem quantidades cuidadosamente controladas de drogas, é muito mais difícil controlar a dosagem em uma situação recreativa. Usados sem cuidado suficiente, LSD, MDMA e cogumelos representam diversos perigos, desde *flashbacks* até desidratação e ansiedade.[63] Há também o risco de "bad trips", as "viagens ruins", especialmente na ausência de um "guia" e para aqueles com neuroticismo alto.[64] Tanto na pesquisa terapêutica quanto no estudo sobre mudanças de personalidade mais duradouras, os voluntários não apenas tomaram a droga; eles também receberam intenso apoio de terapeutas e conselheiros treinados que atuavam como guias. Na verdade, o estudo do cogumelo que mencionei também incorporou meditação e treinamento espiritual. Os praticantes dessa área há muito se referem à importância de estabelecer a "combinação" correta, como na mentalidade e na configuração, para moldar o tom da experiência psicodélica. Seria um erro, então, enxergar o ato de tomar um ácido ou drogas relacionadas como uma rota fácil ou rápida para uma personalidade de mente mais aberta com base nessa pesquisa.

Uma abordagem mais segura para desenvolver uma personalidade mais aberta poderia ser tentar recriar os efeitos alucinógenos de uma viagem psicodélica, mas sem as drogas. Praticantes de meditação frequentemente relatam momentos de êxtase ou transcendência que mudam sua relação com a realidade para sempre. Para outros, essas experiências de pico podem vir da natureza — uma visão do topo de uma montanha, especialmente se o desafio de chegar lá lhe ensinou algo novo sobre si mesmo,[65] ou testemunhar o brilho fluorescente de um peixe tropical enquanto mergulha podem ser suficientes para mudar você para sempre, sem necessidade de drogas.

NENHUM HOMEM (OU MULHER) É UMA ILHA

A lição deste capítulo é dupla: nossa personalidade não existe em um vácuo (em vez disso, ela é moldada pelas pessoas com quem convivemos e pelos papéis que desempenhamos), e, embora nossos traços de personalidade se manifestem a longo prazo em nosso comportamento e tendências emocionais, nosso caráter também flutua no momento, especialmente em situações fortes e sempre que ingerimos substâncias que alteram a mente.

Essas dinâmicas entre situação e personalidade dão sentido a pesquisas que mostraram como aspectos da personalidade e da emoção podem se espalhar pelas redes sociais como um vírus. Um estudo descobriu que é mais provável que você seja feliz (uma marca de baixo neuroticismo e alta extroversão) se seus amigos estiverem felizes; até mesmo o estado emocional dos amigos dos seus amigos faz diferença.[66] Da mesma forma, uma cultura corporativa rude e desagradável pode efetivamente mudar sua própria personalidade de maneira congruente, tornando mais provável que você também seja rabugento e impaciente.[67]

Felizmente, as mesmas regras se aplicam aos aspectos positivos da emoção e do comportamento. Sentar-se ao lado de um colega altamente focado pode aumentar sua conscienciosidade, por exemplo, e, quando mais pessoas em um local de trabalho realizam atos positivos — fazendo favores para os outros e indo além —, isso não apenas beneficia doadores e receptores, mas também essas formas altruístas de comportamento são cativantes, de modo que os destinatários iniciais começam a se doar mais.[68] Em outras palavras, assim como uma cultura corporativa rude pode filtrar e moldar nossa personalidade, um local de trabalho agradável (e isso provavelmente também seria verdade para culturas familiares ou de equipe) pode moldar sua personalidade em uma direção positiva.[69] Essas dinâmicas positivas também ocorrem entre casais em casa. Outro estudo descobriu que, quando um parceiro chegava em casa animado após um bom dia no escritório, esse humor afetava a outra pessoa, aumentando os níveis de autoestima dessa pessoa no final do dia.[70]

Outro fator a ser considerado é que muitas das situações em que nos encontramos e a empresa na qual estamos não são mais físicas, mas virtuais. Se você passa meia hora no Twitter ou no Facebook discutindo com *trolls*, por exemplo, essa é uma situação forte que vai afetar seu humor e sua personalidade no momento, provavelmente deixando você mais neurótico e mais desagradável. Contudo, a pesquisa nessa área é combinada com um estudo detalhando os benefícios das mídias sociais, como aumentar nosso sentimento de pertencimento, e outro que mostra o contrário. Mas basta dizer que, se você passar o tempo vasculhando os *feeds* de perfis de pessoas que o incomodam ou a quem você inveja, é provável que isso tenha um impacto prejudicial no seu humor e nas suas emoções de curto prazo. Faça isso regularmente e você pode acabar tendo um efeito crônico em sua personalidade.

Quer estejamos falando de situações reais ou virtuais, a implicação é a mesma: se você quiser mudar a si mesmo, achará muito mais fácil se tornar a pessoa que deseja ser se estiver atento a essas influências sociais e situacionais sobre seu humor e seu comportamento, em especial porque quaisquer pressões externas podem se acumular e moldar sua personalidade a longo prazo. Isso soa como um aviso, mas há uma mensagem otimista aqui. Ao ser mais estratégico e ponderado sobre aonde você vai — as pessoas com quem você se relaciona e o que você faz —, você descobrirá que pode turbinar seus próprios esforços de mudança pessoal.

Dez passos acionáveis para mudar sua personalidade

Para reduzir o neuroticismo	Quase todo mundo sente ansiedade em algum momento, mas diferimos na forma como nos relacionamos com a emoção. Pratique enxergar a ansiedade como um amigo motivacional, e não como um inimigo que você precisa vencer. Canalize a sua ansiedade para a preparação e você poderá fazê-la trabalhar para você. Na verdade, o desempenho ideal, seja no trabalho ou no campo esportivo, vem de uma combinação de treinamento e ansiedade.	Quando você for provocado ou irritado e sentir seu sangue ferver, imagine a situação de uma perspectiva de terceira pessoa, como se você fosse uma mosca na parede. Foi demonstrado que realizar o distanciamento mental dessa maneira reduz a raiva e o ajuda a evitar perder a paciência.
Para aumentar a extroversão	Da próxima vez que você se deparar com uma situação social que o deixe desconfortável, tente reinterpretá-la como uma excitação, em vez de suprimir essas sensações físicas. Essa técnica, conhecida como reavaliação cognitiva, pode ajudá-lo a se divertir mais em festas e outros eventos sociais.	Ser extrovertido não é apenas ser tagarela e sociável; também é sobre ser mais ativo. Pense nas atividades de que você gosta e, da próxima vez em que estiver sentado sem fazer nada, comprometa-se a sair e a se envolver em uma atividade prazerosa, seja *mountain bike*, jardinagem ou voluntariado.
Para aumentar a consciência	Crie o hábito semanal de anotar como seus objetivos e suas tarefas de curto prazo estão conectados a seus objetivos e valores de longo prazo na vida. Sua consciensiosidade aumentará quando você puder enxergar a ligação entre o esforço que faz hoje e as recompensas que colherá no futuro.	Ao enfrentar uma tarefa árdua, imagine fazê-la no papel de um personagem que você admira; pode ser uma pessoa real ou um personagem fictício, como o Batman. Um estudo recente descobriu que crianças pequenas foram capazes de passar mais tempo em tarefas quando adotaram o papel de Batman, provavelmente porque criar distância de si mesmo dessa maneira torna mais fácil resistir a distrações e a priorizar objetivos de longo prazo.[71] Se funciona para as crianças, por que não experimentar?

Dez passos acionáveis para mudar sua personalidade *(continuação)*

Para aumentar a amabilidade	A cada semana, pense em alguém que você acredita que o tratou mal no passado e faça uma declaração aberta a si mesmo de que você perdoa a pessoa e ela não lhe deve nada. Mesmo deixando de lado as razões éticas para praticar o perdão rotineiro, o hábito lhe trará benefícios para o bem-estar físico e mental e aumentará sua propensão para comportamentos mais amigáveis e altruístas.	Pesquisadores identificaram quatro hábitos de autossabotagem de resistência, a fim de evitar parecer um boçal. (1) Não faça elogios indiretos (por exemplo: "Você é forte para uma mulher"), que serão recebidos como uma forma de depreciação. (2) Não se vanglorie (por exemplo: "Ganhei tantos músculos na academia que vou ter de mandar ajustar o meu vestido"). As pessoas simplesmente veem isso como arrogância. (3) Não seja hipócrita (por exemplo, não discurse sobre a mudança climática antes da viagem de férias). (4) Resista à arrogância (melhor comparar seu sucesso com seu próprio desempenho anterior do que depreciar os outros).
Para aumentar a abertura	Se você tiver recursos para isso, comprometa-se a visitar uma variedade de lugares desconhecidos ao redor do mundo. Novas visões, sons, cheiros e rotinas aumentarão sua abertura.	Pense nas pessoas com quem você passa a maior parte do tempo. Pesquisas mostram que, quando você se sente ameaçado e desrespeitado, é mais provável que se apegue rigidamente às suas crenças de maneira defensiva ou finja saber mais do que realmente sabe. Por outro lado, quando se sente confiante e respeitado, naturalmente estará mais preparado para ser flexível e ter a mente aberta.

Capítulo 5

ESCOLHER MUDAR

Foi no início do meu primeiro ano na faculdade que comecei a sentir pena de meu colega Matt. Ele não tinha feito nenhum amigo e estava profundamente solitário. O fato de seu dormitório ficar nos fundos do *campus* sem dúvida tinha sua parcela de culpa, mas admito que não pude deixar de sentir que sua personalidade também era um fator: ele era extremamente introvertido e chato.

Saí com Matt algumas vezes, principalmente porque ele parecia muito triste e solitário. Nunca vou me esquecer da última vez que estivemos sozinhos, quando me disse que teve uma revelação. Ele me contou que não estava na faculdade para ficar deprimido e tomou uma decisão difícil: ele iria mudar a si mesmo para se tornar mais sociável. Eu continuei cético. Como muitas outras pessoas, eu tinha a sensação de que ninguém pode realmente mudar, não profundamente.

Mas essa foi literalmente a última vez que vi Matt sozinho. A partir de então, ele estava sempre cercado por um círculo de amigos ou trabalhando em um dos bares do *campus*. Sempre parecia feliz e extrovertido, geralmente rindo junto com outras pessoas. Ele havia mudado, ou pelo menos parecia. Sua felicidade não deveria ser muito surpreendente: os extrovertidos tendem a ser mais felizes do que os introvertidos. Na verdade, os introvertidos muitas vezes subestimam quanto prazer teriam ao se comportar de maneira extrovertida com maior frequência.[1]

A história de Matt é difícil de acreditar? Não deveria ser. Lembre-se: um certo grau de mudança de personalidade é normal. Suas características são moldadas por influências imediatas, como humor e as companhias atuais, e também por eventos dramáticos como casamento e mudanças de longa distância. E, o tempo todo, há aquele amadurecimento gradual à medida que você envelhece.

Mas é claro que ainda há um mundo de diferença entre as mudanças de personalidade que surgem passivamente, como um navio sacudido pelo vento, e as mudanças que surgem por meio de atos deliberados de vontade, como testemunhei em Matt. Isso levanta a tentadora pergunta: e se você pudesse explorar a plasticidade da personalidade para decidir mudar a si mesmo de maneiras específicas? E se a história de Matt não for um caso isolado e, ao assumir atividades específicas ou fazer escolhas importantes na vida, você puder escolher moldar sua própria personalidade e, digamos, tornar-se mais extrovertido ou mais calmo e consciencioso?

E se um leopardo realmente puder trocar suas manchas por listras?

O MOTIVO PARA A MUDANÇA

Há mais neste tópico do que curiosidade pessoal ou científica. Conforme discutido no capítulo 1, cada vez mais pesquisas mostram como os traços de sua personalidade influenciam o desenrolar da vida. Os extrovertidos tendem a ser mais felizes do que os introvertidos, mas também são mais propensos a problemas com álcool e drogas. Pessoas altamente neuróticas correm maior risco do que a média de desenvolver problemas de saúde mental e doenças físicas. Na verdade, um estudo suíço recente que acompanhou o mesmo grupo de pessoas por mais de três décadas descobriu que aqueles com baixa extroversão e alto neuroticismo tinham *seis vezes* mais chances de desenvolver depressão e ansiedade durante o curso da pesquisa.[2]

Enquanto isso, seus níveis de conscienciosidade afetam a probabilidade de você adotar comportamentos saudáveis, como comer bem e se exercitar regularmente. Também é mais provável que você se saia bem em sua educação e sua carreira se for mais conscencioso. Ser mais conscencioso e ter mais abertura a experiências pode até reduzir o risco de desenvolver o mal de Alzheimer. Além do mais, a pesquisa sugere que os traços de personalidade podem influenciar o risco de que outras coisas ruins aconteçam — em alguns casos, criando um círculo vicioso, pois esses eventos infelizes provavelmente moldarão sua personalidade de maneiras inúteis. Por exemplo, como discuti no capítulo 2, as pessoas com pontuação mais alta em neuroticismo e mais baixa em amabilidade têm maior probabilidade de se divorciar. Por sua vez, passar por um divórcio pode reduzir sua extroversão e levá-lo a ficar mais isolado. Da mesma forma, se você tem baixo nível de conscienciosidade, é mais provável que fique desempregado, e, por sua vez, estar desempregado provavelmente diminuirá ainda mais sua conscienciosidade.

Como os principais traços de personalidade estão ligados à saúde e ao bem-estar

	Personalidade prototípica psicologicamente saudável[a]	Aspectos da personalidade mais fortemente relacionados por psicólogos com várias medidas de bem-estar[b]	Aspectos da personalidade ligados à saúde física
Neuroticismo	Baixo em neuroticismo, especialmente preocupação, raiva, depressão, impulsividade e vulnerabilidade	Baixa abstinência (ou seja, não é facilmente desencorajado ou sobrecarregado), relacionada a menor neuroticismo	Alto neuroticismo associado a ter mais bactérias intestinais prejudiciais e pressão arterial mais alta
Extroversão	Alto em extroversão, especialmente ser caloroso e demonstrar felicidade (e outras emoções positivas)	Alto entusiasmo (relacionado à simpatia e a ser caloroso), relacionado ao principal traço de extroversão	Maior extroversão associada a bactérias intestinais mais diversas (um sinalizador de melhor saúde), mas também maior risco de problemas com vícios
Abertura	Alta abertura para experimentar, especialmente estar atento aos próprios sentimentos	Alta curiosidade intelectual (incluindo pensar profundamente e estar aberto a novas ideias), relacionada ao traço de abertura	Maior abertura associada a menos sinalizadores de inflamação crônica no corpo
Amabilidade	Alto em amabilidade, especialmente em relação à honestidade e franqueza	Alta compaixão (ter empatia e preocupação com os outros) relacionada à amabilidade	Menor afabilidade associada a maior risco de doença cardiovascular

Como os principais traços de personalidade estão ligados à saúde e ao bem-estar *(continuação)*

	Personalidade prototípica psicologicamente saudável[a]	Aspectos da personalidade mais fortemente relacionados por psicólogos com várias medidas de bem-estar[b]	Aspectos da personalidade ligados à saúde física
Conscienciosidade	Alta consciência, especialmente tendo uma sensação de ser capaz e de estar no controle	Alta diligência (corajosa, determinada, ambiciosa), relacionada ao traço de conscienciosidade	Alta consciência ligada a níveis mais baixos de cortisol (um biossinalizador de estresse), menos inflamação crônica no corpo e bactérias mais saudáveis no intestino

a) Com base no consenso de 137 especialistas em personalidade. Wiebke Bleidorn, Christopher J. Hopwood, Robert A. Ackerman, Edward A. Witt, Christian Kandler, Rainer Riemann, Douglas B. Samuel e M. Brent Donnellan, "The healthy personality from a basic trait perspective" ["A personalidade saudável a partir de uma perspectiva de traço básico"], *Journal of Personality and Social Psychology* 118, n° 6 (2020): 1.207.
b) Entre as medidas de bem-estar estavam felicidade, crescimento pessoal, autoaceitação e ter propósito e significado na vida. Jessie Sun, Scott Barry Kaufman e Luke D. Smillie, "Unique associations between big five personality aspects and multiple dimensions of well-being" ["Associações específicas entre os cinco grandes aspectos da personalidade e múltiplas dimensões do bem-estar"], *Journal of Personality* 86, n° 2 (2018): 158-172.

O que é particularmente surpreendente é que, em muitos casos, os traços de personalidade exercem influência semelhante ou até maior na vida das pessoas do que os tipos de fator que você pode considerar importantes, como a relativa riqueza ou pobreza da família em que você nasceu, sua inteligência ou, quando se trata de resultados de saúde e longevidade, sua pressão arterial.

Ouvimos muito os políticos falarem sobre seus planos econômicos e iniciativas de saúde pública. No entanto, raramente se discute como ajudar as pessoas a desenvolver traços de personalidade vantajosos. Há sinais de que isso está começando a mudar — por exemplo, com crescentes apelos para ensinar "habilidades de personalidade" nas escolas —, mas ainda há, surpreendentemente, pouca consciência da imensa importância dos traços de personalidade para a vida das pessoas.

Antes de examinarmos se de fato é possível mudar deliberadamente sua personalidade de maneiras benéficas, inclusive na idade adulta, vamos dar um passo atrás. É natural querer ter uma personalidade diferente? Isso é algo sobre o que a maioria de nós precisa ser persuadida, ou a maioria de nós já anseia por mudanças?

É normal querer ser diferente?

Primeiro, vamos falar de você? O breve teste de personalidade a seguir revelará se — e de que maneira — você gostaria de mudar a sua própria personalidade, dividida em termos dos cinco grandes traços de personalidade.[3] Leia cada descrição à esquerda e atribua a si mesmo uma pontuação com base em quanto você gostaria de ser mais ou menos como o tipo de pessoa descrita — ou você pode decidir que está feliz no momento com essa sua característica.

Quão feliz você está com seus traços de personalidade?

		Muito mais do que eu estou (Pontuação +2)	Mais do que eu estou (Pontuação +1)	Estou feliz como estou (Pontuação 0)	Menos do que estou agora (Pontuação -1)	Muito menos do que estou agora (Pontuação -2)
1	Eu quero ser mais conversador.					
2	Eu quero ter uma imaginação mais viva.					
3	Eu quero ter uma natureza misericordiosa.					
4	Eu quero ser um funcionário confiável.					

Quão feliz você está com seus traços de personalidade? *(continuação)*

	Muito mais do que eu estou (Pontuação +2)	Mais do que eu estou (Pontuação +1)	Estou feliz como estou (Pontuação 0)	Menos do que estou agora (Pontuação -1)	Muito menos do que estou agora (Pontuação -2)
5 Eu quero ser alguém que está relaxado e lida bem com o estresse.					
6 Eu quero ser alguém cheio de energia.					
7 Eu quero ser mais confiável.					
8 Eu quero ser alguém que faz as coisas com eficiência.					
9 Eu quero ser inventivo.					
10 Eu quero ser emocionalmente estável e não ficar chateado facilmente.					
11 Eu quero ter uma personalidade assertiva.					
12 Eu quero gostar de cooperar com os outros.					
13 Eu quero ser alguém que faz planos e os cumpre.					
14 Eu quero ser curioso sobre muitas coisas diferentes.					
15 Eu quero ser alguém que permanece calmo em situações tensas.					

Para pontuar seu teste

- Some suas respostas para os itens 1, 6 e 11 (lembre-se: você ganha 2 pontos por "muito mais"; 1 ponto por "mais"; 0 por "feliz como você é"; menos 1 ponto por "querer ser menos"; e menos 2 pontos por "querer ser muito menos"). Isso lhe dará um total entre –6 e 6. Quanto maior for sua pontuação para esses itens, mais *extrovertido* você deseja ser.

- Some suas respostas para 2, 9 e 14, obtendo um total entre –6 e 6. Quanto maior for sua pontuação, mais *aberto* você deseja ser.
- Some suas respostas para 3, 7 e 12, obtendo um total entre –6 e 6. Quanto maior for sua pontuação, mais *amável* você deseja ser.
- Some suas respostas para 4, 8 e 13, obtendo um total entre –6 e 6. Quanto maior for sua pontuação, mais *consciencioso* você deseja ser.
- Some suas respostas para 5, 10 e 15, obtendo um total entre –6 e 6. Quanto maior for sua pontuação, mais *emocionalmente estável* (ou menos neurótico) você deseja ser.

Para qualquer dos traços, uma pontuação de zero sugere que você está bastante satisfeito com a forma como está. Compare sua pontuação entre os traços e você verá se está satisfeito com sua personalidade de maneira geral e quais traços você mais e menos deseja mudar. Quer seus resultados mostrem que você deseja mudar ou que está feliz do jeito que está, você pode estar se perguntando se seu próprio estado de (des) contentamento é normal.

Existem boas razões para prever que a maioria das pessoas provavelmente está feliz com suas personalidades. Pesquisas já mostram há muito tempo que a maioria de nós acredita que é melhor do que a média, desde as nossas habilidades como motoristas até o número de amigos que temos. É um fenômeno que ficou conhecido como "efeito Lake Wobegon", em homenagem à cidade fictícia de Garrison Keillor, onde "as mulheres são fortes, os homens são bonitos e todas as crianças estão acima da média". Até os presidiários acreditam que são mais honestos e confiáveis (relacionados com o traço de amabilidade dos Cinco Grandes) do que o cidadão médio![4] E se você já é perfeito, por que mexer em time que está ganhando, certo?

Na verdade, se os resultados do seu teste mostraram que você está ansioso para mudar, você está longe de ser o único. Pesquisas recentes indicam que grande parte de nós *realmente* nutre a fantasia da mudança de personalidade. Por exemplo, uma pesquisa com estudantes realizada por psicólogos da Universidade de Illinois, em Urbana-Champaign, Estados Unidos, descobriu que quase todos eles (mais de 97%) expressaram o desejo de que sua personalidade fosse diferente em pelo menos alguns aspectos.[5]

E não são apenas estudantes nos Estados Unidos. Pesquisas com jovens britânicos, iranianos e chineses produziram resultados muito semelhantes.[6] E querer mudar também não é apenas o desejo dos jovens. Dados de quase sete mil pessoas de 18 a 70 anos, coletados através do *site* www.PersonalityAssessor.com, onde você pode fazer gratuitamente testes de personalidade, demonstram que, mesmo entre os participantes mais velhos, 78% queriam ser diferentes.[7] Parece que o desejo de uma mudança de traço de personalidade não é um fenômeno puramente ocidental ou uma fixação da juventude, mas uma parte comum do ser humano.

OS TRÊS PRINCÍPIOS BÁSICOS DA MUDANÇA DE PERSONALIDADE BEM-SUCEDIDA

Vamos considerar os três princípios básicos de uma abordagem baseada em evidências para a mudança deliberada da personalidade, conforme apresentado recentemente por especialistas em personalidade da Universidade de Zurique:[8]

- Vontade e intenção de mudar seu comportamento
- Crença na maleabilidade da personalidade
- Persistência com suas mudanças comportamentais até que se tornem habituais

Primeiro, você precisa ter a intenção de mudar traços de comportamentos específicos relevantes, como ser mais amigável com estranhos ou ser mais falador no trabalho, seja como um fim em si mesmo ou um caminho para algum objetivo maior, como progredir em sua carreira ou ajudar as crianças menos favorecidas de sua comunidade. O ponto fundamental e de bom senso aqui é que a mudança intencional de personalidade não acontecerá, a menos que você tenha um objetivo claro de mudar seu comportamento de maneiras relacionadas à sua personalidade.

Isso ocorre porque querer mudar suas características é simplesmente muito vago. Afinal, os termos utilizados para descrever os traços, como *neurótico* e *extrovertido*, são simplesmente palavras para descrever sua disposição e padrões comportamentais médios ao longo do tempo. Assim como em coisas como dieta e exercícios (em que "Vou correr nas noites de terça-feira" é um plano mais eficaz do que "Vou correr mais"), quanto mais específicos você puder tornar seus objetivos, maior a probabilidade de obter sucesso. É por isso que criar um plano para conversar com um estranho pelo menos uma vez por dia ou começar a sair com seus colegas para beber depois do trabalho pelo menos uma vez por semana tem mais chances de sucesso do que a ambição abstrata de se tornar mais extrovertido (em uma pandemia, considere fazer um plano para passear ao ar livre com um amigo ou um colega ou participar de reuniões informais do Zoom).

O segundo princípio fundamental afirma que, para alcançar uma mudança deliberada de traços de personalidade, você deve acreditar que é capaz de alcançar os próprios ajustes comportamentais necessários para apoiar essa mudança.[9] Isso soa um pouco insosso, lembrando o ditado clichê de que "acreditar em você já significa meio caminho andado". Mas, na verdade, a importância das suas crenças sobre a maleabilidade de seus traços e habilidades foi demonstrada muitas vezes, principalmente no influente trabalho da psicóloga Carol Dweck. Diz-se que as pessoas que veem personalidades e habilidades como coisas maleáveis têm uma "mentalidade de crescimento", e Dweck demonstrou que elas tendem a responder aos obstáculos da vida com maior afinco e encontrando soluções, em vez de se submeterem passivamente a como as coisas são.[10]

A mesma conclusão vale para a força de vontade: a pesquisa mostra que as pessoas que acreditam que a força de vontade é ilimitada tendem a se recuperar mais rapidamente dos desafios impostos. Na verdade, um estudo recente na Índia, onde o esforço mental é amplamente visto como energizante, descobriu que realizar uma tarefa mental desgastante aumentava a capacidade das pessoas de perseverar na próxima tarefa, mostrando novamente a importância de nossa mentalidade e nossas crenças para moldar nossa psicologia.[11] E isso vale também para as crenças sobre a personalidade. Um estudo que Dweck realizou com crianças apontou que ensiná-las sobre a maleabilidade da agressividade de uma pessoa (relacionadas a dois dos cinco grandes traços, amabilidade e conscienciosidade) tornou mais fácil para elas aprender posteriormente como ser menos agressivas.

Se você está interessado em mudar sua personalidade ou ajudar outros a mudar a deles, a lição aqui é simples: antes de chegar ao âmago da questão de decretar uma mudança deliberada de personalidade, um primeiro passo importante é reconhecer e aprender sobre como essa mudança é possível e alcançável. Na verdade, independentemente de quão bem-sucedido você seja em alcançar quaisquer ajustes de personalidade, o simples cultivo da mentalidade de que a mudança de personalidade é possível provavelmente lhe fará bem.[12]

Para ajudá-lo a pensar dessa maneira, lembre-se de que, embora sua personalidade esteja parcialmente enraizada nos genes que você herdou de seus pais, ela não é totalmente determinada por esses genes (em uma estimativa bruta, a herança corresponde a cerca de 50%). Além do mais, seus traços herdados são um pouco como configurações de fábrica: sim, eles o inclinam a agir de certa maneira na vida, mas com esforço, comprometimento e as estratégias corretas, certamente podem ser mudados. Quando suas formas atuais de se relacionar com o mundo e com os outros não estão funcionando para você — você não está obtendo o que deseja da vida nem vivendo de acordo com seus valores —, então você pode optar por misturar as coisas.

O terceiro e último princípio básico do ajuste deliberado da personalidade é que você deve repetir as mudanças comportamentais necessárias com frequência suficiente para que se tornem habituais e assim alcancem a mudança de traço. Você tem de ser persistente e deve estar ciente de que a mudança leva tempo e pode significar certo período de desconforto.

Essas novas formas de comportamento podem exigir um esforço consciente no início, mas, por meio da repetição, podem se tornar mais fáceis e depois automáticas, assim como aprender a andar de bicicleta ou dirigir um carro. Em última análise, é adquirindo novos hábitos comportamentais e formas de responder ao mundo que você pode moldar sua própria personalidade.

Considere o arquétipo do homem quieto e reservado que quer ser mais extrovertido. Para ele, aprender a ser mais falador e sociável provavelmente exigirá muito esforço consciente no início; pode até parecer desconfortável e forçado. Mas, com a prática, ele descobrirá que esses comportamentos podem se tornar uma segunda natureza. Ser sociável efetivamente se torna um reflexo, uma configuração-padrão. Essencialmente torna-se parte de sua personalidade. Isso funciona de maneira semelhante para as outras características. Imagine uma mulher adotando o novo hábito de ir ao teatro toda semana (ou assistir a filmes na internet regularmente) como forma de aumentar seu traço de abertura. A princípio ela acha que a situação parece estranha, percebe o entretenimento como estranhamente desconhecido. Mas, com o tempo, ela passa a reconhecer certos atores e roteiristas e desenvolve seus próprios gostos idiossincráticos e curiosidades sobre essa forma de arte. Como dizem os psicólogos da Universidade de Zurique, "propomos que os processos de formação de hábitos ajudem uma pessoa a manter as mudanças de comportamento desejadas ao longo do tempo e, como consequência, traduzi-las em mudanças de características relativamente estáveis e mensuráveis".

Revisitando a história do meu amigo de faculdade Matt, parece claro, em retrospectiva, que ele estava perfeitamente posicionado para alcançar uma mudança duradoura de personalidade. Ele estava altamente motivado, acreditava fortemente que a mudança era possível e imediatamente começou a mudar seus hábitos comportamentais, incluindo encontrar um emprego em um ambiente altamente social (um dos bares da universidade), onde ele tinha pouca escolha a não ser praticar repetidamente a socialização com estranhos. A história de Matt não é única. Psicólogos compilaram recentemente uma análise gigantesca de todas as evidências de pesquisa de longo prazo disponíveis sobre se as pessoas são capazes de mudar sua personalidade e concluíram que, na maioria dos casos, elas podem, especialmente aumentando a extroversão e a estabilidade emocional.[13]

O que é realmente estimulante observar é que todos os três fatores associados à capacidade de mudança são eminentemente mutáveis. Na verdade, depois de ler este livro, você provavelmente descobrirá que os dois primeiros e talvez até o terceiro agora o descrevem com bastante precisão, mesmo que não o fizessem no passado. Se você quer mudar e tem esses três fatores definidos, isso o coloca em uma posição fantástica para ir ainda mais longe e começar algumas atividades e exercícios específicos que a pesquisa em psicologia diz que tendem a andar de mãos dadas com mudanças nos traços de personalidade.

MANEIRAS DE MUDAR SUA PERSONALIDADE APOIADAS POR EVIDÊNCIAS

Decidir deliberadamente se comportar de novas maneiras é uma parte crucial do que é necessário para alcançar uma mudança intencional de personalidade, mas, por si só, essa abordagem provavelmente exigirá um grande esforço. Você está aprendendo a fazer mudanças em seus comportamentos externos — muitos dos quais você pode achar desconfortáveis ou desafiadores —, na esperança de que esses esforços um dia levem a mudanças internas duradouras. Imagine a mulher desorganizada que, em busca de maior conscienciosidade, aprende sozinha a usar a agenda do Google, ou o filisteu confesso que se obriga a ir à ópera uma vez por mês (na esperança de ter a mente mais aberta).

Essas estratégias comportamentais deliberadas são parte importante da receita para a mudança. Na verdade, um estudo recente que acompanhou milhares de holandeses por sete anos descobriu que uma maior atividade cultural, como ir à ópera, realmente precipita aumentos na abertura do traço.[14] No entanto, um ingrediente complementar para uma mudança bem-sucedida é fazer exercícios e atividades que a pesquisa apontou terem o efeito colateral de estarem associadas a mudanças em traços de personalidade específicos (mesmo que esse não seja necessariamente o motivo usual da maioria das pessoas para realizar a atividade).

Embora a adoção deliberada de novos hábitos seja importante e mude você de fora para dentro, muitas das atividades a seguir o mudarão de dentro para fora, modificando os processos cognitivos e fisiológicos básicos que moldam sua personalidade. Por sua vez, isso mudará a forma como você se comporta, o que alterará as situações em que você se encontra. Por exemplo, se você concluir regularmente uma atividade que comprovadamente aumenta seus níveis de empatia (como ler mais ficção literária que apresenta personagens psicologicamente atraentes e enredos emocionalmente sofisticados; veja a página 152 para mais detalhes), você provavelmente começará a agir de forma mais amável. Por sua vez, isso aumentará as chances de se encontrar em uma companhia amigável e confiável do tipo que desenvolverá ainda mais seu traço de amabilidade.

Um ponto relacionado a manter em mente é que você não precisa fazer mudanças drásticas em suas características, como a metamorfose de um apático em um comediante de *stand-up*, a fim de desfrutar os melhores benefícios da vida. A razão é que mesmo mudanças muito modestas ao longo de algumas ou de todas as cinco principais dimensões da personalidade podem criar uma cascata acumulada de consequências na vida real em termos das decisões que você toma, das atividades nas quais você passa o tempo, das pessoas com quem você se relaciona e das situações em que você se encontra. Qualquer que seja seu objetivo maior, seja cumprir melhor sua motivação de vida, ser mais produtivo ou ter mais amigos, você provavelmente descobrirá que mesmo modificações sutis em sua personalidade o ajudarão a chegar lá, para ser quem você quer.

Reduza seu neuroticismo

Vamos analisar detidamente cada traço, começando com o neuroticismo — o traço que as evidências sugerem que mais pessoas desejam mudar do que qualquer outro, com algumas das implicações mais sérias para felicidade, saúde e bem-estar mental. Lembre-se de que o neuroticismo é o outro lado da estabilidade emocional. Pessoas com pontuação alta em neuroticismo são extremamente sensíveis a emoções negativas e são hesitantes, vigilantes e nervosas. Então, quais atividades ou exercícios estão associados a alterações nos mecanismos psicológicos básicos que contribuem para essas características?

Você pode passar algum tempo fazendo exercícios de *treinamento de memória* on-line. Uma teoria cada vez mais popular propõe que boa parte da ansiedade habitual é causada em um nível básico por dificuldades em controlar nossa atenção mental, incluindo o que estamos pensando em determinado momento. Por exemplo, quando você está tentando fazer uma apresentação para seus colegas de trabalho, fica imaginando o que eles podem estar pensando sobre você — ou quando você está indo para uma entrevista e tudo em que consegue pensar é no pior que pode acontecer em vez de se concentrar em ensaiar as excelentes respostas que preparou. Os exercícios de treinamento de memória *on-line* podem ajudar a aumentar sua capacidade de memória no trabalho, que é sua capacidade de lidar com diferentes informações simultaneamente. Por sua vez, isso aumenta o controle que você tem sobre seus próprios pensamentos.

Considere as descobertas de um estudo recente no qual treze alunos ansiosos passaram algum tempo em uma versão difícil do que é conhecido em psicologia como a tarefa *n-back*.[15] (Pesquise no Google para encontrar versões gratuitas que você pode testar *on-line*.) Essas tarefas envolvem prestar atenção e se lembrar de dois fluxos de informação ao mesmo tempo. Especificamente, os alunos tinham de ouvir um fluxo de letras e simultaneamente olhar para uma grade variável de quadrados e, em seguida, pressionar uma tecla sempre que a letra atual ou o quadrado destacado fosse o mesmo que ocorreu em determinado número de itens anteriores no fluxo. A dificuldade da tarefa foi intensificada ao exigir que os participantes comparassem o quadrado e a letra atuais com itens anteriores, e, quanto melhor o desempenho dos participantes, mais a dificuldade aumentava. (Um grupo de controle completou uma versão do treinamento projetada para ser fácil demais para gerar qualquer benefício.)

A principal descoberta foi que, depois de completarem trinta minutos desse treinamento diário por quinze dias, os alunos relataram sentir menos ansiedade do que antes e eram mais capazes de trabalhar sob estresse. As medidas de suas ondas cerebrais também sugeriram que eles estavam em um estado mais relaxado. O treinamento provavelmente teve esses efeitos benéficos porque deu aos alunos maior controle sobre seus próprios pensamentos. Pessoas com pontuação alta em neuroticismo acham difícil não pensar em riscos futuros e não ruminar sobre erros passados, mas, depois desse tipo de treinamento, é mais fácil para eles reduzir essa ansiedade a níveis mais administráveis.

Outra atividade que você pode tentar é realizar *exercícios regulares de gratidão*, como fazer uma pequena anotação todos os dias das coisas pelas quais você se sente grato ou escrever cartas de agradecimento. A pesquisa mostra que a gratidão pode atuar como forma de armadura emocional: as pessoas que sentem e expressam maior gratidão tendem a ser menos afetadas negativamente pelo estresse na vida.[16] Há até evidências de neuroimagens sugerindo que, quanto mais você pratica sentir e expressar gratidão, mais seu cérebro se adapta a esse modo de pensar.[17] Isso sugere que, quanto mais esforço você fizer para sentir gratidão, mais o sentimento lhe virá naturalmente no futuro, ajudando a diminuir seu traço de neuroticismo.

Outra maneira de alterar os processos psicológicos básicos que fornecem o alicerce para o neuroticismo é começar a fazer *terapia*. Isso pode soar como uma sugestão estranha, mas as pessoas que reservam uma hora por semana para conversar com um terapeuta, refletir e mudar seus hábitos de pensamento estão, de certa forma, reformulando sua personalidade.

Normalmente não pensamos em terapia dessa maneira; geralmente o foco é nos ajudar a reduzir sintomas ou encontrar a iluminação interior. Mas, recentemente, os pesquisadores começaram a considerar a terapia como forma de mudança de personalidade. Por exemplo, em um artigo de 2017, Brent Roberts e sua equipe desenterraram as descobertas de mais de 207 ensaios de psicoterapia publicados entre 1959 e 2013, envolvendo mais de vinte mil pessoas, que incluíam medições antes e depois da personalidade dos pacientes.[18] A equipe descobriu que apenas algumas semanas de terapia tendiam a levar a mudanças significativas e duradouras na personalidade dos pacientes, especialmente reduzindo o neuroticismo, mas também aumentando a extroversão. As reduções no neuroticismo foram especialmente impressionantes, somando cerca de metade da quantidade pela qual o traço normalmente se reduz ao longo da vida (com o amadurecimento, que é uma parte normal do envelhecimento).

A terapia cognitivo-comportamental (TCC) é uma das formas de psicoterapia mais comumente utilizadas hoje em dia. Como mencionei anteriormente, seu foco é alterar crenças e hábitos de pensamento negativamente tendenciosos ou inúteis para a pessoa. Por exemplo, uma pessoa altamente neurótica pode ter uma tendência a se concentrar excessivamente nas críticas ou imaginar como os desafios podem dar errado, e a TCC lhe ensinará a ver o viés desse pensamento e corrigi-lo.

Quando os pesquisadores examinaram os efeitos de apenas nove semanas de TCC nos traços de personalidade de pessoas com ansiedade social, eles descobriram que isso levou a reduções no neuroticismo e aumentos no aspecto de confiança do traço da amabilidade.[19] Da mesma forma, após quarenta sessões de TCC, pessoas com transtorno de ansiedade generalizada (uma forma de ansiedade crônica que permeia todos os aspectos da vida de uma pessoa) demonstraram reduções em seu neuroticismo, bem como aumentos em sua extroversão e sua amabilidade.[20]

Faz sentido que a psicoterapia voltada para os modos de pensar ansiosos ou melancólicos leve a reduções no traço de neuroticismo, porque os traços de personalidade são parcialmente fundamentados em hábitos de pensamento e como nos relacionamos com os outros. Você pode até pensar na TCC para ansiedade leve e depressão como literalmente gastar tempo aprendendo a criar o hábito de pensar menos como uma pessoa neurótica. E, quando você muda seus pensamentos, fica mais fácil mudar seus hábitos comportamentais. Você começa a se socializar mais, toma decisões mais ousadas e vive com menos medo e angústia.

Dependendo do seu histórico socioeconômico ou cultural, iniciar a terapia pode parecer um luxo inacessível, ou talvez você a veja como uma intervenção bastante drástica, adequada apenas para aqueles que estão muito afetados. De qualquer forma, vale a pena ter em mente as evidências crescentes da eficácia da TCC computadorizada que você pode realizar no conforto de sua própria casa.[21] Se você procura reduzir seus cálculos de neuroticismo, é provável que programas de TCC computadorizada como o Beating the Blues o ajudarão na condução através de exercícios que oferecem a prática de pensar de maneiras que promovem maior estabilidade emocional — por exemplo, concentrando-se nos aspectos de uma situação que você pode controlar e considerando as interpretações positivas de eventos passados tanto quanto as negativas.

Se ver um terapeuta ou fazer terapia *on-line* não são atraentes para você, ofereço algumas dicas para pensar de uma forma menos neurótica. (No entanto, lembre-se de que, se estiver passando por um sofrimento significativo, você deve procurar a ajuda de um profissional de saúde mental qualificado.) Por exemplo, você pode refletir sobre sua relação com a preocupação. A pesquisa mostrou que os preocupados crônicos (que geralmente são os que têm pontuações altas em neuroticismo) tendem a ver a preocupação, em última análise, como uma coisa boa. Isso pode parecer estranho, dada a angústia que lhes causa, mas eles acreditam, no fundo, que isso pode impedir que coisas ruins aconteçam. Os preocupados persistentes também tendem a ser perfeccionistas na maneira como se preocupam, querendo cobrir todas as eventualidades. Claro que isso é impossível, então eles acabam presos em um ciclo interminável de preocupação. Os psicólogos dizem que você pode sair disso simplesmente lembrando que não há problema em parar quando cansar de se preocupar.

Você também pode começar a prestar muita atenção na maneira como fala consigo mesmo sobre seus próximos desafios e os erros do passado. Fique especialmente atento às instâncias nas quais você se mantém em padrões impossíveis, fazendo generalizações abrangentes, ignorando nuances situacionais e usando palavras sobre si mesmo, como *preciso* e *devo*. Em vez disso, tente falar consigo mesmo com compaixão, como faria com um parente próximo ou amigo. As pessoas com alto nível de neuroticismo também tendem a ter um viés para relembrar memórias mais negativas e a insistir em todas as maneiras pelas quais as coisas podem dar errado. Reconheça esse viés e o aborde ativamente, relembrando deliberadamente memórias felizes e conquistas passadas, e reserve um tempo para listar as maneiras pelas quais os próximos desafios podem correr bem.

Uma atividade final para reduzir seu neuroticismo de traço — e uma ótima desculpa para viajar — é tentar *passar um tempo no exterior*. Um crescente corpo de pesquisa mostra que um dos principais resultados de tal experiência, especialmente para os jovens, é uma redução na pontuação de neuroticismo. Há alguns anos, pesquisadores na Alemanha avaliaram mais de mil estudantes universitários, alguns dos quais fizeram uma longa viagem de estudos ao exterior e outros que ficaram na Alemanha.[22] Eles também mediram a personalidade dos alunos no início e no final do ano. Sem surpresa, no início, os alunos que planejavam viajar obtiveram, em média, notas mais baixas em neuroticismo do que aqueles que não viajaram. Mas, mesmo controlando quaisquer diferenças nos níveis iniciais de neuroticismo, a descoberta crucial foi que, no final do estudo, os alunos que passaram algum tempo no exterior experimentaram maior redução em seu traço de neuroticismo em comparação com os que ficaram em casa.

Ao passar um tempo no exterior (de preferência em um ambiente seguro e acolhedor), você não terá outra opção a não ser lidar com incertezas, novos lugares, pessoas e culturas. Embora isso possa ser altamente desafiador, especialmente se você for medroso por natureza, a experiência oferecerá muitas oportunidades para que você pratique seu controle emocional. Ao voltar para casa, será como se seu senso de risco e incerteza tivesse sido recalibrado. Em termos de personalidade, você

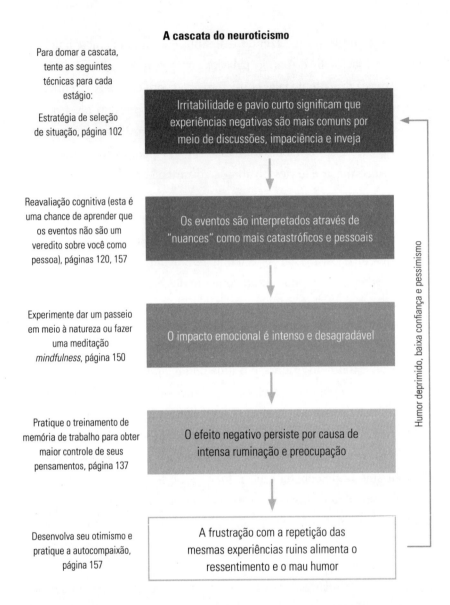

A cascata do neuroticismo

Para domar a cascata, tente as seguintes técnicas para cada estágio:

Estratégia de seleção de situação, página 102

Irritabilidade e pavio curto significam que experiências negativas são mais comuns por meio de discussões, impaciência e inveja

Reavaliação cognitiva (esta é uma chance de aprender que os eventos não são um veredito sobre você como pessoa), páginas 120, 157

Os eventos são interpretados através de "nuances" como mais catastróficos e pessoais

Experimente dar um passeio em meio à natureza ou fazer uma meditação *mindfulness*, página 150

O impacto emocional é intenso e desagradável

Pratique o treinamento de memória de trabalho para obter maior controle de seus pensamentos, página 137

O efeito negativo persiste por causa de intensa ruminação e preocupação

Desenvolva seu otimismo e pratique a autocompaixão, página 157

A frustração com a repetição das mesmas experiências ruins alimenta o ressentimento e o mau humor

Humor deprimido, baixa confiança e pessimismo

Psicólogos da Universidade de Iowa acreditam que existe uma série de processos psicológicos — uma cascata de neuroticismo — que aprisiona as pessoas nesse traço em um estado crônico de emoções negativas. Cada um dos cinco estágios oferece oportunidades para interromper a cascata usando as técnicas deste livro.

terá se tornado menos neurótico. Além disso, muitos psicólogos acreditam que sua personalidade é relativamente estável porque é moldada pelas mesmas situações e pessoas que você encontra todos os dias. Ao passar um tempo no exterior, em um ambiente totalmente novo, você se dá a chance de se livrar das forças diárias que geralmente o influenciam.

Ao combinar os três princípios fundamentais da mudança intencional de personalidade com essas três abordagens práticas (terapia, viagem e treinamento de memória e os outros espalhados ao longo deste livro), você terá uma excelente chance de diminuir seu neuroticismo e colher todos os benefícios associados a ser mais estável emocionalmente. E, para outras ideias sobre como quebrar o que alguns psicólogos chamam de "cascata do neuroticismo", veja a imagem na página 142.

Dica bônus: Dê uma caminhada! O simples ato de colocar um pé diante do outro — nada a ver com os efeitos do ar fresco ou o motivo da própria caminhada — demonstrou ter um efeito benéfico no humor, mesmo quando você não acha que isso é possível.[23] Alternativamente, comece a fazer uma arte marcial. Não apenas suas novas habilidades lhe darão maior confiança, mas pesquisas sugerem que você desenvolverá maior controle de atenção em um nível cognitivo, semelhante ao efeito do treinamento de memória mencionado na página 137.[24]

Aumente sua conscienciosidade

Sigamos adiante com maneiras de desenvolver maior conscienciosidade, começando por *encontrar um emprego ou uma função voluntária que você considere verdadeiramente significativa* e com a qual você realmente se importe. Pesquisas mostram que sentir-se pessoalmente comprometido no trabalho tende a gerar aumentos na conscienciosidade ao longo do tempo, em especial quando as demandas da função são mais claras.[25] Isso acontece porque, em um trabalho apaixonante, você é motivado a se comportar rotineiramente de forma organizada e ambiciosa para alcançar os objetivos da função. É provável que isso aumente sua autodisciplina e sua organização se seus colegas e clientes recompensarem e reforçarem seu comportamento construtivo, colocando em movimento um ciclo virtuoso que, por fim, eleva seus níveis característicos de consciência.

Claro, encontrar um emprego que faça sentido não é tarefa fácil. Muito disso pode se resumir a como você pensa sobre seu trabalho. Estudos que acompanharam trabalhadores ao longo de muitos anos descobriram que, independentemente da natureza do trabalho, aqueles que veem seu trabalho como benéfico para os outros têm maior probabilidade de dizer que o consideram significativo e importante (essas pessoas também tendem a ser mais felizes e produtivas em seus empregos).[26] Portanto, uma maneira de aumentar o significado do seu trabalho e, portanto, suas chances de elevar sua conscienciosidade, é pensar em como isso beneficia outras pessoas, quer você programe um código na internet que permita que as pessoas encontrem os serviços que desejam, quer você faça a entrega da correspondência das pessoas em suas casas. O ponto é que, ao ver o bem que você é capaz de fazer, você provavelmente descobrirá que sua motivação aumenta, e uma consequência pessoal disso é que sua conscienciosidade provavelmente também se beneficiará.

Papéis voluntários e passatempos construtivos — por exemplo, ter um lugar no comitê de pais da escola de seu filho ou no conselho de recursos ambientais de sua cidade — podem ter uma influência semelhante em seu comportamento e, portanto, em sua conscienciosidade. Mais uma vez, há o desafio de encontrar uma busca importante o suficiente para você — uma verdadeira paixão —, que o motive a aumentar sua diligência e seu comprometimento. Estudos sobre as paixões das pessoas na vida mostram que é improvável que você encontre uma atividade que se encaixe simplesmente sentando no sofá e imaginando opções diferentes. Você precisa sair para o mundo e experimentar diferentes empreendimentos, dando a si mesmo a chance de encontrar um papel ou uma atividade adequada que possa transformar sua personalidade para melhor. Lembre-se também de que pode não ser amor à primeira vista. Cada vez que você se interessar por uma diferente paixão em potencial, certifique-se de dar a ela uma chance justa de capturar sua imaginação. Se você está realmente sem ideias, um catalisador para sua imaginação pode ser fazer um teste de "interesses profissionais" — há muitos exemplos gratuitos *on-line*.

Outro passo que você pode dar para aumentar sua conscienciosidade é *praticar ser mais esperto para evitar tentações*. Você pode pensar que o segredo para levar uma vida mais saudável e produtiva (e conscienciosa) é uma força de vontade de ferro, mas, na verdade, evidências cada vez mais robustas sugerem que um dos segredos das pessoas que resistem às tentações é que, em primeiro lugar, elas as evitam. Considere as descobertas de um estudo recente que perguntou a 159 estudantes universitários sobre seus quatro principais objetivos de longo prazo e, em seguida, pesquisou seus comportamentos em detalhes por uma semana por meio de notificações aleatórias em seus celulares.[27] Cada vez que o telefone tocava durante a semana de estudo, os alunos tinham de responder a perguntas como se estivessem resistindo a uma tentação e se estavam usando sua força de vontade.

Quando os pesquisadores conversaram novamente com os alunos no final do semestre para ver quais deles haviam alcançado seus objetivos (por exemplo, "aprender francês"), eles descobriram que não havia sido os que tinham praticado mais sua força de vontade durante a semana de estudo, mas aqueles que tiveram menos tentações. Os pesquisadores da Universidade de Toronto disseram: "Nossos resultados sugerem que o caminho para uma melhor autorregulação não está em aumentar o auto-controle, mas em remover as tentações disponíveis em nossos ambientes".

Isso implica que você pode desenvolver sua consciência em parte aprendendo estratégias para evitar a tentação. A dieta é um bom exemplo. Um estudo recente da Arizona State University descobriu que os passageiros de metrô cuja jornada apresentava mais pontos de venda de comida tendiam a ganhar mais peso.[28] Descobertas como essa sugerem que simplesmente evitar o caminho para o trabalho que passa pela sua padaria ou sua lanchonete favoritas pode ajudá-lo a se manter mais saudável. Da mesma forma, se você achar difícil resistir a desligar o seu iPad quando deveria estar dormindo, estabeleça uma regra simples: nada de dispositivos digitais no quarto. Em outras palavras, seja tecnologia, *fast-food* ou alguma outra tentação, abrace a ideia de que você, como a maioria dos outros humanos, é obstinado e, então, planeje suas estratégias em torno desse fato. A consequência provável é que você se tornará pelo menos um pouco mais consciencioso.

Finalmente, *faça sua lição de casa*! Ok, mas parece que esse conselho pode estar vindo um pouco tarde para muitos de nós, mas o mesmo princípio se aplica na idade adulta: se você investir em mais esforço hoje, seja no trabalho, em seus relacionamentos ou em seus passatempos, você passará a gozar dos benefícios a longo prazo, e isso o ajudará a desenvolver uma mentalidade mais paciente e voltada para o futuro. Pesquisadores mostraram isso recentemente quando acompanharam milhares de estudantes alemães durante três anos. Os alunos com maior conscienciosidade não apenas colocaram mais esforço em seus deveres de casa, mas, com o tempo, os alunos que investiram mais esforço em seus deveres de casa mostraram ganhos subsequentes em seu traço de conscienciosidade.[29] "Mudanças comportamentais consistentes têm o potencial de levar a mudanças persistentes na personalidade dos alunos", disseram os pesquisadores. Você pode aplicar a mesma abordagem aos seus *hobbies* ou fazer um curso para adultos: aplique autodisciplina e invista seus esforços hoje e amanhã, e logo você se tornará uma pessoa mais conscienciosa. É mais provável que essa abordagem seja bem-sucedida se você se sentir genuinamente envolvido e responsável pelo que está fazendo e receber recompensas tangíveis por seu trabalho árduo a longo prazo, por meio de um progresso visível ou de *feedback* pessoal (isso pode ocorrer de muitas maneiras, desde as notas nas provas acadêmicas até a produção criativa e a apreciação vinda dos outros).

Obviamente, há outro lado para essa mensagem da pesquisa do dever de casa: se você é um gerente, professor ou pai, há coisas que pode fazer para encorajar a conscienciosidade em sua equipe, seus alunos ou filhos. Seja autoritário, mas também consistente, caloroso e solidário (é mais provável que a conscienciosidade se desenvolva quando as pessoas gostam e admiram seus superiores); ajude as pessoas a compreender a ligação entre a superação dos desafios atuais e a obtenção de metas de longo prazo; e forneça suporte em caso de falha. O objetivo é passar a mensagem de que o esforço é recompensado; garantir que as pessoas saibam o que fazer para ter sucesso (por exemplo, tendo papéis claramente definidos) e se sintam senhores de seus esforços e responsáveis por eles. E, acima de tudo, tente criar um *ethos* no qual o sucesso seja medido ao longo dos anos e não apenas de dias ou semanas.

> *Dica bônus:* você nem sempre consegue evitar a tentação e, às vezes, não terá outra opção a não ser confiar na sua força de vontade bruta para ser mais consciencioso. Com isso em mente, o modo como você enxerga a força de vontade pode ser a chave do segredo, especialmente se você a vê como um recurso limitado. Eu mencionei anteriormente que na Índia as tarefas desafiadoras são amplamente vistas como energizantes, não como cansativas. Nesse contexto, psicólogos têm documentado o que eles chamam

de "esgotamento reverso do ego" — a descoberta de que realizar uma tarefa mentalmente desgastante realmente amplifica a capacidade das pessoas em uma tarefa subsequente, ao contrário do que é previsto pela teoria do esgotamento do ego, que vê a força de vontade como finita, como a gasolina no seu carro. Isso sugere que você deveria pensar em sua força de vontade como um recurso abundante e ilimitado — o que pode ajudá-lo a ficar focado por um período de tempo mais longo.

Mudanças na abertura

As abordagens mais óbvias para aumentar seu traço de abertura provavelmente serão as mais eficazes. Pesquisas que acompanharam as mesmas pessoas ao longo de vários anos descobriram que gastar mais tempo em atividades culturais leva a aumentos subsequentes na abertura. Se você conseguir adentrar nessa mentalidade exploratória e experimental (pode ser a vontade de ler mais livros, de ir a mais peças, aprender um instrumento, praticar um novo esporte ou qualquer outra coisa), o fato é que isso provavelmente se manifestará no desenvolvimento de uma personalidade de mente mais aberta.

Uma maneira menos óbvia de aumentar sua receptividade a novas ideias, beleza e cultura é passar o *tempo resolvendo quebra-cabeças, como palavras cruzadas e sudoku,* que envolvem o que os psicólogos chamam de "raciocínio indutivo". Um estudo recente envolveu participantes mais velhos (de 60 a 94 anos) realizando algumas sessões de treinamento com estratégias para resolver palavras cruzadas e quebra-cabeças numéricos e, em seguida, completando quebra-cabeças caseiros que foram continuamente ajustados a seus níveis de habilidade em uma média de onze horas por semana ao longo de dezesseis semanas. Os participantes inscritos nesse programa apresentaram aumentos duradouros em seu traço de abertura em comparação com um grupo de controle que não completou o treinamento nem os quebra-cabeças.[30] É provável que esse benefício tenha surgido, pelo menos em parte, pela mudança na forma como os voluntários se sentiam intelectualmente sobre si mesmos, e você pode usar quebra-cabeças e jogos mentais em seu benefício da mesma maneira. A confiança é a chave para a abertura, porque ser uma pessoa de mente aberta é estar disposto e encorajado o suficiente para considerar diferentes perspectivas, novos lugares e diferentes experiências.

Outra atividade surpreendente que você pode tentar para aumentar sua abertura é *passar o tempo navegando em suas coleções de fotos ou filmes pessoais de anos anteriores ou relembrando com amigos sobre memórias compartilhadas.* Envolver-se em devaneios nostálgicos dessa maneira tem sido associado ao aumento da criatividade (incluindo a capacidade de escrever uma prosa mais original e imaginativa), especificamente porque conduz a aumentos no traço de abertura.[31] A teoria é que relembrar eventos passados significativos, especialmente aqueles que apresentam encontros com amigos próximos e parentes, pode ter uma série de benefícios emocionais, incluindo o aumento da autoestima. Consequentemente, isso nos ajuda a ficar mais otimistas e gera maior disposição para nos envolver com o mundo e novas experiências. Novamente, este é outro exemplo de como a confiança pode ajudar a promover maior criatividade e abertura.

Por fim, *praticar exercícios regularmente,* como ir à academia ou fazer caminhadas diárias, é uma forma de aumentar, ou pelo menos de manter, a sua abertura. Quando os pesquisadores acompanharam milhares de pessoas com mais de 50 anos por vários anos, descobriram que aqueles que eram mais ativos fisicamente tendiam a manter sua abertura em vez de exibir os declínios inerentes à idade que alguns de seus colegas experimentaram.[32] A teoria é semelhante à justificativa de concluir quebra-cabeças mentais regulares ou de relembrar momentos felizes com os amigos: ser mais ativo fisicamente ajuda a aumentar a confiança e a vontade de experimentar coisas novas. Desenvolver um estilo de vida mais ativo pode, de fato, ser um dos passos mais simples para melhorar sua personalidade.

Uma sugestão relacionada é tentar fazer uma "caminhada incrível" — isto é, caminhar com a mentalidade de uma criança ou de um visitante de primeira viagem, procurando se maravilhar com tudo o que você vê e ouve (por exemplo, prestar atenção à inacreditável variedade de padrões nas folhas das árvores; ouvir o canto dos pássaros; ou apreciar a arquitetura local). A reverência é conhecida por aumentar a humildade intelectual, que por sua vez aumentará sua abertura.

> *Dica bônus:* se você precisar de alguma motivação extra, lembre-se de que tornar-se mais aberto pode mudar a forma como você vê o mundo, literalmente. Psicólogos estudaram recentemente como a abertura se relaciona à experiência das pessoas sobre o que é conhecido como rivalidade binocular — que é a apresentação de um padrão visual para um olho e outro padrão para o outro olho. Normalmente, a experiência subjetiva é perceber uma imagem, depois a outra, flutuando para a frente e para trás. Ocasionalmente os dois padrões são experimentados como se estivessem juntos, e a pesquisa mostra que, quanto maior sua pontuação em abertura, mais tempo você provavelmente levará para ver os dois padrões fundidos, sugerindo que esse traço de personalidade se manifesta em um nível muito básico de percepção visual.[33]

Aumente sua amabilidade

E quanto aos métodos para ajudar a si mesmo a se tornar mais amigável, caloroso e confiante — em outras palavras, mais agradável?[34] Pesquisas preliminares sugerem que um caminho importante para entender melhor os outros é primeiro *aumentar o quanto você se entende*.

Pesquisadores na Alemanha recentemente delinearam uma técnica para fazer isso que envolvia passar um tempo refletindo sobre as diferentes partes da personalidade de alguém, como "a parte afetuosa", "a feliz criança interior" ou "a parte vulnerável", e também contemplar seus próprios pensamentos de uma perspectiva desapegada e alocando-os em categorias, incluindo eu/outro, passado/futuro ou positivo/negativo. Este foi um programa de três meses de duração, e também havia um componente de tomada de perspectiva para o qual os participantes precisavam de um parceiro (eles se revezavam falando como uma parte de sua personalidade, e o parceiro tinha de adivinhar qual parte), então estamos falando aqui de certo investimento de tempo sério. No entanto, os pesquisadores descobriram que, quanto mais partes de si mesmos os participantes fossem capazes de identificar (curiosamente, sobretudo as partes negativas), maior seria a melhora em suas habilidades de empatia ao longo do programa.[35] Isso na verdade se encaixa na pesquisa de neurociência, apresentando uma sobreposição nas áreas do cérebro que usamos para pensar em nós mesmos e nos outros. Você pode não ser capaz ou estar disposto a investir tanto tempo quanto esses participantes investiram, mas, mesmo assim, há um princípio importante a ser observado: se você quiser entender melhor os outros, comece entendendo melhor a si mesmo, com seus defeitos e tudo o mais.

Outra atividade para tentar aumentar a empatia é a *atenção plena*. Vários estudos mostraram que cursos rápidos de treinamento de meditação *mindfulness* — por exemplo, passar trinta minutos por dia durante algumas semanas prestando atenção sem julgamento ao conteúdo de seus pensamentos atuais — estão associados a ganhos em empatia.[36] Uma das razões pelas quais a atenção plena tem esse benefício é que ensina você a observar suas próprias experiências mentais de maneira não crítica, com o efeito colateral de que você ficará mais atento às preocupações de outras pessoas de maneira similarmente não crítica (os aplicativos Headspace e Calm são uma ótima maneira de começar seu treino em atenção plena).

Você também pode se esforçar para *ler mais ficção literária*. A leitura de romances complexos com personagens multifacetados requer perspectiva e consideração das emoções e da motivação das pessoas, exatamente as habilidades necessárias para melhorar a empatia na vida real e aumentar sua amabilidade. Talvez não seja surpresa que vários estudos tenham mostrado que mesmo um curto período de tempo lendo ficção literária parece ter benefícios imediatos para habilidades relacionadas à empatia, como identificar as emoções dos outros.[37] Essa descoberta de ganhos em curto prazo nem sempre foi replicada com sucesso, mas outro estudo confirmou o princípio de maneira diferente: voluntários que tinham mais conhecimento sobre romancistas (um indicador de ter lido mais ficção literária) também tendiam a ser melhores em reconhecer as emoções dos outros e obtiveram pontuações mais altas em um questionário de empatia, novamente sugerindo que a ficção realmente ajuda a desenvolver nossa empatia.[38] Há até evidências da neurociência sugerindo a mesma conclusão: cinco dias lendo *Pompeia: Um romance*, de Robert Harris, à noite altera os padrões de conectividade no cérebro, inclusive em áreas envolvidas em enxergar a perspectiva dos outros.[39]

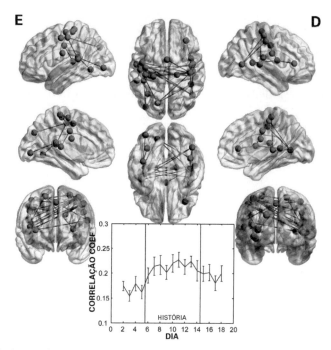

Um estudo de varredura cerebral publicado em 2013 descobriu conexões no cérebro que foram fortalecidas durante e após a leitura de Pompéia, de Robert Harris, do sexto ao décimo quarto dia. Essas mudanças podem representar a base neural para o aumento da empatia (e traço de agradabilidade mais forte) associado à leitura de ficção literária. *Fonte: Reproduzido de Gregory S. Berns, Kristina Blaine, Michael J. Prietula e Brandon E. Pye, "Short- and Long-Term Effects of a Novel on Connectivity in the Brain", Brain Connectivity 3, n° 6 (2013): p. 590–600.*

Finalmente, tente *passar um tempo de qualidade com "estrangeiros"* — pessoas de uma cultura ou etnia diferente da sua. Por exemplo, você pode ingressar em um clube esportivo em que os associados também sejam membros de minorias étnicas. Quando psicólogos na Itália testaram centenas de estudantes do ensino médio duas vezes por ano, eles descobriram que aqueles que passaram mais tempo de alta qualidade (amistoso, cooperativo) com estudantes imigrantes ao longo do ano também tendiam a mostrar aumentos em seu traço de amabilidade no final do estudo em comparação com alunos que não tiveram essa experiência.[40]

É da natureza humana confiar menos em pessoas com as quais você não está familiarizado, e é provável que a experiência de passar um tempo de qualidade com pessoas de um contexto desconhecido nos ensine a ser mais confiantes, além de aprimorar nossas próprias habilidades sociais, as quais se combinarão para aumentar nossa amabilidade. "Experiências positivas de contato intergrupal podem lembrar o indivíduo de que o contato é valioso, ajudando no desenvolvimento de habilidades sociais e ampliando seus horizontes sociais", disseram os pesquisadores italianos. Mais uma vez, as descobertas da neurociência apoiaram essas conclusões. Depois que as pessoas tiveram experiências positivas com estrangeiros, seus cérebros apresentaram maior atividade relacionada à empatia em resposta à visão de estrangeiros em perigo.[41]

Dica bônus: uma característica-chave de pessoas altamente amáveis é que elas tendem a ser muito lentas para ficar com raiva. Isso significa que conseguir maior controle de seu próprio temperamento provavelmente as ajudará a se tornar mais agradáveis. Existem muitos métodos e técnicas eficazes de controle da raiva, mas talvez a mais evidente seja o autodistanciamento, o que significa sair da situação. Quando você sentir seu temperamento sendo alterado, pare por um momento e se imagine olhando para a situação da perspectiva de uma mosca na parede. Estudos sugerem que essa estratégia tem efeito calmante e reduz a agressividade.

Aumente sua extroversão

Por último, mas não menos importante, quais atividades e truques você pode usar para se tornar mais extrovertido? Uma abordagem bastante radical é *aprender a falar uma língua que tenha conotações extrovertidas.*[42]

Ao falar um segundo idioma, você adquire algumas das características de personalidade consideradas estereotipadas da cultura da qual esse idioma se origina. Isso foi demonstrado no caso de falantes nativos em chinês conversando em inglês, presumivelmente porque eles veem o americano estereotipado como mais extrovertido do que um indivíduo típico em sua cultura. Os falantes de inglês podem considerar aprender um idioma como o português ou o italiano para adotar os estereótipos extrovertidos associados às culturas brasileira ou italiana.

Mesmo em seu próprio idioma, você pode tentar falar com maior extroversão. Os extrovertidos tendem a falar em linguagem mais solta e abstrata; por exemplo, eles dirão "Esse filme foi ótimo!", em contraste com os introvertidos, que farão observações concretas mais específicas, como: "O enredo foi muito inteligente". Da mesma forma, os extrovertidos são mais diretos — "Vamos tomar alguma coisa" —, ao contrário dos introvertidos, que podem dizer com maior cautela: "Talvez devêssemos tentar sair para tomar uma bebida". É como se os extrovertidos falassem com um elemento de risco e casualidade que refletisse sua abordagem de vida. Adote o estilo do extrovertido e, com o tempo, você descobrirá que isso afeta sua personalidade, mesmo que apenas um pouco.

Use planos de implementação se/então. Talvez mais do que qualquer outro dos principais traços de personalidade, a extroversão e a introversão são moldadas pelo hábito. Se você está acostumado a passar a maior parte do tempo sozinho, ir a uma festa será um choque para o seu sistema, tornando-se uma experiência potencilmente desconfortável. No entanto, é um fato básico da natureza humana que você se adapte ao que está acostumado. Portanto, uma maneira simples de se tornar mais extrovertido é se habituar a ambientes mais estimulantes, de certa forma recalibrando seus níveis básicos de excitação. Um modo altamente eficaz de construir novos hábitos é tornar explícitos os planos de implementação do se/então, como: "Se eu estiver sentado ao lado de um estranho em um trem, então farei pelo menos um esforço para iniciar uma conversa".

Colocar em prática novos hábitos sociáveis será mais fácil se você se juntar a um amigo ou um parceiro gregário. De fato, pesquisas com jovens constatam que, após o primeiro relacionamento amoroso, eles apresentam ganhos em extroversão, sem dúvida relacionados a oportunidades de fazer novos amigos e ao aumento da confiança decorrente de ser um "nós".

Outra abordagem óbvia para aumentar sua extroversão, mas fácil de negligenciar, é fazer o que funcionar melhor para você em termos de aumentar sua confiança. Existem alguns truques psicológicos específicos que você pode tentar, como poses de poder: isso envolve a adoção de uma postura como a de um super-herói com as mãos no quadril e os pés afastados (a ideia é ocupar o máximo de espaço possível). É uma técnica que foi ridicularizada em alguns setores, em parte como reação a quanto o conceito foi exagerado e também porque determinados estudos falharam em replicar alguns de seus supostos efeitos. Mas, crucialmente, mesmo os estudos "malsucedidos" geralmente descobriram que as poses de poder fazem as pessoas se sentir mais confiantes. Isso pode ser apenas a vantagem de que você precisa antes de sair para uma festa ou se encontrar com um novo amigo, e pode simplesmente levá-lo um pouco mais perto da dimensão da extroversão.

Claro, se as poses de poder parecerem ridículas para você, não as faça. Como um atleta, você pode tentar um ritual confiável, como abotoar sua camisa em uma determinada ordem.[43] Muitas pesquisas mostraram que os rituais podem aumentar sua confiança, mesmo que você saiba no fundo que não há lógica real para o que você está fazendo.[44] Os detalhes não são tão importantes. O que é crucial é que você aumente seu otimismo de que as coisas podem correr bem, um aspecto fundamental para a abordagem de vida dos extrovertidos. Quando saem, eles esperam se divertir e se abrem para mais oportunidades de diversão.

Registro aqui um fato rápido para ajudá-lo em seu percurso: pesquisadores descobriram recentemente que, quando agimos de maneira mais extrovertida (como ser socialmente confiante e falar com mais energia), as pessoas com quem conversamos têm maior probabilidade de nos responder de maneira mais positiva, sorrindo mais e tornando-se mais eloquentes, estabelecendo assim um ciclo de *feedback* bem-vindo.[45]

Da mesma forma, você pode *praticar tentando ser mais otimista.* Uma análise recente de 29 estudos descobriu que a maneira mais eficaz de fazer isso é a intervenção chamada de O Melhor Eu Possível, que envolve passar meia hora ou mais "imaginando-se no futuro, depois que tudo tiver corrido o melhor possível. Você trabalhou duro e conseguiu realizar todos os objetivos de sua vida..."[46] Realize esse experimento mental regularmente e, com o tempo, você descobrirá que está mais disposto a sair e se divertir mais.

Por fim, pratique *a reavaliação ansiosa.*[47] Os introvertidos que experimentam sensações físicas que os extrovertidos sempre buscam, como um coração acelerado e a pulsação da adrenalina, consideram-nas avassaladoras e aversivas. Mas os introvertidos descobrirão que podem aproveitar mais essas sensações — e assim se tornarem mais ousados e menos avessos ao risco —, aprendendo a interpretá-las como sinais de excitação em vez de ansiedade. Executar esse truque cognitivo (por exemplo, dizendo a si mesmo: "Estou animado"[48]) é realmente mais fácil do que tentar se acalmar, e a longo prazo, se você conseguir aprender a identificar as situações desafiadoras mais agradáveis, provavelmente começará a procurá-las. Você estará se tornando mais extrovertido!

Dica bônus: especialmente se você for um forte introvertido, talvez possa achar as tentativas iniciais para se comportar como um extrovertido um tanto exaustivas, levando você a ficar desmotivado. Anime-se: a pesquisa sugere que mesmo os extrovertidos acham que o comportamento extrovertido como a socialização os deixa com uma sensação de cansaço posteriormente.[49] No entanto, para o momento, agir de forma extrovertida tem efeito estimulante para todos, introvertidos e extrovertidos.[50] Preguiçoso, mas feliz; este é um bom lugar para estar.

MAS E QUANTO À AUTENTICIDADE OU A "SER VERDADEIRO COM VOCÊ MESMO"?

O poder dos quietos (Sextante, 2019), de Susan Cain, é um livro famoso que celebra os pontos fortes e as necessidades de ser introvertido "em um mundo que não consegue parar de falar". Nele, ela mostra com qual intensidade as pessoas sentem e como é importante que permaneçam fiéis a quem são, em vez de mudarem a si mesmos para, de alguma forma, atender melhor às demandas de um mundo inaceitável. Ao pensar em mudar deliberadamente sua personalidade, uma preocupação compreensível que você pode ter é se, ao fazer isso, você está de alguma forma sendo falso ou não verdadeiro consigo mesmo. Como você enquadra esses dois ideais aparentemente contraditórios — o desejo comum de mudar e o desejo generalizado de ser autêntico?

Por um lado, começar a mudar sua personalidade não precisa ser uma ambição de metamorfose total. Mesmo ajustes bastante sutis em seu personagem podem render frutos. Além disso, você pode querer acentuar suas características atuais em vez de invertê-las. Talvez você já seja mais consciencioso do que a média, por exemplo, e deseje desenvolver ainda mais essa força. Fique tranquilo, porque uma pesquisa que acompanhou pessoas por vários meses descobriu que aqueles que desejam uma personalidade diferente e conseguem alcançar essa mudança acabam mais felizes no longo prazo.[51]

Podemos também questionar o que realmente significa "ser autêntico". Há evidências de que sentimentos de autenticidade tendem a surgir quando você se comporta como seu eu ideal — ou seja, o tipo de pessoa que você aspira ser.[52] Isso sugere que, se um empresário tímido que deseja ser mais extrovertido pode reunir coragem para comparecer a um coquetel e consegue até ser modestamente sociável, ele terá a sensação de ser verdadeiro consigo mesmo. Da mesma forma, pesquisas com casais descobriram que o mais importante para a satisfação no relacionamento é estar com alguém que traz à tona o que há de melhor em você, ajudando-o a se tornar a pessoa que deseja ser.[53] Outra pesquisa descobriu que os sentimentos de autenticidade são acionados nem tanto por meio da canalização de algum tipo de "eu verdadeiro" mítico, mas, independentemente de nossas características, através de comportamentos que nos fazem sentir felizes e bem conosco mesmos, apoiando o que os psicólogos chamam de hipótese "sentir-se bem = sentir-se autêntico".[54]

Lembre-se sempre de que você é maior do que seus traços de personalidade. Você é definido também por seus objetivos e seus valores e pelas pessoas que mais importam para você. Quando você conseguir atingir esses objetivos, vivendo de acordo com seus valores e interagindo positivamente com outras pessoas significativas, provavelmente experimentará sentimentos gratificantes de ser fiel a si mesmo — tudo isso pode ser apoiado pelo tipo certo de personalidade intencional que você deseja ter.[55]

Relembrando as experiências de Matt, o introvertido que se tornou extrovertido que conheci na faculdade, acho que essa perspectiva de autenticidade combina com sua história. De certa forma, seu verdadeiro eu quando o conheci se encaixa na descrição de um forte introvertido. Mas essa disposição o deixava infeliz, especialmente porque estava frustrando seu desejo poderoso e autêntico de forjar relacionamentos significativos. Ao iniciar o processo de se tornar mais extrovertido, ele achou mais fácil concretizar o sentimento de pertencimento que ansiava e considerava fundamental para sua identidade. O novo Matt, mais falador, era indiscutivelmente tão real quanto o antigo; só que agora sua personalidade estava mais em sintonia com seus valores e objetivos.

Se você quer ser diferente, essa aspiração é uma parte válida do que faz de você "você", e satisfazer seu desejo de mudança é ser fiel a si mesmo. Além disso, "ser autêntico" muitas vezes depende mais do que você está fazendo e com quem você está do que de algum tipo de conquista permanente. Se mudar sua personalidade ajudar você a passar mais tempo com as pessoas com quem quer estar e fazendo as coisas que quer fazer, então mudar a si mesmo vai aproximá-lo do seu verdadeiro eu.

Capítulo 6

REDENÇÃO

Quando pessoas más se tornam boas

Quando adolescente, a rotina matinal de Maajid Nawaz envolvia prender uma grande faca nas costas. Essa lâmina estava em sua mão durante um confronto fatal entre estudantes muçulmanos e africanos do lado de fora do Newham College de Londres, em 1995, que culminou no assassinato de um jovem nigeriano. Embora Nawaz não tenha machucado ninguém, ele confessou em seu livro de memórias de 2012, *Radical* [publicado em português pela Leya], que "ficou lá e assistiu Ayotunde Obanubi morrer".[1] Nawas era um membro "cegamente comprometido" do Hizb ut-Tharir, uma organização que almeja criar um califado muçulmano sob o qual todos devem viver de acordo com a lei sharia, o que significa, entre outras coisas, a morte de todos os homossexuais.

O apoio de Nawaz à ideologia extrema e seu estilo de vida permanentemente à beira da violência não surgiram do nada. Essa foi uma resposta ao racismo desenfreado contra ele e seus amigos asiáticos britânicos que cresceram em Essex, Inglaterra, nas décadas de 1980 e 1990. Ainda assim, se você o conhecesse na época do assassinato do Newham College e ouvisse suas opiniões, provavelmente teria a impressão de que Nawaz era um indivíduo perigoso com uma personalidade antissocial. Ele era um jovem que, como grafiteiro, se divertia fugindo das autoridades. "Eu mandava um fodam-se para a polícia, a lei e a ordem", lembra ele em seu livro. Ele era uma pessoa cuja mãe certa vez apontou a própria barriga com desgosto, lamentando: "Eu amaldiçoo o ventre que me deu um filho como você".

Após a briga do lado de fora do Newham College, Nawaz agravou a tragédia ao viajar com outros membros de gangues muçulmanas para bairros africanos com o objetivo explícito de aterrorizar outros estudantes. Em *Radical*, ele admitiu: "Uma resposta tão indiferente ao assassinato de outro indivíduo era parte da pessoa que eu havia me tornado".

Simpatizante dos terroristas do Onze de Setembro, o ativismo radical de Nawaz colocou muitos jovens impressionáveis no caminho do jihadismo violento. Ele viajaria para o Paquistão para ali fomentar um golpe militar, depois para o Egito, onde foi preso em 2002 pela polícia secreta. Passou anos na prisão. O encarceramento o mudaria profundamente, embora não antes de ele fazer um voto característico de vingança mortal contra seus inimigos: "Matarei o maior número possível de vocês antes que me levem", fantasiou durante um período inicial de três meses de confinamento na solitária.

Hoje, Nawaz é uma pessoa drasticamente diferente. Um dos principais ativistas contra o islamismo radical, foi cofundador do grupo antiextremista Quilliam e foi homenageado, entre outros, pelo ex-presidente George W. Bush e pelo ex-primeiro-ministro britânico David Cameron. Em suas muitas aparições na mídia, artigos e livros, Nawaz defende a compaixão em vez da raiva e uma perspectiva que reconhece a humanidade compartilhada do "outro", quem quer que seja.[2]

Como Nawaz conseguiu essa transformação de aspirante a terrorista a ativista pela paz? Certamente não foi fácil: "Passo a passo, tive de reconstruir toda a minha personalidade de dentro para fora", ele escreve em *Radical*. Mas há alguns pontos de inflexão, temas e influências óbvios, muitos dos quais ecoam nas histórias de redenção de outras pessoas.

A educação foi o primeiro ponto de virada. Nawaz usou seu tempo de prisão para consumir enormes quantidades de literatura — não apenas textos islâmicos, mas clássicos da literatura inglesa como *A revolução dos bichos* e obras de Tolkien. "Essa combinação de reumanização [redescobrir a empatia e a conexão com os outros], estudar o Islã a partir de suas fontes e lidar com a complexidade moral por meio da literatura me afetou profundamente", escreve ele. Em termos de traços de personalidade, Nawaz aumentou acentuadamente em franqueza e amabilidade.

Além da educação, outra grande influência na transformação de Nawaz foi sua experiência de ser tratado com compaixão pelos outros. Enquanto ele estava preso no Egito, a Anistia Internacional o classificou como prisioneiro de consciência (alguém preso apenas por suas crenças) e fez uma campanha vigorosa por sua libertação. Considerando que o racismo e a violência que experimentou no início da vida levaram Nawaz a se sentir desumanizado e insensível, ele diz que a compaixão que a Anistia demonstrou por ele teve um efeito reumanizador. "Sou, em parte, a pessoa que sou hoje por causa da decisão deles de fazer uma campanha por mim", diz ele em suas memórias.

O fator transformador final para Nawaz foi um novo propósito na vida. Ele percebeu que tanto os islamofóbicos quanto os islâmicos são inimigos dos direitos humanos. Lançou a si mesmo o desafio de forjar um novo movimento para fornecer uma contranarrativa, um projeto que acabaria por culminar, em 2008, na cofundação, junto de Ed Husain (também um radical islâmico reformado), do Quilliam, que se descreve como "a primeira organização contraextremista do mundo".[3]

Tanto quanto os próprios esforços e motivações de Nawaz, as forças sociais também moldaram quem ele se tornou. Alguns de seus aliados anteriores no Hizb ut-Tahrir involuntariamente o afastaram do radicalismo. Eles o traíram em seus próprios interesses, permitindo que Nawaz os visse como realmente eram — não como servos altruístas do Islã, mas egoístas e ambiciosos.

A história de Nawaz fornece uma demonstração vívida de algumas das ideias apresentadas pelo psicólogo Brian Little, que pesquisou extensivamente a importância de projetos pessoais para o desenvolvimento da personalidade. Essencialmente, esses projetos são o que você tenta alcançar na vida. Little diz que, se você for motivado o suficiente para ter sucesso nas iniciativas que mais fazem sentido para você, elas podem mudar suas características (mesmo que apenas em momentos-chave) de maneira a ajudá-lo a atingir seus objetivos.

No caso de Nawaz, seu novo propósito pode não ter mudado totalmente suas características (além do aumento de sua amabilidade e sua franqueza), mas definitivamente reorientou suas particularidades para um caminho mais positivo. Está claro que parte da forte extroversão e da conscienciosidade que antes serviam ao seu radicalismo, incluindo a paixão, a motivação e as habilidades com as pessoas, foi utilizada em seu trabalho para o Quilliam. "Não sou nada se não puder lutar por algo", escreve ele em suas memórias. O que ele chama de "romantismo de luta", que uma vez o levou ao extremismo, permanece sempre vivo em seu coração, diz ele, mas agora está alimentando seus objetivos pacíficos.

Sua vocação na vida pode não ser tão grandiosa quanto combater o extremismo mundial, mas, se estiver interessado em mudar a si mesmo, vale a pena considerar como você é moldado por seus principais objetivos e ambições. Eles podem moldar sua personalidade diretamente e fornecer o contexto através do qual suas características se expressam. Se você deseja se tornar uma pessoa melhor, pode chegar mais perto de conseguir isso escolhendo cuidadosamente quais objetivos priorizar na vida. Uma maneira prática de fazer isso é realizar um breve exercício reflexivo que o psicólogo americano Brian Little chama de "análise de projeto pessoal", como você verá a seguir:[4]

Exercício: Reflita sobre seus principais objetivos e motivações na vida

- Anote tudo o que você está tentando alcançar no momento — desde conseguir um novo emprego, aprender a meditar, tentar ser um amigo melhor, arrecadar dinheiro para caridade, promover uma causa social ou perder peso.

- Concentre-se nas duas ou três metas que mais importam para você, que sejam as mais significativas. Agora faça algumas anotações sobre cada uma. Elas estão trazendo alegria para você? Vieram dos seus próprios interesses e valores, em vez de serem impostas a você por outros? Você sente que está progredindo? Você está lutando por esses objetivos com outras pessoas (em vez de sozinho)? Quanto mais vezes você responder *sim* a essas perguntas, maior a probabilidade de ser feliz na vida.[5]

- Se você identificou metas que não significam muito para você, que lhe foram impostas por outras pessoas, que não correspondem a seus valores ou estão causando estresse e frustração significativos, vale a pena pensar em abandoná-las.

- Por outro lado, se você identificou metas que significam muito para você, mas sente que não está progredindo, é provável que elas estejam lhe causando infelicidade. Você pode tentar reenquadrá-las para torná-las menos assustadoras e menos vagas (por exemplo, reenquadrar o objetivo de "Tentar escrever um livro" para "Tentar escrever meia hora por dia"), ou você pode pensar se precisa de mais apoio, treinamento ou desenvolvimento pessoal (usar algumas das estratégias deste livro para fazer mudanças em suas características pode ajudá-lo em seu caminho).

- Se você está interessado em mudanças pessoais, incluindo encontrar redenção pessoal, é importante considerar se seus principais projetos pessoais são a melhor maneira de aplicar os pontos fortes da sua personalidade e se eles provavelmente moldarão sua personalidade da maneira que deseja. Se você se esforça para ter a mente mais aberta, por exemplo, é improvável que um projeto principal que envolva pouca experimentação, aventura, desafio ou cultura seja benéfico. Se você deseja ser mais amável, um projeto que lhe causa frustração e ressentimento, que é egoísta ou incomoda os outros, tende a ser contraproducente.

- Se, depois de completar este exercício, você sentir que precisa de um novo objetivo na vida, não fique apenas introspectivo sobre isso. Em vez disso, exponha-se ao maior número possível de interesses, ideias, questões sociais, assuntos e atividades. Experimente e converse com outras pessoas — especialmente aquelas que você sente que compartilham dos seus valores — sobre o que as motiva a cada dia. As paixões raramente nos agarram em um momento mágico de eureca, então não tenha pressa.

OUTRAS HISTÓRIAS DE REDENÇÃO

O poder das paixões ou vocações para moldar a personalidade das pessoas é recorrente em muitas histórias de redenção. Considere a vida de Catra Corbett, que teve problemas com a lei pela primeira vez depois de furtar uma loja quando era adolescente na Califórnia. Ela se tornou viciada em metanfetamina e traficante de pequeno porte no início da idade adulta. Em sua autobiografia recente, *Reborn on the Run* [*Renascida em fuga*, sem publicação no Brasil], ela descreve como o vício tomou conta de sua vida, levando-a a ferir repetidamente as pessoas com quem ela mais se importava: "Eu raramente via minha própria família naquela época. Costumava pentear o cabelo da minha mãe uma vez por mês, e ela sugeria que fôssemos almoçar. Eu concordava e depois me esquecia ou, mais frequentemente, simplesmente não aparecia".[6] Sua vida como viciada atingiu o ponto mais baixo quando ela foi presa por tráfico e passou uma noite terrível na prisão. "Esta não sou eu", ela pensou naquela noite. "Eu realmente não era uma pessoa ruim. Alguma coisa tinha que mudar."

A princípio, o problema era que Corbett não sabia como mudar e, embora conseguisse ficar longe das drogas, não tinha o que chamamos de "ferramentas mentais" para ser saudável. Pela própria descrição de Corbett de seu estilo de vida, é altamente provável que ela fosse uma forte extrovertida: ela já tinha muitos amigos, gostava de festas e era atraída pela emoção e pelas viagens das drogas. Para mudar sua vida, ela precisava encontrar uma maneira de satisfazer sua natureza extrovertida e combiná-la com maior consciência para trazer maior controle e ordem à sua vida.

Tal como aconteceu com Nawaz, a educação desempenhou um papel importante na reconstrução da personalidade de Corbett. Ela voltou para sua antiga escola e recebeu o diploma que não conseguira obter quando era uma adolescente delinquente. Mas ainda mais transformadora para Corbett foi sua descoberta fortuita da corrida. Não muito tempo depois de sua experiência na prisão e de se livrar das drogas, um dia — quase ao acaso e talvez inspirada por seu saudoso pai, que a encorajava a praticar esportes quando menina — ela calçou um tênis e saiu em uma corrida não planejada com seu cachorro. "Eu corri em volta do quarteirão, sentindo como se quisesse morrer. Quando terminei, me senti aquecida e exausta. Sentei-me nos degraus na frente de casa e respirei fundo outra vez. Eu me sentia bem. *Uau*, eu pensei. *Corri o caminho todo, sem andar, sem parar, sem pausa nenhuma. Eu corri. Eu corri. Na verdade, eu corri muito.* Eu me senti tão bem que decidi naquele momento que me tornaria uma corredora."

Por um tempo, Corbett precisou de apoio psicológico para superar um distúrbio alimentar (além da extroversão, parte de sua vulnerabilidade ao vício e problemas de saúde mental provavelmente decorriam de um alto traço em neuroticismo). A paixão por correr acabou por transformar sua personalidade e sua vida. Hoje Corbett é uma das ultracorredoras mais importantes do mundo; na verdade, ela é membro de um clube seleto de apenas quatro pessoas no mundo que correram 160 quilômetros mais de 100 vezes.[7]

Correr passou a fornecer a ela uma saída para sua natureza extrovertida ("completar maratonas me deu o mesmo tipo de euforia que as drogas me deram, exceto que correr estava melhorando minha vida, não estragando tudo"), e, uma vez que ela abraçou totalmente o esporte e impôs a si mesma desafios progressivamente mais difíceis, de maratonas a trilhas de ultralonga distância, isso deu à sua vida a estrutura de que precisava para aumentar sua consciensiosidade e acalmar sua instabilidade emocional — um exemplo perfeito na vida real da teoria do investimento social que descrevi no capítulo 2. "Eu estava sempre treinando para alguma coisa", diz ela em sua autobiografia. "Eu tinha um plano para minha vida. Eu tinha o que precisava."

Uma vantagem especial de ter projetos pessoais como correr é que se torna mais fácil explorar o *poder motivador dos demarcadores*. Quando você se depara com um desafio esmagador, seja aprender um novo idioma ou encontrar a redenção, a luta para fazer qualquer progresso aparente pode ser desmoralizante. Com corrida e atividades semelhantes, é mais fácil registrar o seu progresso (em termos de distâncias, como seus primeiros 5 km ou uma meia maratona, e os tempos que você alcança) e se recompensar por essas novas conquistas, o que é altamente motivador. Como os estudiosos de negócios Chip Heath e Dan Heath explicam em *The Power of Moments* [*O poder dos momentos*, Alta, 2019], "esses marcos definem momentos que são conquistáveis e valem a pena ser conquistados" e, ao fazerem isso, eles nos ajudam a "avançar para a linha de chegada".[8]

Com bastante imaginação e dedicação, é possível adotar essa abordagem independentemente da natureza dos seus objetivos — por exemplo, mantendo um diário para anotar quaisquer conquistas que você tenha realizado, por menores que sejam. No caso de um objetivo específico como aprender um idioma ou uma ambição mais elevada como chegar à redenção, por exemplo, pode ser anotar a primeira vez que você conseguiu pedir uma refeição em espanhol ou a primeira vez que você fez algum favor por razões puramente altruístas. Registrar esse progresso e recompensar a si mesmo também pode ajudar a estimular outro motivador de poder, o orgulho autêntico, que, ao contrário do orgulho arrogante, se baseia em ficar satisfeito consigo mesmo pelos frutos de seu trabalho árduo. O orgulho autêntico é bom e, uma vez que você o experimenta, vai querer mais, o que o ajudará a impulsioná-lo ainda mais rumo aos seus objetivos.

Nick Yarris cresceu e se tornou um adolescente rebelde na Pensilvânia quando teve o que chama de "distúrbio de controle de impulso". Depois de experimentar sua primeira cerveja aos 10 anos, ele nunca mais foi o mesmo. Aos 14 anos, ele bebia e usava drogas todos os dias. Sua primeira prisão ocorreu no ano seguinte, por roubo, a fim de atender ao seu crescente vício em drogas. A vida de Yarris descarrilou totalmente em 1981, quando, aos 20 anos, foi parado por um guarda de trânsito por desrespeitar um sinal vermelho. De acordo com o relato de Yarris em suas memórias, *The Fear of 13* [*O medo do 13*, sem publicação no Brasil], o policial o tratou com violência, eles tiveram uma briga e a arma do policial disparou acidentalmente.[9] Isso chocou Yarris e o levou a se render, mas o policial ficou ressentido. Depois que a briga acabou, o policial pediu reforços pelo rádio, aos berros: "Tiros disparados!". Aquilo desencadeou uma série de eventos que levaram Yarris a ser acusado por tentativa de homicídio contra o policial.

Como se as coisas não pudessem piorar, Yarris em seguida inventou um estratagema para virar a situação a seu favor, alegando que conhecia o culpado por um assassinato não resolvido na vizinhança. O tiro saiu pela culatra, e o próprio Yarris acabou sendo acusado não apenas de tentativa de assassinato do policial, mas também pelo estupro e assassinato de uma mulher da região. No julgamento que se seguiu, ele foi considerado culpado e passaria pelas experiências mais horríveis durante vinte e dois anos no corredor da morte por um crime que não cometeu.

Você pode imaginar que tal vida transformaria um pequeno criminoso com tendências antissociais em um monstro vingativo. Na verdade, hoje Yarris é um modelo de decência e humanidade. Em 2017, ele publicou por conta própria *The Kindness Approach* [*A abordagem da gentileza*, sem publicação no Brasil], no qual mostra como canalizar o ressentimento e a raiva em perdão e compaixão.[10]

Como Yarris conseguiu essa transformação? Alguns dos temas de sua história ecoam os de Nawaz e Corbett: ele reconstruiu a vida na prisão, usando sua personalidade frágil para os vícios para se educar e fazer uma incansável campanha, acabando por anular sua condenação injusta. Ao fazer isso, Yarris se tornou o primeiro prisioneiro no corredor da morte na Pensilvânia a ser considerado inocente por meio de testes de DNA.

O desejo de provar sua inocência tornou-se o novo chamado de Yarris, o que o ajudou a estruturar sua redentora mudança de personalidade. Mesmo após a libertação, ele direcionou com sucesso sua energia e paixão para viver uma vida de bondade, em parte inspirado pela mãe, que lhe disse que sua liberdade conquistada a duras penas significava que ele tinha o dever de ser educado e respeitoso. Esse conselho maternal o tocou profundamente: "Eu trabalhei todos os dias para ser superpositivo e apliquei tanta energia otimista e bondade que consegui remodelar totalmente minha visão e minha abordagem da vida", ele escreve em *The Fear of 13*.

OBSTÁCULOS À REDENÇÃO

As três histórias de redenção — de Nawaz, Corbett e Yarris — compartilham das mesmas características principais: experiências transformadoras (por exemplo, ir para a cadeia), autoeducação, um novo chamado para a vida e a inspiração e o encorajamento fornecidos por outras pessoas.

Essas histórias significam que há esperança de mudança para pessoas que a sociedade pode ver como "más": criminosos, trapaceiros e vigaristas? Infelizmente, a realidade para muitas dessas pessoas é que elas não têm o instinto, ou o desejo, de dar a volta por cima. Além disso, a prisão muitas vezes não oferece uma experiência positiva que promova mudanças benéficas; muitas vezes o oposto também é verdadeiro. Não é realista que as autoridades prisionais ofereçam momentos mágicos de transformação ou que existam amigos e parentes influentes.

Provavelmente o maior obstáculo à mudança, porém, é que muitos dos ofensores não querem mudar e não veem razão para tentar. Muitos criminosos têm hábitos de pensamento contraproducentes que lhes permitem justificar suas ações e aumentar a probabilidade de cometerem novos crimes no futuro.

Essa ideia de que os criminosos têm um modo de pensar característico remonta pelo menos à década de 1990 e ao desenvolvimento de um teste influente pelo psicólogo clínico Glenn Walters, o Inventário Psicológico de Estilos de Pensamento Criminoso — cuja sigla é conhecida em inglês como PICTS. Ele pede que as pessoas avaliem sua concordância ou discordância com oitenta afirmações, como as que se seguem:[11]

Você pensa como um criminoso?

	Concordo	Discordo
Às vezes, vejo ou ouço coisas que os outros não conseguem.		
Não há nada de errado com a maneira como eu me comporto.		
A sociedade é injusta, e minhas circunstâncias não me deixam outra opção senão cometer um crime.		
Eu uso álcool para que seja mais fácil quebrar regras.		
Já fui punido o suficiente no passado. Eu mereço um descanso.		
Não ter controle me deixa desconfortável; prefiro ter poder sobre os outros.		
Consegui não ser pego no passado. Provavelmente vou me safar fazendo o que quero no futuro.		
Eu procrastino muito.		
Costumo fugir dos meus compromissos sociais para ficar chapado ou cometer crimes.		

As declarações se destinam a abordar diferentes dimensões do pensamento criminoso, incluindo (do primeiro ao último) confusão, defensividade, amenização (justificando o mau comportamento), eliminação da culpa e outros sentimentos (usando bebida e drogas para tornar mais fácil cometer crimes), autorização, orientação de poder, superconfiança, indolência e descontinuidade (incapacidade de prosseguir com os planos). Se você concorda com muitas das afirmações da tabela, a implicação é que você tem tendências a pensar como um criminoso. Mas tenha certeza de que o teste completo é muito mais longo e aprofundado, e os resultados sempre serão interpretados no contexto do histórico e do comportamento real de uma pessoa.

Uma vez que as pessoas com personalidade e estilo de pensamento criminosos acabam encarceradas, aspectos do ambiente prisional podem, infelizmente, agravar as coisas, tendo efeitos adversos em sua personalidade: a perda crônica da liberdade de escolha, a falta de privacidade, a estigmatização cotidiana, o medo constante, a necessidade incessante de usar uma máscara de invulnerabilidade e a monotonia emocional (para evitar a exploração por parte dos outros), e a exigência, dia após dia, de seguir regras e rotinas rígidas impostas pelo mundo exterior. De fato, a prisão prolongada leva a "mudanças fundamentais no eu", de acordo com entrevistas com centenas de prisioneiros feitas por pesquisadores do Instituto de Criminologia da Universidade de Cambridge.[12] Alguns especialistas chamam a essa profunda adaptação da personalidade à vida na prisão de "prisionização".[13]

Mesmo uma curta permanência na prisão pode ter profundas consequências para a personalidade. Em 2018, psicólogos holandeses testaram 37 prisioneiros duas vezes, com três meses de intervalo. No segundo teste, os presos demonstraram maior impulsividade e pior controle atencional — mudanças indicativas de consciência reduzida, que os pesquisadores atribuíram à perda de autonomia e ao desafio cognitivo na prisão.[14]

Mudanças adversas de personalidade também podem persistir após a soltura como uma síndrome pós-encarceramento, tornando difícil para ex-presidiários se ajustar à sociedade normal. Entrevistas realizadas em Boston com 25 pessoas que cumpriam penas de prisão perpétua, psicólogos descobriram que eles desenvolveram vários "traços de personalidade institucionalizados", especialmente uma incapacidade de confiar nos outros (uma característica fundamental da baixa amabilidade), semelhante a uma paranoia perpétua.[15]

Mas há vislumbres de esperança de que, como nas histórias de Corbett, Nawaz e outros, aspectos da experiência na prisão às vezes também podem ter efeitos benéficos na personalidade. Por exemplo, um estudo sueco de 2017, um dos poucos a aplicar o modelo dos cinco grandes traços à mudança de personalidade de prisioneiros, comparou os perfis de personalidade de prisioneiros de segurança máxima com vários grupos de controle, incluindo estudantes universitários e guardas prisionais. Embora os prisioneiros tenham pontuações mais baixas em extroversão, franqueza e amabilidade, como já seria de esperar, na verdade eles pontuaram mais em conscienciosidade, especialmente nos subtraços de ordem e de autodisciplina.[16] Os pesquisadores acham que isso pode ser uma forma de ajuste positivo a um ambiente com regras e regulamentos estritos, com prisioneiros ganhando consciência como recurso para evitar problemas.

Ex-prisioneiros como Nawaz e Yarris, que conseguiram usar seu tempo de prisão para reconstruir sua personalidade de maneira benéfica, parecem ter conseguido aproveitar ao máximo essas influências positivas, enquanto continham ou minimizavam os efeitos nocivos do ambiente prisional. Eles também se dedicaram aos seus próprios modos de pensamento criminoso, em grande parte por meio da autoeducação.

Felizmente há alguma evidência de que programas estruturados de reabilitação, como a intervenção Cognitive Self Change [Automudança

Cognitiva], podem ter um efeito semelhante ao encorajar os infratores a refletir e confrontar seus pensamentos e suas crenças que fundamentam sua criminalidade, como acreditar que a vida é injusta e que, portanto, é justificável prejudicar os outros, ou que é culpa dos outros se eles deixarem bens valiosos à mostra ou desprotegidos.[17] Esses programas também ensinam habilidades para a vida e comportamentos básicos (como pontualidade e cortesia) para ajudar as pessoas a lidar com questões como problemas de relacionamento, estresse e dívidas de maneiras mais construtivas que não envolvam o recurso do crime (e, ao fazê-lo, aumentam a consciensiosidade e a amabilidade dos infratores e diminuem suas pontuações na escala PICTS de pensamento criminoso).[18]

"Vi mudanças reais acontecerem diante de mim", disse Jack Bush, um dos fundadores da intervenção Cognitive Self Change, à NPR, em 2016.[19] Bush dá o exemplo de um criminoso conhecido seu chamado Ken, que certa vez disse que pretendia ser "o pior criminoso jamais visto". No entanto, por meio do programa Cognitive Self Change, ele reconheceu que sua criminalidade estava enraizada em seus hábitos de pensamento. Mais tarde, ele disse a Bush que aquilo o levou a desenvolver um novo objetivo: ser um homem honrado. "Os mais de vinte anos desde sua soltura da prisão foram difíceis, mas hoje ele é um cidadão que paga seus impostos — e é um homem honrado", disse Bush.

Uma abordagem ligeiramente diferente adotada por outros programas de reabilitação é atingir a bússola moral distorcida dos presidiários. Quando as pessoas com personalidade antissocial se deparam com dilemas morais, elas tendem a adotar uma perspectiva "utilitária"[20] — ou seja, avaliam as coisas de maneira calculista e sem sentimento, justificando o cometimento de crimes com base no que consideram fundamentos lógicos.[21] Um dos programas de reabilitação mais conhecidos que miram a moralidade é a terapia de reconciliação moral, que usa os princípios da TCC para tentar fortalecer o senso moral dos infratores

— por exemplo, encorajando uma maior consideração pelas consequências, desafiando crenças e pensamentos imorais e ensinando princípios mais avançados de moralidade.[22]

Quando se trata de ajudar os presos a mudar sua personalidade para melhor, há muitos motivos para otimismo, mas seria um erro ser complacente. Algumas intervenções bem-intencionadas, incluindo muitos campos de treinamento baseados em regras estritas e atividade física severa, provaram ser prejudiciais. O exemplo mais famoso é provavelmente o Cambridge-Somerville Youth Study, iniciado em 1939 em cidades ao redor de Boston, no qual jovens delinquentes eram colocados em pares com mentores adultos que deveriam ter laços de interesse e gentileza com eles e encorajá-los para o desenvolvimento positivo de sua personalidade. Na verdade, em comparação com um grupo de controle, os participantes da intervenção apresentaram resultados piores, incluindo aumento da criminalidade (existem várias teorias para explicar por que isso aconteceu, incluindo pares de delinquentes no grupo de intervenção que se enganavam mutuamente).[23] Esses resultados decepcionantes são um lembrete de que, embora a mudança para a personalidade positiva seja possível, ela não é direta, reta ou fácil. Não basta confiar em boas intenções e programas aparentemente plausíveis; em vez disso, é vital que sejam usadas abordagens baseadas em evidências.

Talvez o maior obstáculo à reabilitação seja que muitos dos infratores não estão motivados para a mudança e se recusam a iniciar os programas ou logo os abandonam. Eles não têm nenhum desejo de mudar, e sem isso há pouca esperança. Para enfrentar de cara esse desafio, um programa pioneiro sem fins lucrativos, o Turning Leaf Project [Projeto Virando a Página, em português], em Charleston, Carolina do Sul, adotou recentemente a abordagem incomum de pagar a ex-infratores US$ 150 por semana para que participem de aulas diárias de três horas de TCC que visam suas formas criminosas de pensamento, até que tenham acumulado pelo menos 150 horas. Apesar dos pagamentos, apenas cerca de 35% dos participantes concluem o programa, mas, pelo lado positivo, a revista *Vice* informa que, até agora, nenhum de seus graduados foi preso novamente.[24]

Problemas de saúde mental não resolvidos são outro fator que dificulta a reforma dos infratores.[25] A depressão, por exemplo, é cerca de três vezes mais prevalente entre os presos do que na população em geral. O risco de suicídio é três vezes maior entre os presos do sexo masculino e nove vezes maior entre as presas mulheres do que no público em geral. Sem terapia apropriada ou algum outro tipo de apoio, é provável que tais problemas tenham um efeito adverso na personalidade dos prisioneiros e nas tentativas de reforma.

Também diretamente relevante para as chances de uma mudança de personalidade bem-sucedida é a diferença entre os ofensores terem ou não um "transtorno de personalidade antissocial"[26] — ou seja, seus hábitos criminosos de pensamento e comportamento são considerados uma forma de transtorno mental: extremamente sério e duradouro, mas tratável[27] — ou se, em vez disso, tiverem uma personalidade psicopática mais extrema, que muitos acreditam não ser tratável ou modificável, embora isso seja controverso.[28]

Embora mais de 40% dos prisioneiros sejam considerados portadores de transtorno de personalidade antissocial, uma quantidade muito menor é considerada psicopata. E, enquanto todos os psicopatas têm um transtorno de personalidade antissocial, o inverso não é verdadeiro.[29] (Eu abordo os psicopatas com muito mais detalhes no próximo capítulo).

Em suma, as muitas histórias pessoais de redenção — de Nawaz, Corbett, Yarris e outros como eles —, combinadas com as descobertas da literatura acadêmica sobre reabilitação de infratores, apresentam uma mensagem esperançosa — consistente com o argumento abrangente deste livro: de que essa personalidade é maleável. Com a atitude certa, motivação suficiente e o apoio de terceiros, algumas pessoas más podem alcançar mudanças significativas e positivas, incluindo indivíduos com histórico de criminalidade e com a reputação de ferir outras pessoas. A educação geralmente é fundamental, assim como ouvir um chamado ou encontrar um propósito profundo na vida que promova uma mudança de personalidade positiva e sustente a jornada das pessoas para a luz.

QUANDO AS PESSOAS BOAS SE TORNAM MÁS

Infelizmente, também existem muitos contos de heróis que se transformaram em monstros, molestadores, ladrões e trapaceiros. Considere a história de Lance Gunderson, que desde suas raízes humildes, criado por uma mãe solteira, sobreviveria a um câncer testicular que se espalhou para pulmões, estômago e cérebro. Ele se tornou o vencedor sem precedentes de sete Tours de France, foi fundador da instituição de caridade Live Strong, contra o câncer, e arrecadou centenas de milhões de dólares para pacientes com câncer. A história de triunfo de Lance sobre a adversidade inspiraria uma geração, levando a *Forbes* a rotulá-lo como uma espécie de "Jesus secular".[30] Mesmo assim, Lance, que posteriormente adotaria o sobrenome Armstrong do segundo marido de sua mãe, admitiria anos depois (provocando uma extensa investigação da Agência Antidoping dos Estados Unidos) que trapaceou em todos os seus títulos de ciclismo. Apelidado de "ciclopata" pelo *Sunday Times*,[31] Armstrong é acusado não apenas de trapaça grosseira, mas também de mentir e de intimidações ao longo de seus muitos anos de negação.[32]

A política fornece histórias semelhantes de indivíduos célebres, aparentes modelos de integridade, que se tornaram sujos e corruptos. Pense no ex-candidato à vice-presidência dos Estados Unidos, o ex-senador John Edwards, visto como o garoto de ouro moralmente virtuoso do Partido Democrata. Ele teve um caso extraconjugal enquanto sua esposa estava

com câncer e mentiu e planejou encobrir o escândalo. Ou o caso do ex-
-deputado Anthony Weiner, uma estrela política em ascensão, "impetuoso
e brilhante" (para citar o *Times* londrino) — cujo casamento teve o presidente Bill Clinton como mestre de cerimônia —, que acabou preso por
enviar imagens obscenas de si mesmo para uma garota de 15 anos.[33]

E o que dizer do ator e lenda do esporte O. J. Simpson, publica-
mente acusado de assassinar sua esposa e seu amigo e mais tarde preso
por assalto à mão armada e sequestro? Também temos Rolf Harris, o
outrora amado artista infantil australiano que em 2014 foi condenado à
prisão por agredir sexualmente fãs adolescentes. E talvez a mais perturbadora de todas, a história de Jimmy Saville, a personalidade britânica
da TV e do rádio, que em vida foi canonizado pelo entretenimento de
nossos filhos e por seu trabalho de caridade (ele supostamente levantou
dezenas de milhões de dólares por meio de sua veia filantrópica), mas foi
postumamente acusado de ter agredido e estuprado centenas de vítimas,
incluindo várias crianças.

Histórias como essas torna vívidas as narrativas dessas biografias como
se retratassem pessoas boas que se tornaram más, como o personagem
Walter White da série de TV *Breaking Bad*. Nessa ficção, o personagem
se transmuta de um professor de Química trabalhador para um criminoso
assassino implacável e traficante. No entanto, a realidade raramente é tão
em preto e branco como na ficção. Embora as histórias de Armstrong,
Saville, Edwards e outros sejam todas tragédias deprimentes da fraqueza e
da crueldade humanas, não está claro se elas refletem transformações simples ou diretas da personalidade. Em muitos casos, embora as revelações
sobre o lado sombrio desses casos tenham sido um choque repentino, essas
celebridades estiveram envolvidas em irregularidades por anos, muitas vezes enquanto encenavam seus atos mais virtuosos e celebrados.

Mais do que uma mudança dramática de personalidade, portanto,
é plausível que tenham sido os mesmos traços que impulsionaram o

sucesso desses personagens — a determinação obstinada; você pode até chamar a isso de arrogância — que de forma corrompida facilitaram seus crimes e suas transgressões, seja por ter a ousadia e a astúcia de mentir e trapacear ou o egoísmo e o desejo de buscar gratificação e poder sexual. Afinal, se as celebridades decaídas tivessem personalidades mais simpáticas, maleáveis, descontraídas e altruístas em primeiro lugar (em termos de traços, se tivessem pontuações mais altas em amabilidade), provavelmente não teriam alcançado seu ápice de sucesso e poder. Portanto, em vez de olharmos para esses contos lamentáveis como exemplos de mudanças dramáticas de personalidade, podemos estar mais corretos se os classificarmos como exemplos de pessoas com traços fortes e orientados para a realização sendo desviadas por lapsos catastróficos de julgamento ou de força de vontade (facilitados por um traço baixo ou temporariamente diminuído de conscienciosidade), que então saiu do controle.

Na verdade, a própria ideia de que pessoas puramente boas se tornem totalmente más é uma simplificação exagerada, porque, como seres humanos, todos nós enfrentamos uma batalha diária — entre os nossos impulsos de curto prazo e nossos desejos mais básicos, por um lado, e nossa moral mais elevada e nossas aspirações de longo prazo, por outro. Reflita honestamente sobre a própria vida e, mesmo que se considere uma pessoa moralmente boa na maioria das vezes, provavelmente você será capaz de se lembrar de ocasiões das quais não se orgulha tanto assim. Na última vez que você recebeu um elogio no trabalho, talvez também tenha se lembrado com uma pontada de culpa que conseguiu esse emprego dourando a pílula do seu currículo. Quando seu cônjuge olhou em seus olhos e agradeceu por seu amor e seu apoio na noite passada, talvez você tenha se encolhido por dentro com a maneira como flertou com seu colega de trabalho no dia anterior.

As celebridades caídas e superestrelas políticas travam essas mesmas batalhas, mas de forma mais dramática e exagerada e diante dos olhos do público. Seus talentos e ambições as elevaram a um pedestal, mas essas mesmas alturas vertiginosas são acompanhadas por tentações maiores — acesso desenfreado a dinheiro, bebida, drogas e sexo e a chance de intimidar, seduzir e manipular fãs sugestionáveis e outros para gratificação de curto prazo ou em busca de um sucesso cada vez maior.

O que é relevante aqui é a evidência de que ter poder sobre os outros pode nos levar a desumanizá-los — enxergar outras pessoas como ferramentas a serem manipuladas, em vez de vê-las como indivíduos de carne e osso com sentimentos. Psicólogos especulam que, em alguns contextos, esse efeito é adaptativo — por exemplo, para ajudar líderes políticos a tomar decisões aparentemente impossíveis que envolvam pesar a vida de um grupo em relação a outro ou dar aos cirurgiões a distância psicológica necessária para cortar a carne de outra pessoa.

Mas isso ainda levanta a questão de por que Saville e outros cometeram seus abusos ao longo de tantos anos. Se eles eram realmente boas pessoas, por que não voltaram aos trilhos? Parece provável que suas personalidades e morais foram corrompidas por formas tóxicas de pensar, pois eles justificaram suas ações para si mesmos de maneira semelhante a como os criminosos mais comuns usam lógica e justificativas distorcidas para explicar e se desculpar por suas ações. Por exemplo, tendo sofrido e trabalhado para alcançar seu sucesso (e, em muitos casos, tendo sido celebradas por seus anos de esforços generosos e altruístas), muitas dessas celebridades provavelmente disseram a si mesmas que de alguma forma ganharam o direito de satisfazer seus desejos mais mundanos e sonhos cada vez mais egoístas.

Você pode ter praticado esse tipo de "autolicenciamento" de uma maneira mais mundana — como quando se concede uma taça de vinho depois de um dia particularmente estressante no trabalho ou se permite burlar a proibição do *muffin* depois de um treino puxado na academia. Agora imagine isso em uma escala muito maior para esses indivíduos outrora endeusados que talvez raciocinassem consigo mesmos que haviam dado tantos anos de sua vida por seu esporte ou sua arte e que, portanto, mereciam algum tipo de liberdade ou vingança.

Em seu livro *Out of Character* [*Por que as máscaras caem?*, Elsevier, 2011], os psicólogos David DeSteno e Piercarlo Valdesolo especulam que o autolicenciamento pode ser a razão por trás de outra das mais notórias quedas em desgraça, desta vez envolvendo o ex-governador de Nova York Eliot Spitzer.[34] Um "modelo de hipocrisia moral", Spitzer fez uma campanha incansável contra a corrupção e a prostituição, incluindo o endurecimento das leis antiprostituição e o aumento da severidade das acusações pelo uso de serviços de acompanhante. O escândalo começou quando ele foi descoberto como cliente regular do Emperor's Club, uma agora extinta agência de acompanhantes VIP com sede na cidade de Nova York. O autolicenciamento "pode ter sido parcialmente responsável pelas decisões de autoindulgência de Spitzer", escrevem DeSteno e Valdesolo. "Afinal, todas as suas vitórias contra o flagelo da corrupção não lhe teriam dado licença em algum nível para se divertir com atos de moral duvidosa de vez em quando?"

As transformações mais cotidianas de pessoas que antes pareciam tão virtuosas provavelmente apresentam processos semelhantes ou idênticos: lapsos de autocontrole e subsequentes autojustificações. Pense no pai de família dedicado que foge com uma colega mais jovem (e se convence de que é sua vez de se divertir de forma egoísta), ou na funcionária honesta e trabalhadora que, depois de ser desprezada para uma promoção, começa a desviar os lucros da empresa (e então usa seu senso de injustiça para se convencer de que é merecedora).

Quando emoções poderosas, como luxúria e ressentimento, nos levam a agir fora do nosso caráter, as repercussões às vezes podem levar a uma mudança mais duradoura, especialmente se houver um efeito sobre suas circunstâncias, prioridades e perspectivas. Não perdoado pela esposa, o marido traidor deixa a família e o emprego e se muda com a amante, tornando-se uma pessoa menos amável e conscienciosa, levando a consequências ainda mais adversas para seus outros espectros de relacionamento. A funcionária desprezada acaba desempregada e fica cada vez mais amarga, isolada e desmoralizada, tornando-se menos extrovertida e conscienciosa no processo, levando a uma espiral descendente em sua carreira.

Sempre que sucumbir à tentação e sentir que seu caráter está mudando para pior — trapaceando no trabalho, digamos, ou perseguindo seus próprios prazeres às custas dos outros —, você pode aprender uma lição com as histórias mais infames de desgraça. Frequentemente, trata-se de mentir para si mesmo, toda aquela conversa interna racionalizadora e egoísta que sustenta uma queda, seguida pelas tentativas de encobrir e de justificar o que você fez. Para quebrar esse ciclo, o melhor é admitir seus erros. Esse reconhecimento honesto é o primeiro passo para fazer as pazes consigo mesmo, planejar com antecedência e tentar evitar que você sofra uma nova queda. A esse respeito, uma abordagem importante é considerar as histórias de redenção de Nawaz, Corbett e outros e pensar em como suas características e ambições podem ser canalizadas e satisfeitas por meio de saídas mais construtivas.

Muitas das histórias de celebridades em desgraça começam com o ex-herói cedendo à tentação em busca de sexo, poder ou mais sucesso. No entanto, existe outra forma de tentação que pode transformar pessoas boas em más. É mais cerebral e filosófica: as pessoas são corrompidas por ideologias perigosas, levando-as ao extremismo. De certa forma, esse é o caso de indivíduos que encampam projetos pessoais que corrompem sua moral em um espelho oposto às histórias edificantes de Nawaz e Corbett. Ideologias, crenças ou fixações tóxicas podem corromper as características das pessoas, diminuindo sua pontuação em amabilidade, abertura e extroversão.

A maioria das teorias psicológicas sobre como as pessoas se radicalizam política ou religiosamente explica essas mudanças aparentemente perturbadoras de caráter não como o surgimento de alguma psicopatia antes oculta ou devido a uma doença mental subjacente (há poucas evidências de que os radicais violentos sejam mais propensos a serem doentes mentais), mas começam com uma mudança de perspectiva e lealdade. Geralmente é a exposição a uma nova visão sedutora de mundo e identidade de grupo que conversa com seus sentimentos de injustiça e falta de reconhecimento e os leva a soluções sombrias e equivocadas.

Portanto, mesmo em casos de pessoas outrora "normais" que se tornaram extremistas violentos, não se trata de que um interruptor foi acionado para transformar essas pessoas de boas em más. Em vez disso, elas são tentadas a seguir um caminho sombrio que estão convencidas de que é moralmente justificado com base em alguns objetivos mais elevados. Um pastor radical pode dizer-lhes que devem cometer atos violentos para o bem maior de seu povo, por exemplo. Nesses casos, a alteração na mentalidade e nas crenças vem primeiro. A mudança de personalidade ocorre à medida que esses indivíduos se tornam cada vez mais radicalizados, permitindo-lhes justificar seu comportamento cada vez mais violento e criminoso.

É plausível que a maneira mais eficaz de afastar esses indivíduos da radicalização não seja corrigindo sua mudança indesejável de personalidade, mas confrontando suas crenças distorcidas e, alguns argumentariam, abordando as injustiças sociais que permitiram que essas crenças criassem raízes. Reinterpretações recentes de alguns dos experimentos mais famosos da psicologia corroboram a ideia de que, quando pessoas anteriormente boas começam a se comportar mal, essa aparente mudança de caráter decorre não do surgimento de algum tipo de mal latente, mas da crença de que seu comportamento moralmente ruim está servindo a um propósito maior.[35]

Argumentei que pessoas aparentemente confiáveis e altruístas podem se tornar más. Normalmente, isso não começa com uma transformação na personalidade, mas com um ou mais lapsos iniciais de julgamento ou de força de vontade que levam a autojustificações, evasões e outros efeitos nocivos em cascata. Também pode se originar de uma profunda mudança de perspectiva, crenças e prioridades que envenenam sua moralidade e as levam a adotar um estilo de pensamento criminoso e a justificar atos ruins por algum tipo de causa maior ou por sentimentos distorcidos de direito.

Claro, isso não precisa ser o fim da história. Se pessoas más podem se tornar boas, não há razão para que algumas pessoas boas que se tornaram más não possam se tornar boas novamente. Basta olhar para a reinvenção de Tiger Woods.

Descrevi no capítulo 1 como alguns psicólogos acreditam que os cinco grandes traços não abrangem todo o espectro da personalidade e que existe também uma tríade sombria de traços antissociais: narcisismo, maquiavelismo e psicopatia. Talvez muitos dos nossos ídolos caídos abrigassem esses traços sombrios o tempo todo. Na verdade, eles podem até ter contribuído para alguns de seus sucessos antes de acabar por levá-los a problemas. O político John Edwards, por exemplo, caiu em desgraça e culpou seu narcisismo por suas transgressões, dizendo à ABC News: "[Minhas experiências] alimentaram um foco pessoal, um egoísmo, um narcisismo que leva a pessoa a acreditar que ela pode fazer o que quiser, que é invencível. E que não haverá consequências".[36]

Muitos comentaristas rotularam o ícone esportivo desacreditado Lance Armstrong de narcisista, e outros foram além e especularam, com base em seus anos de *bullying*, mentiras e contínuas autojustificativas mesmo depois de confessar sua trapaça, que ele pode ser um psicopata.[37]

No próximo capítulo, exploro os traços obscuros com mais detalhes, inclusive analisando se as pessoas com esses traços podem ser reabilitadas e se podemos aprender algo útil com sua abordagem do mundo sem passarmos para o lado sombrio.

Dez passos acionáveis para mudar sua personalidade

Para reduzir o neuroticismo	Evite o diálogo interno negativo, que é caracterizado pelo pensamento em preto e branco (por exemplo, enxergar seu desempenho na entrevista de emprego como totalmente ruim); exortar-se a alcançar padrões impossíveis (por exemplo, ser sempre honesto ou inteligente); e envolve supergeneralização (por exemplo, repreender-se por ser uma mãe totalmente ruim porque cometeu um único erro). Desafie esses padrões de pensamento e procure falar consigo mesmo com maior compaixão.	Reflita sobre o propósito das emoções negativas e o que elas estão lhe dizendo. Por exemplo, culpa e vergonha o motivam a ser melhor; a tristeza pode aguçar sua atenção aos detalhes e fornecer um ótimo contraste para quando você experimentar a alegria. Pesquisas sugerem que as pessoas que desfrutam de melhor saúde mental e física não necessariamente experimentam menos emoções negativas, mas as aceitam mais.
Para aumentar a extroversão	Meetup.com é um aplicativo no qual as pessoas anunciam eventos locais que estão organizando e convidam outras para participar. Baixe o aplicativo e comprometa-se a participar de um evento que lhe agrade na próxima semana. Se você estiver se sentindo confiante, poderá organizar seu próprio evento e convidar outras pessoas. Como alternativa, experimente o Eatwith.com — uma plataforma que permite que você desfrute de experiências *gourmet* sociáveis na casa dos anfitriões.	Habitue-se à adrenalina e à emoção por meio de esportes competitivos e jogos ou através de livros emocionantes, filmes e teatro. Os introvertidos são mais sensíveis a essas coisas, mas, se você se acostumar a um nível mais alto de estimulação utilizando-se de atividades divertidas, encontrará eventos sociais e outras aventuras extrovertidas menos desafiadoras.

Dez passos acionáveis para mudar sua personalidade *(continuação)*

Para aumentar a consciensiosidade	As mídias sociais e as insistentes notificações do *smartphone* podem prejudicar sua produtividade. Aproveite os aplicativos disponíveis, como Freedom ou SelfControl para criar períodos de foco. Por exemplo, eles permitem que você se desconecte da internet por um determinado período de tempo. Além disso, crie regras simples para você, como verificar o *e-mail* apenas uma vez a cada duas horas.	Se você deseja viver uma vida mais organizada e autodisciplinada, muitas vezes ajuda começar com o básico. Por exemplo, comece a cuidar mais da sua aparência e você se sentirá mais controlado e focado. Existe até um fenômeno chamado "cognição vestida", que sugere que as roupas que você veste podem afetar o modo como você pensa. Ao se vestir bem, você começará a se sentir e agir de forma mais profissional.
Para aumentar a amabilidade	Se você estiver em uma função de liderança, preocupe-se menos em exercer domínio sobre os seus subordinados e concentre-se nas necessidades deles, em como você pode ajudá-los e no exemplo que está dando. Essa é a abordagem de liderança baseada em prestígio ou transformacional (em oposição à transacional e na baseada em dominância), e seus colaboradores passarão a respeitá-lo mais por isso.	Na próxima semana, seja mais estratégico sobre as situações em que se coloca, com suas companhias e a mídia a que se expõe. Pesquisas sugerem que uma das razões pelas quais as pessoas altamente agradáveis são calorosas e amigáveis é que elas evitam se expor ao conflito e à negatividade.
Para aumentar a abertura	Passe algum tempo toda semana resolvendo quebra-cabeças como palavras cruzadas e sudoku. Isso ajudará a aumentar sua confiança intelectual, o que o incentivará a abraçar novas ideias e a buscar novos conhecimentos.	Mantenha-se fisicamente ativo, incorporando exercícios regulares à sua rotina — pelo menos duas a três vezes por semana, se possível. Ter confiança em suas habilidades físicas o encorajará a experimentar novas atividades e a visitar novos lugares.

Capítulo 7

LIÇÕES DO LADO NEGRO

Em 20 de setembro de 2017, uma das mais poderosas tempestades do Atlântico já registradas atingiu Porto Rico. Com ventos de mais de 160 km/h e chuvas torrenciais, o furacão Maria destruiu bairros inteiros. Um estudo de Harvard publicado no ano seguinte estimou que o desastre foi responsável por até oito mil mortes, inclusive por meios indiretos, como perda de serviços médicos.[1]

E no entanto, em 4 de outubro, quando o então presidente dos Estados Unidos, Donald J. Trump, visitou Porto Rico, ele disse às vítimas que elas deveriam ficar "muito orgulhosas" por não terem sofrido "uma verdadeira catástrofe como o Katrina". "Qual é a contagem de mortes no momento?", ele perguntou. "Dezessete? Dezesseis pessoas confirmadas, dezesseis contra milhares."[2] Em outro evento em San Juan, ele foi filmado sorrindo e jogando toalhas de papel como se fossem presentes de festa para a multidão. Muitos ficaram chocados com a aparente falta de tato e empatia do presidente. Quaisquer que fossem os motivos, ele parecia não saber que sua escolha de gestos e palavras poderia perturbar ainda mais as vítimas. A prefeita de San Juan, Carmen Yulín Cruz, descreveu o incidente do arremesso de toalhas como "terrível e abominável".[3]

A dificuldade de Trump com a empatia se tornou um padrão durante o seu período na presidência. Pouco depois do furacão Maria, seguiu-se mais controvérsia quando ele foi acusado de não ter telefonado para as famílias de quatro soldados das Forças Especiais dos Estados Unidos, mortos em uma emboscada em Níger. Quando finalmente o ex-presidente fez uma dessas ligações, ele foi novamente criticado por demonstrar falta de empatia, supostamente dizendo à viúva do sargento La David Johnson que "ele sabia para o que se alistou", fazendo um grande esforço para se lembrar o nome dele.[4]

É impossível ler a mente do ex-presidente e decerto é plausível que ele não tivesse a intenção de ofender (defendendo seu superior, o chefe de gabinete da Casa Branca, John Kelly, um general de quatro estrelas da marinha, disse que aconselhara Trump a mencionar que os mortos estavam fazendo o que mais amavam).[5] No entanto, do ponto de vista da personalidade, não é apenas com a empatia que Trump se digladia. Quando se defendia das críticas da mídia, ele também adotava estilo e modos característicos — uma mistura tóxica de autoengrandecimento, extrema sensibilidade e depreciação beligerante dos outros.

Dada a frequência com que ele se comporta dessa maneira, muitos psicólogos e psiquiatras acreditam que Trump tem "personalidade altamente narcisista".[6] O termo é emprestado de uma figura da mitologia grega, Narciso, que se apaixonou pelo próprio reflexo. Uma personalidade narcisista está associada à falta de empatia pelos outros, combinada com bravura e exagero externos que, juntos, escondem uma insegurança profundamente enraizada.

O narcisismo é um dos elementos que formam a tríade sombria de personalidade, ao lado do maquiavelismo e da psicopatia. Os traços da tríade sombria estão relacionados aos cinco grandes traços e, como eles, são compostos de características ou subtraços mais específicos — veja a tabela na página 190. Na verdade, alguns especialistas duvidam que seja realmente necessário invocar esses outros três traços para capturar a essência da personalidade humana. Outros propõem a adição de apenas mais uma característica aos cinco grandes traços, conhecida como fator H, ou

"Honestidade-Humildade" — segundo eles, pontuações baixas nesses quesitos já podem ser consideradas como abrangentes da tríade sombria.

Neste capítulo, abordo a psicologia subjacente de narcisistas e psicopatas. Veremos quais lições, se é que elas existem, podemos tirar de pessoas que conseguem ter sucesso na vida por meio de seu caráter mais sombrio (Trump, afinal, conseguiu se tornar presidente dos Estados Unidos) e se é possível que pessoas com esses traços de perfil consigam mudar.

Farei uma breve análise sobre o maquiavelismo, uma característica que leva o nome do político italiano do século XVI, Niccolò Machiavelli, que acreditava que os fins sempre justificam os meios, incluindo o uso da mentira e da traição. Para ser franco, as pessoas com pontuação alta nessa característica são imbecis manipuladores, desonestos e egoístas; eles concordam com afirmações do questionário como: "Nasce um otário a cada minuto" e "Certifique-se de que seus planos beneficiem você, e não aos outros". Tanto os narcisistas quanto os psicopatas tendem a pontuar muito alto em maquiavelismo.[7] Na verdade, alguns especialistas questionam se realmente se trata de um traço separado.[8] Por esse motivo, não explorarei mais o maquiavelismo e me concentrarei nos narcisistas e psicopatas que conhecemos.

VOCÊ É NARCISISTA?

Em média, os homens são mais narcisistas do que as mulheres. Os narcisistas tiram mais *selfies* e são mais propensos a seguir outros narcisistas nas mídias sociais.[9] Em termos dos cinco principais traços de personalidade para os quais você fez o teste no capítulo 1, o narcisismo tende a andar de mãos dadas com uma combinação de alta extroversão e baixa amabilidade (veja a tabela a seguir).

A tríade sombria de personalidade e sua relação com os Big Five

	Subtraços	Ligações com os cinco grandes traços
Narcisismo	Autovalidação/direitos, vaidade, crença nas próprias habilidades de liderança, exibicionismo, exagero, manipulação	Baixa amabilidade, alta extroversão
Maquiavelismo	Visão de mundo cínica, manipulação, desejo de controle, falta de empatia	Baixa amabilidade, baixa conscienciosidade
Psicopatia	Charme superficial, domínio sem medo, falta de empatia, impulsividade, criminalidade	Baixo neuroticismo, baixa amabilidade, baixa conscienciosidade, alta extroversão

Pense bem: você costumava faltar às aulas na faculdade (da mesma forma, você costuma faltar ao trabalho atualmente)? Você xinga muito e usa muita linguagem sexual? Nesse caso, esses podem ser sinais de que você é um narcisista. Esses foram os comportamentos cotidianos que se correlacionaram com o narcisismo dos alunos quando seu comportamento foi monitorado por um gravador de áudio ao longo de quatro dias. A explicação psicológica é que os narcisistas são mais propensos a faltar às aulas ou ao trabalho por causa de seu senso de direito e usam mais linguagem sexual porque tendem a ser mais promíscuos.[10]

Até a maneira como você se apresenta pode ser reveladora. Um estudo descobriu que os narcisistas do sexo masculino são mais propensos a usar roupas chamativas e elegantes, e as narcisistas do sexo feminino são mais propensas a usar maquiagem e exagerar nos decotes.[11] Ter uma assinatura espaçosa também é, aparentemente, incriminatório.[12] Assim como ter sobrancelhas grossas e espessas.[13] Reconhecidamente, esses são sinais bastante grosseiros e provavelmente classificarão muitas pessoas da maneira errada! Para ser mais científico, segue-se um breve questionário sobre narcisismo.[14] Classifique sua concordância o mais honestamente possível após cada afirmação, de 1 (discordo totalmente) até 5 (concordo totalmente). Anote um 3 se você não concorda nem discorda:

As pessoas me veem como um líder natural.   _____

Adoro ser o centro das atenções.   _____

Muitas atividades em grupo tendem a ser muito chatas sem mim.   _____

Eu sei que sou especial porque todo mundo vive me dizendo isso.   _____

Gosto de conhecer pessoas importantes.   _____

Eu gosto quando alguém me elogia.   _____

Já fui comparado a pessoas famosas.   _____

Eu sou uma pessoa talentosa.   _____

Insisto em obter o respeito que mereço.   _____

Total   _____

Some sua pontuação para cada item e divida por 9. Quão *narcisista* você é? Para ter uma noção do que é uma pontuação normal, você pode comparar sua soma com o número médio de 2,8 obtido por centenas de alunos de graduação que concluíram esse teste. (Existe uma discussão sobre como os alunos de graduação são normais demais, mas vamos deixar isso de lado.) Se você pontuou um pouco acima ou abaixo da média dos alunos, isso não é excepcional, mas, se pontuou acima de 3,7, então provavelmente está mais narcisista do que a maioria. Se você marcou acima de 4,5, bem, vamos colocar desta forma: estou impressionado por você estar lendo este livro em vez de estar se olhando no espelho ou postando uma *selfie* no Instagram!

E as pessoas ao seu redor? Quando se trata daquele seu amigo arrogante ou de sua irmã espaçosa, se você suspeita que eles podem ser narcisistas, mas não arriscaria apostar que fariam esse teste, você pode tentar fazer apenas uma pergunta: "Até que ponto você concorda com esta afirmação: 'Eu sou um narcisista'?". (Observe que a palavra narcisista significa egoísta, egocêntrico e vaidoso.) Pesquisas com milhares de pessoas mostram que a magnitude de concordância delas com esta única afirmação está altamente correlacionada com sua pontuação total em um questionário abrangente de narcisismo com quarenta itens.[15]

Em outras palavras, se você quiser saber se alguém é narcisista, tente perguntar diretamente a essa pessoa. A maioria dos narcisistas não tem vergonha ou, melhor dizendo, tem orgulho do fato de serem narcisistas, talvez porque essa seja outra maneira de afirmarem que são especiais de alguma forma. (Observe que a pergunta é "Você é um narcisista?", e não "Você é narcisista?". A primeira torna mais provável que um narcisista em potencial responda honestamente, com base na oportunidade de assinar uma identidade especial em vez de admitir uma descrição, "narcisista", que ele pode reconhecer como uma pegadinha mal disfarçada.)

OS PRÓS E CONTRAS DO NARCISISMO

As pessoas vão discordar sobre as vantagens ou não de Trump ter se tornado presidente. Menos controverso é que ele fornece um estudo de caso altamente visível e dramático de uma personalidade narcisista em ação, incluindo custos e benefícios. O fato indiscutível de que Trump alcançou o cargo mais alto do mundo, sem mencionar sua carreira estelar na TV e sua capacidade de criar uma imagem de enorme sucesso nos negócios, sugere que esse tipo de personalidade deve ter algumas vantagens. Talvez o mais óbvio seja que narcisistas como ele estão prontos e dispostos a se promover, mesmo às custas dos outros.

Considere como em uma coletiva de imprensa realizada em 16 de outubro de 2017, logo após o furor sobre seus telefonemas (ou a falta deles) para as famílias de soldados mortos, Trump rapidamente partiu para o ataque, alegando falsamente que o presidente Obama e outros presidentes haviam falhado em ligar para as famílias das vítimas. Alguns dias depois, ele disse à imprensa: "Sou uma pessoa muito inteligente... Todos [ou seja, as famílias contatadas pelos repórteres] disseram coisas inacreditavelmente boas sobre mim". E acrescentou: "Ninguém tem mais respeito do que eu" e, apontando para sua cabeça e descrevendo-a como "uma das grandes mentes de todos os tempos", afirmou ainda que era inconcebível que tivessem dito que ele havia esquecido o nome de La David Johnson.[16] A mensagem que permeia essas e muitas outras declarações de Trump é de que ele é especial, impecável e melhor do que qualquer outra pessoa em quase tudo (pesquisas mostram que os narcisistas frequentemente superestimam suas habilidades e seu desempenho).

Antes de iniciar seu termo na presidência e se descrever na terceira pessoa, como costuma ser seu estilo, ele disse ao jornalista do *New York Times* Mark Leibovich que a empatia, a característica que os críticos dizem que mais falta a ele, "será uma das coisas mais marcantes sobre Trump".[17] E, em uma entrevista transmitida pela Trinity Broadcasting logo após sua visita a Porto Rico depois da passagem do furacão Maria, Trump se gabou da recepção que recebeu: "Havia uma multidão, e eles gritavam e estavam adorando... Eu estava curtindo, eles estavam curtindo... a ovação foi incrível, foi ensurdecedora... dava pra sentir um amor verdadeiro pelo fato de eu ter ido lá".[18] As críticas da mídia, afirmou Trump, eram *fake news*, acrescentando que essa expressão é "um dos maiores de todos os termos que eu já inventei".

Os observadores de Trump saberão que muitas vezes é assim que o presidente responde às críticas: ele ataca seus críticos e depois tenta vender o que vê como suas próprias habilidades e proezas incríveis. Como um narcisista de enciclopédia, quase todas as declarações de Trump revelam uma obsessão consigo mesmo, especialmente o desejo de ser especial.

Sua presidência começou nesse mesmo estilo com uma discussão sobre o tamanho de sua multidão no dia da posse,[19] que Trump afirmou, apesar das evidências em contrário, ser a "maior na história dos discursos de posse".[20] Quando foi desafiado pelo entrevistador britânico Piers Morgan em 2018 sobre ele retuitar postagens de um grupo de extrema-direita britânico, Trump respondeu não apenas que não é racista, mas que "sou a pessoa menos racista que alguém jamais conhecerá".[21]

Outras afirmações grandiosas de Trump incluem: "Ninguém respeita mais as mulheres do que eu" (declarado após o surgimento de um vídeo dele fazendo comentários obscenos sobre as mulheres);[22] "Ninguém jamais teve mais sucesso do que eu"; "Ninguém sabe mais de impostos do que eu, talvez na história do mundo"; e "Posso ser mais presidencial do que qualquer um".

O estilo narcisista de Trump provavelmente atingiu seu ápice em janeiro de 2018, quando trechos do livro *Fogo e fúria*, de Michael Wolff, foram publicados antes de seu lançamento. Eles continham relatos pouco lisonjeiros da vida dentro da Casa Branca com Trump, que posteriormente levantariam preocupações sobre o estado mental do presidente. Em resposta, Trump começou depreciando o livro, tuitando que "Michael Wolff é um perdedor invicto que inventou histórias para vender este livro realmente chato e falso". Em seguida, em seu estilo usual, Trump mudou para o autoengrandecimento, tuitando que seus dois maiores ativos na vida foram "estabilidade mental e ser, tipo, muito inteligente". Ele era, como então imediatamente esclareceu, "não apenas inteligente... mas um gênio, e um gênio muito estável nessa tarefa". Essa autopromoção aberta contraria as ideias de comportamento decente de muitas pessoas, especialmente para um presidente, mas, julgamentos morais à parte, pesquisas sugerem que os narcisistas geralmente se beneficiam de sua arrogância, pelo menos inicialmente.

Consistente com a história de Trump, os narcisistas são mais propensos do que outros a emergir como líderes e, a princípio, tendem a ser queridos.[23] Pesquisadores britânicos descobriram isso quando pediram aos alunos que preenchessem questionários de personalidade e, em seguida, realizassem tarefas de resolução de problemas em grupo juntos, semanalmente, por doze semanas, classificando-se periodicamente ao longo do estudo. Os alunos mais narcisistas foram avaliados pelos outros como líderes de grupo especialmente bons no início. Sem surpresas, porém, seu apelo diminuiu dramaticamente ao longo do tempo.[24] Os pesquisadores disseram que os líderes narcisistas são como bolo de chocolate: "A primeira mordida no bolo de chocolate é geralmente rica em sabor e textura e extremamente gratificante. Depois de um tempo, porém, a riqueza desse sabor faz com que se sinta cada vez mais enjoado. Ser liderado por um narcisista pode ser uma experiência semelhante".

A ideia de que os narcisistas causam uma boa primeira impressão, pelo menos em alguns contextos, também apareceu em estudos de encontros heterossexuais rápidos, nos quais os narcisistas são frequentemente classificados como mais atraentes do que os não narcisistas.[25] No caso de homens narcisistas, isso parece acontecer porque eles são vistos como sociáveis e extrovertidos, o que é atraente em um contexto de encontros relâmpago. As mulheres narcisistas são consideradas fisicamente mais atraentes, talvez porque cuidem mais de sua aparência e se vistam de forma mais provocante.

Também entre amigos, os narcisistas começam fazendo barulho. Um estudo de três meses sobre popularidade entre grupos de estudantes universitários do primeiro ano descobriu que os alunos narcisistas foram classificados como populares no início, mas no final do estudo seus amigos estavam cansados deles.[26]

Outras vantagens narcisistas incluem grande persistência, especialmente se o sucesso em um desafio oferece a única oportunidade disponível para a glória.[27] (Imagine um trabalho com vendas no qual a única métrica em que o chefe está interessado é o lucro, levando o narcisista a atingir essas metas.) Da mesma forma, os narcisistas podem apresentar grande determinação de provar que os outros estão errados depois de receber um *feedback* negativo.[28] Sua bravata e autoconfiança patente também parecem ajudá-los a vender suas ideias.[29] Sem dúvida, isso ajudou Trump imensamente na campanha eleitoral. De fato, durante as primárias republicanas para a eleição de 2016, tudo o que a mídia queria falar era de Trump, com grande custo para seus rivais.

Uma lição clara que podemos tirar dos narcisistas é que há benefícios em agir de forma extrovertida e confiante ao deixarem sua marca pela primeira vez, seja em um contexto de namoro ou como líderes iniciantes. Também há momentos importantes na vida em que é apropriado e benéfico abandonar a humildade e vender suas ideias e conquistas com maior confiança. Um problema com os narcisistas é que eles costumam fazer isso às custas de outras pessoas e não sabem quando parar.

Para aproveitar a vantagem do narcisista sem passar para o lado sombrio, você pode definir um plano de longo prazo para aumentar seu traço de extroversão sem reduzir seu traço de amabilidade (siga os passos do capítulo 5). Mais especificamente, tente se promover fazendo comparações favoráveis com seu eu do passado, em vez de com outras pessoas (por exemplo, diga ao seu chefe: "Sou muito melhor nisso do que eu costumava ser"). Ou faça declarações simples e autolisonjeiras que não envolvam menosprezar os outros (diga a um entrevistador: "Sou um bom professor", em vez de: "Sou melhor ensinando do que meus colegas"). Outra estratégia de autopromoção é usar um parceiro de suporte: peça a um amigo ou um colega que lhe dê apoio para apresentar suas conquistas.

Também não há nada de errado em se congratular por suas realizações; o orgulho pode ser incrivelmente motivador (e a falta de orgulho pode indicar que você está perseguindo os objetivos errados na vida). Mas uma distinção útil e importante a ser reconhecida é o que os psicólogos chamam de "orgulho hubrístico" e "orgulho autêntico", também discutido no capítulo 6. Os narcisistas tendem a optar pela primeira variedade, que trata de celebrar o que eles veem como inerentemente especial sobre si mesmos. Por exemplo, eles podem alegar que o ótimo *feedback* dos clientes se deve ao fato de serem muito charmosos e carismáticos. O ex-presidente Trump costuma fazer esse tipo de afirmação, gabando-se de qualidades inerentes e inatas de quem ele é, incluindo seus maravilhosos genes. Por outro lado, o orgulho autêntico é baseado no reconhecimento do trabalho e do esforço que fazemos. Por exemplo, diga a si mesmo e aos outros que recebeu um ótimo *feedback* do cliente porque trabalhou exaustivamente para entregar um bom serviço.

Enquanto isso, uma estratégia a ser definitivamente evitada é a ostentação humilde — esconder uma ostentação dentro de uma reclamação superficial —, como: "Droga, todas as minhas roupas estão muito largas desde que comecei este programa de dieta e exercícios". A pesquisa sugere que esses tipos de declaração são vistos como ostentações e não muito eficazes, então você perde em todas as frentes, não parecendo nem modesto nem marcante.[30]

No entanto, além de reconhecer a importância de causar uma primeira impressão forte e ter a coragem de se autopromover e se orgulhar quando for apropriado, há pouco mais a recomendar sobre a abordagem dos narcisistas à vida. Não apenas seu apelo diminui rapidamente, mas eles também têm problemas profundamente enraizados.

O bom senso sugere que, se você tem de continuar bradando sua própria grandeza aos quatro ventos, talvez não seja tão confiante e seguro de si mesmo quanto gostaria que os outros pensassem. Por exemplo, depois que o presidente Trump tuitou que ele era um "gênio da estabilidade" no início de 2018, o jornalista Dan Rather tuitou: "Caro sr. Presidente, uma boa dica é que, quando você é de verdade, não precisar avisar. As pessoas sabem". De fato, essa ideia de que na maior parte do tempo o narcisismo esconde uma insegurança subjacente tem sido apoiada por vários estudos. Alguns especialistas distinguem o "narcisismo vulnerável" do chamado "narcisismo grandioso", que supostamente carece de tal fragilidade interior, mas essa distinção é contestada.

Considere um experimento engenhoso que envolveu voluntários pressionando determinadas teclas de computador o mais rápido possível em resposta a diferentes categorias de palavras. Os narcisistas do grupo foram extremamente rápidos quando a mesma chave foi alocada para responder a palavras pertencentes a si mesmo (como *eu/eu mesmo/mim*) e a palavras com conotação negativa (como *agonia* e *morte*). Essa resposta rápida indicou que o eu e a negatividade estavam associados na mente dos narcisistas; em outras palavras, eles pareciam ter uma autoaversão subconsciente.[31]

A neurociência apoia essa interpretação. Quando os pesquisadores examinaram o cérebro de homens altamente narcisistas enquanto olhavam fotos de si mesmos, descobriram que, ao contrário dos não narcisistas, eles exibiam padrões de atividade neural consistentes com emoções negativas em vez de prazer.[32] Em outro estudo que apontou como os narcisistas anseiam por aprovação social, pesquisadores levaram adolescentes com pontuação alta em um questionário de narcisismo a acreditar que haviam sido rejeitados por outros jogadores em um *videogame*. Os adolescentes narcisistas disseram que não se importavam, mas uma varredura em seu cérebro naquele momento apresentou uma atividade aumentada em regiões conhecidas por estarem associadas à dor emocional, maior do que a apresentada no cérebro de adolescentes não narcisistas que haviam sido rejeitados.[33]

Tudo isso sugere que os narcisistas podem falar por falar, mas que, por baixo da sua bravata, eles sofrem de carência e insegurança. Essa frágil vaidade pode explicar por que, após o exame médico oficial de Trump, em 2018, ele pesava exatamente um quilo abaixo do número que o tornaria formalmente obeso. O diretor de cinema James Gunn liderou o ataque dos céticos, também conhecido como movimento #girthers, oferecendo

US$ 100.000 a uma instituição de caridade a ser escolhida por Trump se ele subisse em uma balança em público.

Sem surpresa, há evidências de que essa maneira de se relacionar com o mundo tem um custo. Um estudo que acompanhou voluntários por seis meses descobriu que aqueles com traços narcisistas desse grupo tinham tendência a experimentar eventos mais estressantes, como problemas de relacionamento e de saúde.[34] Para piorar ainda mais, os narcisistas também apresentaram reações alteradas em sua fisiologia ao estresse, consistentes com a ideia de que, apesar de sua fanfarronice, eles são sensíveis e vulneráveis.[35]

Observando como Trump tomou de assalto o cenário mundial como presidente dos Estados Unidos, pode ser difícil acreditar que essa imagem se aplique a ele, mas observe que, de acordo com o seu biógrafo, Harry Hurt, Trump falou sobre suicídio no início de sua vida, quando costumava ser mais aberto sobre suas dúvidas pessoais. E um ex-vice-chefe de gabinete da Casa Branca disse sobre Trump: "Ele precisa ser tão amado que... tudo é uma batalha para ele".[36] O lado vulnerável de Trump talvez seja mais bem resumido pelo colunista político Matthew d'Ancona, que se refere a ele como "senhor floco de neve".[37]

A noção de que o tiro sai pela culatra a longo prazo também se aplica a outros líderes políticos. Um estudo realizado com 42 presidentes dos Estados Unidos até George W. Bush descobriu que, quanto maior o narcisismo (de acordo com avaliações de especialistas), maior a probabilidade de terem sido acusados de comportamento antiético no cargo e/ou de terem enfrentado processos de *impeachment*.[38] Da mesma forma, as empresas com um CEO narcisista têm maior probabilidade de serem submetidas a ações judiciais, e, quando isso acontece, as batalhas legais tendem a ser mais prolongadas, em parte devido ao excesso de confiança do CEO narcisista e à sua relutância em buscar ajuda de especialistas.[39]

AMENIZANDO O AMOR-PRÓPRIO SUPERFICIAL

Dadas as desvantagens de ser um narcisista, você pode fazer alguma coisa para ajudar a si mesmo ou aos outros a se tornar menos narcisistas? A boa notícia é que os traços narcisistas tendem a desaparecer naturalmente entre o início da idade adulta e a meia-idade.[40] Para adotar uma abordagem mais proativa em casos mais extremos, talvez o alvo mais importante seja a falta de empatia do narcisista, porque esse é o motivo pelo qual os narcisistas não têm culpa por suas ações e por que eles demonstram relutância em se desculpar.[41]

Felizmente, evidências preliminares sugerem que os narcisistas não são incapazes de empatia. Em vez disso, eles não têm motivação nem capacidade espontânea para a empatia. Um estudo relevante mediu as respostas dos alunos a um vídeo que mostrava uma mulher, Susan, descrevendo suas experiências traumáticas de violência doméstica.[42] Como seria de esperar, quando os pesquisadores não intervieram, eles descobriram que os participantes narcisistas demonstravam falta de empatia por Susan. Eles disseram que não se importavam muito com o que havia acontecido com ela; que ela havia atraído as coisas para si mesma até certo ponto, e, em um nível fisiológico, seus batimentos cardíacos não aumentaram em resposta à angústia dela.

Importante dizer que alguns dos alunos receberam instruções específicas antes do vídeo, encorajando-os a tentar simpatizar com Susan: "Imagine como Susan se sente. Tente ver a perspectiva dela no vídeo, imaginando como ela se sente sobre o que está acontecendo". Posteriormente, os narcisistas relataram sentir uma empatia mais normal em relação a Susan e apresentaram uma reação fisiológica normal à angústia dela (a mesma que os não narcisistas). "Embora pareça que a baixa empatia dos narcisistas é relativamente automática e se reflete em um nível fisiológico", os pesquisadores concluíram que "há potencial para mudança."

Isso é promissor porque, quando se trata de lidar com os narcisistas em sua vida privada (ou se você também tiver tendências narcisistas), isso sugere que há esperança. Ao encorajarmos os narcisistas a assumir as perspectivas de outras pessoas, podemos ajudá-los a diminuir seu egoísmo. Você também pode tentar encorajar os narcisistas que conhece a realizar algumas das atividades que listei no capítulo 5 como formas de aumentar sua amabilidade, como ler mais ficção literária ou praticar a atenção plena, ambas as quais ajudam a aumentar a empatia.

Uma abordagem relacionada é lembrar os narcisistas de seu pertencimento social e de suas obrigações com as outras pessoas — apontar como eles não estão operando isoladamente, mas que fazem parte de um grupo maior, seja sua família, amigos ou uma equipe de trabalho. Os psicólogos chamam a isso de "foco comunitário", e é uma mentalidade que pode ser desencadeada por meio de perguntas importantes como estas: "O que o torna semelhante aos seus amigos e familiares?" e "O que os seus amigos e familiares esperam que você faça no futuro?". Adotar uma mentalidade comunitária ajuda a reduzir as tendências narcísicas, aumentando a empatia pelo sofrimento alheio e tornando as pessoas menos interessadas em fama ou glória pessoal. Incentivar o pensamento comunitário em narcisistas também pode ajudar a diminuir a sua auto-obsessão e a aumentar sua empatia.

O segundo alvo para ajudar a reduzir o narcisismo são as inseguranças profundamente enraizadas do narcisista e seu desejo por reconhecimento. Uma maneira eficaz de reduzir suas bravatas de "olhem para mim" é ajudar a curar sua fragilidade interior — uma tarefa nada fácil. Como os narcisistas normalmente agem de maneira tão vaidosa e arrogante, muitas vezes a última coisa que queremos fazer é alimentar seu aparente amor-próprio.

Eu tive uma experiência em primeira mão disso. Um narcisista com quem trabalhei é fascinado por si mesmo e aproveita todas as oportunidades para se autopromover. Ele começa quase todas as conversas, todos os textos, falando sobre si mesmo, usando piadas e gracejos ensaiados para atrair atenção e risos. Eles parecem espontâneos no início, mas passe um dia com ele e logo verá como ele opera a partir de um roteiro. Nosso reflexo imediato, nosso desejo, é de tentar rebaixar pessoas assim um ou dois pontos. Mas, na verdade, aprendi que elogiar esse cara e deixar claro que eu reconhecia suas conquistas o ajudava a reduzir suas tendências narcísicas e a suavizar suas relações.

VOCÊ É UM PSICOPATA?

Os narcisistas são cansativos e difíceis de lidar, mas o narcisismo é apenas um dos chamados "três traços da tríade sombria". Ainda mais preocupante do que os narcisistas são as pontuações altas em psicopatia. Essas pessoas têm gelo correndo em suas veias e, no pior dos casos, são protagonistas de pesadelos. Mesmo assim, pode haver algumas lições que podemos tirar de sua abordagem da vida.

Rurik Jutting teve uma educação privilegiada. Ele cresceu em uma casa de conto de fadas em uma vila arborizada em Surrey, Inglaterra. Frequentou uma escola particular de prestígio, o Winchester College, onde um amigo daquela época se lembra dele como "bem normal. Ele [Jutting] tinha senso de humor — era muito perspicaz, muito inteligente e atento".[43] Em seguida, foi estudar História na Universidade de Cambridge, onde se tornou remador e secretário da Associação de História.

Depois de Cambridge, Jutting começou uma carreira de alto nível em finanças, que o levou a se tornar um gênio dos investimentos da Merrill Lynch em Hong Kong, ganhando cerca de US$ 700.000 por ano. Foi em seu apartamento em Hong Kong que, em outubro de 2014, em um frenesi movido a cocaína, Jutting se filmou torturando, estuprando e assassinando brutalmente duas jovens indonésias. Ao condenar Rurik em 2016, o juiz de Hong Kong o descreveu como "sádico e psicopata" e alertou as autoridades britânicas (a equipe de defesa de Jutting esperava transferi-lo de volta para o Reino Unido para passar seu tempo na prisão lá) para não se apaixonarem por seu "encanto superficial".[44]

Sua aparência superficial como alguém altamente competente e charmoso é uma das marcas registradas dos psicopatas. Como o psicólogo Kevin Dutton escreve em *The Wisdom of Psychopaths* [*A sabedoria dos psicopatas*, publicado no Brasil pela Record], "Se há uma coisa que os psicopatas têm em comum, é a capacidade consumada de se fazerem passar por pessoas normais no dia a dia, enquanto por trás da fachada — o disfarce brutal e brilhante — bate o coração congelado de um implacável predador glacial".[45] Por essa razão, um dos pioneiros no campo, Hervey Cleckley, batizou seu livro de 1941 sobre psicopatas como *The Mask of Sanity* [*A máscara da sanidade*, sem publicação no Brasil].[46]

Esse véu de normalidade, misturado com confiança externa, é recorrente no relato de pessoas que conheceram Jutting antes de seu crime hediondo. Um amigo de seus tempos de universidade o descreveu como "incrivelmente brilhante... bastante atraente", com "uma espécie de equilíbrio controlado e uma certa presunção discreta, uma espécie de ar 'superior', mas levemente digno de desconfiança".[47]

Ao lado do charme superficial, a psicopatia está associada a três características que os psicólogos chamam de "impulsividade autocentrada" (trapacear, mentir e ser geralmente egoísta e impetuoso), "dominância destemida" (extrema confiança e amor ao risco e à aventura, combinados com ausência de ansiedade) e "frieza de coração" (falta de emoção).

Consistentes com essas características-chave, estudos sugerem que os psicopatas são particularmente atraídos pela recompensa (essa forma extrema de extroversão combina com o estilo de vida *playboy* regado a bebida, drogas e mulheres de Jutting). Eles também têm uma calma extraordinária e baixa ansiedade, incluindo a falta de emoções relacionadas, como vergonha e culpa; em outras palavras, são extremamente baixos em neuroticismo, e é por isso que, como Jutting, costumam se destacar em ambientes de alto estresse, como o comércio de ações. E, embora os psicopatas sejam perfeitamente capazes de ler as emoções das pessoas, eles não parecem sentir o medo ou a dor de outras pessoas. Como diz Dutton, "eles entendem as palavras, mas não a música ou a emoção".

Tudo isso se manifesta em um nível neural: o cérebro dos psicopatas literalmente apresenta menos reação ao ver outras pessoas sofrendo.[48] Eles também têm amígdalas encolhidas, um par de estruturas no cérebro envolvidas em emoções como o medo.[49] No jargão psicológico, psicopatas são capazes de "empatia cognitiva" (são competentes em assumir as perspectivas de outras pessoas), mas carecem de "empatia afetiva" (que é exatamente o oposto das pessoas autistas, que sentem pelos outros, mas muitas vezes lutam para ver as coisas de seu ponto de vista).

Jutting, um assassino sádico charmoso e de vida corrida, se encaixa no estereótipo baseado em Hollywood do que geralmente pensamos quando imaginamos um psicopata (imagine Dexter ou Hannibal Lecter). Na realidade, essa variedade patológica e criminosa de psicopata é relativamente rara. O que é fascinante e um tanto perturbador, porém, é que os psicólogos estão percebendo que certos aspectos do perfil da personalidade psicopática se manifestam em muitas pessoas, mas sem a violência e a criminalidade. Esses "psicopatas de sucesso" (outros termos são psicopatas "de alto desempenho" ou "subclínicos") têm o mesmo charme, calma fria e determinação implacável. Eles também têm altos níveis de autocontrole e de autodisciplina e geralmente não são fisicamente agressivos. No jargão científico, eles normalmente pontuam extremamente bem em dominância destemida, mas pontuam baixo, ou em níveis normais, em impulsividade autocentrada. Para um bom exemplo fictício, imagine o cruel financista Gordon "ganância é bom" Gekko do filme de 1987 *Wall Street*.

E você? É um psicopata lendo este livro apenas como outra maneira de adiantar seu expediente? Talvez você tenha encontrado um suposto teste de psicopatia na internet que é mais ou menos assim: *No funeral de sua mãe, uma mulher se apaixona por um homem que ela nunca viu antes. Após o funeral, ela não tinha como rastreá-lo. Pouco tempo depois, a mulher matou a própria irmã. Por quê?*

Se sua resposta é que ela fez isso para atrair o homem para outro funeral familiar, então, de acordo com a lenda da internet, você é um psicopata, porque demonstrou astúcia implacável. No entanto, os especialistas realmente tentaram isso em psicopatas criminosos reais, e não é assim que eles tendem a responder. Como muitas pessoas comuns, a maioria dos psicopatas disse que o motivo se deve a uma rivalidade amorosa entre as irmãs. O teste, então, não passa de um divertido enigma.

Outros sinais mais realistas de que você ou alguém que você conhece são psicopatas incluem ter uma tendência a gostar de rir do infortúnio de outras pessoas e de usar isso como forma de manipulá-las. Menos óbvio é que os psicopatas também gostam de ser ridicularizados pelos outros.[50] Na verdade, isso pode fazer parte de seu charme superficial. Imagine o chefe de escritório superconfiante que conta algumas piadas autodepreciativas e logo faz sua equipe comer na palma da mão.

De acordo com uma pesquisa de personalidade e ocupação de quase quatro mil leitores da *Scientific American Mind*, pessoas com personalidade mais psicopática também são mais propensas a ocupar cargos de liderança e atividades de risco, ser politicamente conservador, ser ateu e residir na Europa em vez de nos Estados Unidos (não está claro por que isso ocorre).[51] Se você foi para a faculdade (ou está na faculdade agora), até mesmo o curso que escolheu pode ser revelador: aparentemente os estudantes de Negócios e de Economia tendem a pontuar mais alto em traços psicopáticos do que os alunos de Psicologia.[52]

Para obter uma medida mais confiável das suas tendências psicopáticas em geral, não custa nada fazer um pequeno teste. Aqui está um, baseado em um genuíno questionário de psicopatia. Avalie os itens da sua concordância da maneira mais honesta possível após cada afirmação, de 1 (discordo totalmente) a 5 (concordo totalmente). Anote 3 se você não concorda nem discorda:

Eu gosto de me vingar das autoridades. _____

Eu sou atraído por situações perigosas. _____

O troco precisa ser rápido e desagradável. _____

As pessoas costumam dizer que estou fora de controle. _____

É verdade que posso ser mau com os outros. _____

As pessoas que mexem comigo sempre se arrependem. _____

Já tive problemas com a lei. _____

Gosto de fazer sexo com pessoas que mal conheço. _____

Digo qualquer coisa para conseguir o que eu quero. _____

Total _____

Some sua pontuação para cada item e divida por 9. Quão psicopata você é no geral? Assim como no narcisismo, você pode ter uma noção da pontuação normal comparando seus resultados com as respostas dadas por centenas de alunos de graduação, cuja média foi 2,4. Mais uma vez, um pouco acima ou abaixo desse valor não é excepcional, mas, se você pontuou acima de 3,4, provavelmente está inclinado a ser um pouco psicopata. Se você marcou acima de 4,4, eu não gostaria de ficar ao seu lado errado!

Talvez mais importante do que sua pontuação geral, porém, seja se você demonstra ter muita dominância destemida — a característica que os psicopatas de sucesso exibem. Para se ter uma ideia, aqui estão algumas afirmações de outro teste que abordou especificamente a dominância destemida: *Eu assumo o comando; procuro aventura; permaneço calmo sob pressão; adoro emoção.*[53] Concorde com todos eles, e isso pode ser um sinal de que você tem os ingredientes de um psicopata de sucesso! Concordar com as seguintes afirmações, porém, é indício de impulsividade autocentrada, um aspecto da psicopatia mais associado à criminalidade e à agressividade: *Adoro uma boa briga; trapaceio para progredir; quebro as regras; ajo sem pensar.* Talvez, se você concorda com tudo isso, esteja lendo este livro na biblioteca da prisão.

Esperançosamente, nem é preciso dizer que os elementos agressivos e criminosos da psicopatia são más notícias para o indivíduo que os apresenta e para a sociedade em geral. Mas e os traços psicopáticos de dominância destemida e de frieza? Se, como eu, você está muito mais próximo do lado tímido do espectro, há algo que possamos aprender com os psicopatas bem-sucedidos deste mundo?

LIÇÕES DE PSICOPATIA DE SUCESSO

Ter o tipo certo de traços psicopáticos parece ajudar algumas pessoas na vida, dependendo, é claro, de como você mede o sucesso. Um estudo notável comparou trinta e nove executivos seniores e CEOs britânicos com centenas de criminosos psicopatas encarcerados no hospital de alta segurança Broadmoor, em Berkshire, Inglaterra (anteriormente lar do Yorkshire Ripper [Peter William Sutcliffe, também conhecido como o Estripador de Yorkshire], entre outros).[54] Incrivelmente, os CEOs superaram os criminosos psicopatas em charme superficial e manipulação e se igualaram a eles em falta de empatia, porém, mais importante, pontuaram menos em impulsividade e agressividade.

Esse não foi um resultado estranho. Nos Estados Unidos, psicólogos conseguiram obter pontuações de psicopatia de mais de duzentos profissionais corporativos inscritos em um programa de desenvolvimento gerencial. Consistentemente com as descobertas britânicas, os executivos pontuaram mais em psicopatia do que o público em geral, e, quanto mais alto eles pontuaram, melhores avaliações eles tendiam a obter para carisma e habilidades de apresentação (embora pontuassem pior em trabalho de equipe e desempenho real).[55] Com base em suas descobertas, o psicólogo de Nova York Paul Babiak disse ao *Guardian* que cerca de um em cada vinte e cinco líderes empresariais provavelmente é psicopata.[56]

Alguns especialistas até afirmam que os presidentes americanos mais bem-sucedidos pendiam pelo menos um pouco para o lado psicopata. Um dos principais pesquisadores em psicopatia bem-sucedida, o falecido Scott Lilienfeld, da Emory University, pediu a biógrafos históricos que classificassem os traços de personalidade de todos os presidentes até George W. Bush, e comparou essas avaliações com estimativas de historiadores sobre o desempenho dos presidentes em atividade. Mais uma vez, a dominância destemida era a chave. Os presidentes com pontuação alta nesse aspecto (os quatro maiores pontuadores foram Theodore Roosevelt, John Kennedy, Franklin Roosevelt e Ronald Reagan; William Taft foi o de menor pontuação) também foram considerados mais eficazes em termos de reputação, resultados eleitorais e legislação aprovada durante seus mandatos.[57]

Além de cargos de liderança sênior, os psicopatas de sucesso também são mais propensos a ser encontrados em profissões competitivas e de alto risco. Isso inclui finanças, mas também forças militares especiais, serviços emergenciais, esportes radicais e até cirurgias. "Sem dúvida, há definitivamente um lugar para o psicopata na sociedade", diz Dutton.

Na verdade, um artigo recente publicado pelo Royal College of Surgeons foi intitulado "Um trabalho estressante: os cirurgiões são psicopatas?".[58] A resposta foi um inequívoco *sim*. Quase duzentos médicos responderam a um questionário sobre psicopatia e, embora não tenham pontuações altas em todos os aspectos da psicopatia, pontuaram mais do que o público em geral em certas características, como imunidade ao estresse e falta de receio, e os cirurgiões obtiveram a pontuação mais alta de todos. Isso concorda com o relato de um neurocirurgião que disse a Dutton, em *The Wisdom of Psychopaths*: "Sim, quando você está se preparando antes de uma operação difícil, é verdade: um calafrio percorre as veias".

Então, por que existem tantos psicopatas, ou pelo menos pessoas com tendências psicopáticas, em posições de liderança e empregos bem remunerados, como cirurgia? Os psicopatas são extrovertidos extremos, movidos pela promessa de recompensa e imunes a ameaças.[59] Eles até têm uma resposta intensificada a estimulantes; por exemplo, seu cérebro libera quatro vezes mais dopamina (uma substância química do cérebro associada à antecipação e à experiência de recompensa) quando tomam speed (anfetamina), em comparação com os não psicopatas, e apresentam uma resposta cerebral similarmente intensificada na expectativa de obter uma recompensa em dinheiro.[60] Mas a razão mais importante para o sucesso de psicopatas não criminosos de alto desempenho parece ser sua capacidade de desligar o medo e a ansiedade em momentos apropriados, seja durante uma cirurgia cardíaca, no resgate de vítimas de um incêndio doméstico, negociando milhões de dólares ou participando de um ousado ataque atrás das linhas inimigas.

Como você pode aprender com o caminho psicopático sem passar para o lado negro? A longo prazo, e em termos dos cinco grandes traços de personalidade, a resposta é reduzir o neuroticismo o mais baixo possível e maximizar a extroversão.

Reflita honestamente sobre sua própria vida. Supondo que não seja um psicopata, pode haver momentos em que você evita oportunidades por medo de não conseguir enfrentar o desafio ou até mesmo de acabar passando vergonha. Talvez tenha sido convidado para dar uma palestra para seus colegas de trabalho ou tenham lhe oferecido uma promoção profissional, mas você optou por jogar em seu próprio perímetro e deixou passar a oportunidade. Em sua vida pessoal, talvez você represente em sua cabeça por dias ou semanas como convidar um colega ou um amigo para sair, mas no final nunca reúne a coragem necessária. Esses são os tipos de ocasião nas quais seria de grande ajuda se você acionasse seu psicopata interior.

Uma maneira de fazer isso, como descrevi anteriormente, é renomear as situações estressantes que provocam ansiedade como excitantes. Interprete a inundação de adrenalina em seu sistema como um turbilhão e não como medo, e isso ajudará no seu desempenho. Isso é natural para o psicopata, mas você pode treinar para ter uma abordagem semelhante quando necessário.

Para levar isso adiante, uma estratégia útil é adotar o que os psicólogos chamam de "mentalidade de desafio", em vez de mentalidade de ameaça. Quando, como um não psicopata, você tem um arranjo mental de ameaça, é porque acredita que suas habilidades não correspondem às demandas de uma tarefa. Você teme perder o controle. Você está com medo de falhar e se envergonhar. A resposta natural é evitar.

Ter uma mentalidade de desafio, em contraste, vem de acreditar em suas capacidades (para ajudar, lembre-se da prática e do treinamento que você fez; se não o fez, comece a praticar agora, da próxima vez); concentrando-se nos aspectos da tarefa que você pode controlar (o ensaio ajuda, assim como definir procedimentos e rotinas que você executa antes e durante um desafio, como os atletas de elite e em seus rituais pré-jogo); e ver a tarefa menos como um teste e mais como uma chance de aprender, seja qual for o resultado. Simplificando, concentre-se no que você ganhará ao tentar, não no que poderá perder, mesmo que o melhor que possa esperar seja uma experiência de aprendizado. Faça isso e, embora você não sinta um calafrio nas veias (como o cirurgião com quem Dutton falou), estará em melhor posição para usar sua ansiedade a seu favor e mais propenso a aproveitar as oportunidades quando elas surgirem, em vez de ceder seu espaço para o psicopata do escritório ou algum Don Juan arrogante pronto para roubar sua namorada.

É importante ressaltar que, se você adotar uma mentalidade de desafio (em vez de uma ameaça), isso também o encorajará a praticar, fazer pesquisas ou qualquer outra coisa necessária para ter sucesso. Um estudo com quase duzentos funcionários confirmou isso recentemente. Aqueles que tinham um dia desafiador pela frente tendiam a responder melhorando seu jogo e tomando medidas construtivas para lidar com isso, como priorizar seu tempo e buscar apoio, mas apenas se tivessem o que os pesquisadores chamaram de "mentalidade de estresse positivo", semelhante a uma mentalidade de desafio.[61] Aqueles com uma mentalidade de estresse negativo, que viam o grande dia como uma ameaça, enfiaram a cabeça na areia.

Uma vantagem relacionada que os psicopatas bem-sucedidos têm é sua espontaneidade e a vontade de aproveitar o dia. Enquanto você pensa se deve se candidatar a um determinado emprego ou fazer uma oferta pela casa que está à venda, esses psicopatas bem-sucedidos já enviaram seu currículo ou ligaram para o corretor de imóveis, movidos pela chance de recompensa, sem se importarem com os riscos. Simplificando, os psicopatas não procrastinam. Você pode equilibrar as coisas ao entender a psicologia da procrastinação: como muitas vezes evitamos fazer algo, embora tenhamos decidido que devemos fazê-lo, não por causa da má administração do tempo, mas por causa de uma evitação ativa, impulsionada por medos desconfortáveis e emoções negativas que a atividade provoca (ou pelo menos que o pensamento dela provoca, muitas vezes irracionalmente).

Uma abordagem bem-sucedida para evitar a procrastinação, portanto, é abordar seus medos ou eliminar completamente a emoção da equação. Elabore os prós e contras de uma decisão importante e consulte seus amigos e familiares, se necessário. Agora, tendo decidido que você deve seguir em frente, pare de antecipar como as coisas podem acontecer e simplesmente concentre-se na próxima ação que precisa tomar. Então apenas faça. Vá enviar seu currículo. Pegue logo seu telefone.

CONDUZINDO PSICOPATAS NA DIREÇÃO DA LUZ

Há momentos e situações na vida em que pode ajudar, dependendo de seus objetivos na vida, tomar emprestadas algumas das estratégias do psicopata — como quando você está competindo com psicopatas agressivos e destemidos no trabalho ou lidando com parentes difíceis e egoístas. Mas, assim como acontece com o narcisismo, não recomendo que você se comprometa totalmente com o lado negro!

Lembre que a psicopatia está associada à falta de sentimentos, sem dúvida a própria essência do que nos torna humanos. O significado da vida vem de se importar com outras coisas além do prazer e da autogratificação. Talvez mais do que de qualquer outro lugar, essas coisas venham dos seus relacionamentos amorosos. Preocupar-se com os outros pode ser um impeditivo, mas, se conseguisse se transformar em um autômato de coração frio, que tipo de vida você teria?

Mesmo que a realização profissional seja a coisa mais importante na vida para você, tenha em mente de que há evidências de que os funcionários sofrem com um chefe psicopata[62] e que as organizações falham a longo prazo quando são lideradas por psicopatas.[63] Isso ocorre porque a liderança eficaz requer mais do que assumir riscos com entusiasmo. Entre outras coisas, a compreensão e a empatia também são importantes, especialmente para ajudar pessoas talentosas a crescer e a remover obstáculos que impedem a realização da equipe.

De forma mais geral e totalmente sem surpresa, os psicopatas também têm maior probabilidade de morrer de forma violenta.[64] E é claro que eles têm muito mais probabilidade do que a média de se encontrar do lado errado da lei.

Então, como você pode ajudar outra pessoa (ou você mesmo) a se tornar menos psicopata? Uma abordagem é não alterar suas características *per se*, mas direcioná-las de forma mais construtiva. As mesmas características psicopáticas podem alimentar uma ambição egoísta ou algum heroísmo. Jeremy Johnson, um ex-milionário do *marketing* na internet, localizado em Utah, perdeu uma fortuna em jogos de azar, atacou pessoas vulneráveis e foi condenado a onze anos de prisão em 2016, em um caso de fraude bancária. O juiz disse a Johnson: "Sua autoimportância e o desejo de fazer o que você quer fazer estão na raiz deste esquema". No entanto, Johnson não apenas ganhou milhões de dólares, ele também foi um herói local conhecido por suas ousadas missões de resgate, incluindo voar com sua própria aeronave para o Haiti em 2010 para ajudar as vítimas do terremoto. Um amigo de longa data o descreve como "uma das pessoas mais semelhantes a Cristo que já conheci".[65]

Johnson não é incomum. Um estudo encontrou uma correlação entre os níveis de traços psicopáticos das pessoas e sua propensão para o heroísmo cotidiano, como ajudar um estranho doente ou perseguir um bandido de rua.[66] Uma maneira importante de ajudar alguém que tem um tipo de personalidade psicopática, então, é orientar essa pessoa, tanto quanto possível, em direção a carreiras e funções que maximizem a oportunidade de heroísmo e longe das tentações criminosas que vão arruiná-la.

Além de tentar direcionar os psicopatas para a luz, algo mais pode ser feito para corrigir ou reduzir os traços psicopáticos de uma pessoa, ou garantir que ela continue sendo bem-sucedida em vez de criminosa? Pesquisadores norte-americanos recentemente obtiveram algum sucesso concentrando-se nos processos mentais anormais que os psicopatas exibem. A premissa dessa abordagem é que os psicopatas *são* capazes de experimentar emoções negativas, incluindo arrependimento; é só que, quando estão perseguindo um objetivo a qualquer custo, em seu comportamento natural, não consideram o arrependimento que podem sentir no futuro.[67] O treinamento de remediação cognitiva, que ocorre ao longo de várias semanas e envolve estímulos repetidos com foco nas emoções de outras pessoas,[68] ajuda os psicopatas a prestar mais atenção ao contexto emocional do que estão fazendo, em vez de se concentrarem apenas em seu objetivo principal. Imagine um psicopata focado em enganar alguém para ganho pessoal, por exemplo, e ignorar as consequências emocionais para a vítima.

"Eles não têm sangue-frio; eles simplesmente são péssimos em multitarefas", diz Arielle Baskin-Sommers, de Yale, a cientista que lidera essa pesquisa. "Portanto, precisamos pensar em como abordar a mente de um psicopata para ajudá-lo a perceber mais informações em seu perímetro e aproveitar sua experiência emocional."[69] Essa abordagem é altamente experimental, mas combina com uma das principais mensagens: que sua personalidade deriva em parte de seus hábitos de pensamento e que, ao mudar esses hábitos, você pode mudar suas características e o tipo de pessoa que você se torna.

Dez passos acionáveis para mudar sua personalidade

Para reduzir o neuroticismo	Muitos preocupados crônicos desenvolvem uma tendência perfeccionista doentia, acreditando que não podem parar de se preocupar até que todos os problemas estejam resolvidos, o que é claramente impossível. Quando perceber que sua preocupação está fora de controle, tente esta técnica de parar o pensamento: imagine um sinal de parada ou simplesmente diga a si mesmo que já se preocupou o suficiente e agora tem permissão para parar.	Pratique levar seus pensamentos críticos e negativos menos a sério. Todo mundo os tem, mas eles não são um evangelho, e você não precisa deixar que eles o arrastem para baixo. Um exercício para ajudar nisso é a técnica do ônibus mental. Imagine seus pensamentos como crianças indisciplinadas em um ônibus escolar e as imagine fazendo vozes bobas. Elas podem ser um pouco perturbadoras ou divertidas, mas não o impedirão como motorista de chegar aonde você quer ir.
Para aumentar a extroversão	Considere comprar um cachorro ou se voluntariar regularmente para ajudar a passear com os cachorros de seus amigos ou vizinhos. Os donos de cães experimentam mais encontros sociais aleatórios do que a média, porque frequentemente esbarram em outros donos de cães e conversam sobre amenidades.	Da próxima vez que for a uma festa ou um evento de *networking*, em vez de se abrigar em um canto e se preocupar com os outros convidados, estabeleça algumas metas modestas, divertidas e discretas com antecedência, como descobrir o nome e a profissão de duas novas pessoas. Tratar o evento mais como um desafio de detetive do que como uma reunião social ajudará a desviar a atenção de si mesmo e lhe dará uma sensação de conquista no final. Quanto mais você fizer isso, mais vai se acostumar.

Dez passos acionáveis para mudar sua personalidade *(continuação)*

Para aumentar a conscienciosidade	Seja preparando-se para exames, treinando na academia ou mantendo a casa arrumada, combine qualquer atividade autodisciplinada que você considere uma tarefa com elementos divertidos para torná-la mais imediatamente gratificantes — por exemplo, ouça sua música ou *podcast* favorito enquanto você a está realizando. Considere também manter o controle do seu progresso e planeje guloseimas para si mesmo quando atingir marcos importantes.	Passe algum tempo refletindo sobre seus valores e objetivos mais importantes. Você está direcionando suas energias no rumo certo? Se não, talvez seja hora de mudar de direção. É muito mais fácil ser disciplinado e determinado se você estiver em busca de objetivos abrangentes que sejam consonantes com seus valores de vida.
Para aumentar a amabilidade	Se você for gentil consigo mesmo, achará mais fácil dar calor e confiança aos outros. Existem muitos exercícios de autocompaixão. Uma tentativa é escrever uma carta para si mesmo como se fosse de um amigo solidário e compreensivo.	Leia mais ficção literária. Isso está associado a ganhos de empatia, porque a leitura nos dá mais prática em ver as perspectivas de diferentes personagens.
Para aumentar a abertura	Tente aprender um novo idioma. Mergulhar em uma cultura diferente (muito mais fácil se você estiver aprendendo o idioma deles) lhe dará uma nova visão do mundo.	Procure experiências de pico. O óbvio é escalar uma montanha, mas não precisa ser tão dramático. Pode ser planejar com antecedência para aproveitar o próximo pôr do sol, dar um passeio na floresta local ou visitar uma galeria de arte. Seu objetivo é despertar um senso de unidade com o mundo e sentir sua mente aberta no processo.

Capítulo 8

OS DEZ PRINCÍPIOS DA REINVENÇÃO PESSOAL

Ao longo deste livro, descrevi as várias influências que constantemente moldam sua personalidade, incluindo os muitos altos e baixos da vida. Eu mostrei como está ao seu alcance assumir pelo menos algum controle sobre essa maleabilidade, incluindo a descrição de vários exercícios e atividades que mudarão algumas ou todas as suas características principais na direção desejada — caso isso seja o que você quer. Também toquei em alguns princípios básicos por trás da mudança deliberada de personalidade bem-sucedida.

Neste capítulo final, vou expandir esse conselho anterior, delineando dez princípios-chave que você deve ter em mente e aos quais deve retornar sempre que estiver com dificuldades, para ajudá-lo a ter sucesso em sua missão de otimizar sua personalidade para se tornar a melhor versão de si mesmo. Antes de continuar lendo, agora pode ser um bom momento para refazer o teste de personalidade do capítulo 1 para entender se alguns de seus traços mudaram de valor e, em caso afirmativo, se eles mudaram na direção que você esperava. Você também pode considerar a realização de outro exercício de escrita narrativa (consulte o capítulo 2) para descobrir se o tom geral das suas reflexões se tornou mais positivo. Não se desespere se ainda não tiver progredido. Estas dez regras fornecerão a você mais ideias de como ter sucesso:

As dez regras para a reinvenção pessoal

1. A mudança bem-sucedida é mais provável se for para um propósito maior.
2. Você não vai melhorar, a menos que se avalie honestamente.
3. A verdadeira mudança começa com a ação.
4. Iniciar a mudança é fácil. Mantê-la é a parte difícil.
5. A mudança é um processo contínuo, e você precisa acompanhá-la de perto.
6. Você precisa ser realista sobre a quantidade de mudança possível.
7. É mais provável que você tenha sucesso sendo ajudado por outros.
8. A vida *vai* te atrapalhar. O truque é se antecipar e deixar rolar.
9. A bondade para consigo mesmo tem mais chances de levar a uma mudança duradoura do que se autoespancar.
10. Acreditar no potencial e na natureza contínua da mudança de personalidade é uma filosofia de vida.

REGRA 1: A MUDANÇA BEM-SUCEDIDA É MAIS PROVÁVEL SE FOR PARA UM PROPÓSITO MAIOR

Pesquisas mostram que a maioria das pessoas gostaria que sua personalidade fosse diferente de alguma forma. Muitas vezes, há uma vaga sensação de que uma mudança pode torná-lo mais feliz na vida, mais bem-sucedido no trabalho ou mais satisfeito em seus relacionamentos. Aumentar deliberadamente suas pontuações de extroversão, consciensiosidade, abertura, amabilidade e estabilidade emocional (ou apenas um desses traços) pode ajudá-lo a levar uma vida mais saudável e feliz. No entanto, se você espera uma mudança pessoal duradoura e radical, é muito provável que ela ocorra na busca de algum propósito maior ou de um senso de identidade.

A pesquisa mostra que as mudanças nos valores pessoais (o que mais importa para você na vida) geralmente precedem a mudança de personalidade, e não o contrário.[1] Tornar-se um pai melhor, lutar contra a pobreza, disseminar seu amor pela arte, melhorar sua cidade, ser voluntário em outros países ou aprender uma nova habilidade: não importa como chamamos a essa atração motivacional (os psicólogos se referem de várias maneiras a "projetos pessoais", "chamados superiores" ou "preocupações fundamentais"). Buscar uma mudança deliberada de personalidade tem mais chances de ser bem-sucedido e de fazê-lo sentir-se autêntico se ela estiver a serviço de sua(s) paixão(ões) ou propósito e em consonância com os seus valores atuais na vida.

Muitas das histórias inspiradoras de mudança que compartilhei neste livro abordaram pessoas que descobriram uma nova identidade ou vocação e trabalharam para melhorar a si mesmas — por meio da autoeducação, novos relacionamentos, *hobbies* e hábitos — a serviço desse objetivo maior. Isso então leva a um efeito de autoperpetuação, na qual a declaração dessa vocação e os papéis sociais que ela implica mudam ainda mais a sua personalidade de maneiras benéficas e canalizam melhor os pontos fortes da sua personalidade.

Se você atualmente não tem uma paixão ou vocação, antes de se perguntar "Como eu quero ou preciso mudar minha personalidade?", talvez seja mais gratificante e eficaz perguntar: "O que é importante para mim?" ou mesmo "Quem eu quero ser?". Claro que a resposta pode mudar em diferentes momentos da sua vida, então essa é uma questão a ser revisitada. Por exemplo, você pode ter sido um pai dedicado por muitos anos e ver isso como sua razão de ser, mas, quando seus filhos crescerem e se mudarem, você pode sentir que tem um buraco em sua vida e agora está procurando um novo propósito.

Seja qual for o momento da vida em que você esteja, é bem provável que não descobrirá a resposta para essa pergunta refletindo no conforto de sua poltrona. Você pode precisar se levantar, sair de casa e descobrir por meio da experimentação o que acende essa faísca dentro de você.

Tenha paciência. É improvável que seja a primeira coisa que você tente, e, mesmo quando encontrar sua verdadeira vocação (algo que provoca fascínio e significado duradouros em seu âmago), você pode não perceber a princípio. As paixões geralmente levam algum tempo para pegar fogo.

Depois de encontrar sua vocação, é hora de se perguntar: "Como posso desenvolver meu caráter para enfrentar melhor esse desafio ou viver de acordo com esses valores?". Lembre-se e leve a sério que quaisquer mudanças de personalidade que você fizer em busca desse chamado têm maior probabilidade de ser totalmente absorvidas pelo seu senso de identidade, de se parecerem autênticas e duradouras.

> *Conclusão principal*: encontre sua vocação na vida ou reflita sobre os valores pessoais que mais importam para você. Isso vai criar os alicerces para mudanças significativas e autênticas de personalidade.

REGRA 2: VOCÊ NÃO VAI MELHORAR, A MENOS QUE SE AVALIE HONESTAMENTE

Se você está lutando no trabalho ou em seus relacionamentos, pode ser muito tentador fugir de qualquer responsabilidade e culpar as circunstâncias e as outras pessoas. No entanto, se você for honesto, muitas vezes é pelo menos parcialmente responsável — possivelmente por haver um padrão recorrente em várias situações, graças à contribuição de alguns dos seus traços menos úteis, talvez preguiça, mudanças repentinas de humor ou dogmatismo. O primeiro passo para melhorar essas características pouco úteis é admitir e aceitar que elas precisam ser abordadas (sem se tornar severamente autocrítico ou desanimar; consulte a regra 9, na página 239).

No entanto, olhar honestamente para o homem ou a mulher no espelho é mais fácil dizer do que fazer. Massagear nosso próprio ego e nos observar sob uma luz mais benevolente faz parte da natureza humana. A maioria de nós — exceto talvez os mais deprimidos e altamente neuróticos — superestima suas próprias habilidades e conhecimentos.[2]

Esse viés egoísta comum pode ajudar a sustentar sua autoestima e seu otimismo, e por isso deve ser tratado com cuidado, e não abatido e incinerado. Mas isso também pode ser uma barreira para a mudança efetiva de personalidade quando ela o impede de fazer uma autoavaliação honesta. Uma maneira de superar isso é se comprometer a ser o mais verdadeiro possível ao responder aos testes de personalidade deste livro (ou a qualquer outro que você faça *on-line*). Isso o ajudará a identificar as áreas da sua personalidade que você pode desenvolver em seu favor.

No entanto, mesmo que seja ousado o suficiente para ter uma visão sem censura da sua personalidade, é bem provável que existam coisas sobre você que você não conhece, ou pelo menos coisas que os outros veem em você, mas das quais você não tem consciência — pontos cegos, por assim dizer.

Isso foi revelado em estudos que pediram a voluntários que avaliassem a si mesmos e classificassem como eles achavam que outras pessoas enxergavam sua personalidade; em seguida, deveriam comparar essas respostas com o que amigos próximos e familiares realmente haviam comentado sobre sua personalidade.[3] Os resultados mostraram que, embora houvesse bastante sobreposição em como você se vê e como os outros o veem, geralmente também existem pontos cegos importantes — coisas que os outros concordam que podem ver em você (como você ser mal-humorado pela manhã, espirituoso ou muito ansioso para agradar os outros, ou o que quer que seja), mas que você ignora completamente sobre si mesmo.

Tenha cuidado ao explorar esses possíveis pontos cegos, especialmente se estiver se sentindo vulnerável ou psicologicamente delicado.

O que essa linha de pesquisa sugere é que, se você está pensando seriamente em mudar sua personalidade para melhor, então é uma boa ideia não apenas confiar nas suas próprias avaliações, mas também pedir a alguns de seus amigos próximos, familiares e colegas que pontuem suas características pessoais. Se você perguntar a um número suficiente de pessoas, elas podem até fazer isso anonimamente para ajudar a evitar qualquer risco potencial de ofensa.

Vale a pena ter cuidado para quem você pergunta; você não quer sair desse exercício sentindo-se completamente desmoralizado. Aquelas pessoas a quem a psicóloga Tasha Eurich chama de "críticos amorosos", que têm seus melhores interesses em mente, são uma boa escolha. Armado com as avaliações da sua personalidade, você terá uma ideia melhor de todas as áreas que podem ser desenvolvidas.

Se você estiver se sentindo realmente corajoso, pode até ler uma página do excelente livro de Eurich, *Insight*, em que ela descreve um exercício conhecido como "jantar da verdade", no qual você sai com um crítico que o ama e pede para essa pessoa descrever a única coisa sobre você que ela ou ele acha mais irritante.[4]

Se isso soa um pouco arriscado, outra possibilidade para um maior autoconhecimento é fazer a si mesmo a "pergunta milagrosa" (conforme descrito no livro *Switch*, de Chip e Dan Heath, publicado no Brasil pela Alta Books). Imagine que esta noite, enquanto você está dormindo, ocorre uma mudança milagrosa em sua personalidade — uma mudança que no futuro se propagaria e beneficiaria muitas áreas da sua vida e de seus relacionamentos. Qual seria essa mudança milagrosa? Reflita sobre isso em detalhes e como ela se manifestaria na realidade. Sua vida será diferente desde o momento em que você acordar e, em caso afirmativo, de que maneira? Em seguida, pense em como você pode começar a realizar esse milagre.

Conclusão principal: descubra como seus amigos e familiares próximos (críticos amorosos) enxergam sua personalidade para que você tenha um retrato mais rico do tipo de pessoa você é hoje.

REGRA 3: A VERDADEIRA MUDANÇA COMEÇA COM A AÇÃO

A aspiração de mudar sua personalidade começa em sua mente, mas essa ambição interior nunca será suficiente por si só. Uma das lições mais simples e poderosas a serem observadas é que, a menos que você *faça* algo diferente, nada mudará. Pense por um minuto sobre o que você passou a fazer de diferente desde que começou a ler este livro.

Se você mantiver as mesmas rotinas, os mesmos *hobbies*, a mesma empresa, os mesmos hábitos, o mesmo trabalho, o mesmo bairro, então não importa se você alimenta secretamente o desejo de ser mais conscencioso, mais mente aberta, mais extrovertido ou qualquer outra coisa, porque se você está mantendo tudo em sua vida de maneira constante e continuar agindo como sempre agiu, então você será a mesma pessoa. No momento em que rompe com esses velhos padrões é que o processo de mudança pode começar. Se você não sabe por onde começar, pergunte-se qual é o primeiro passo que precisa dar para iniciar o processo de mudança. Então dê. Como William James supostamente colocou: "Comece a ser agora o que você será no futuro".

Como um escritor que passa muito tempo sozinho, estou ciente de que isso talvez continuamente me molde para ser mais introvertido. Há algum tempo venho tentando equilibrar isso, encontrando maneiras de nutrir minha extroversão. Não estou dizendo que a introversão seja uma coisa inerentemente ruim, mas sinto que minhas circunstâncias têm me moldado para me tornar mais introvertido do que gostaria. Um passo que tomei, como muitos outros trabalhadores solitários, é sair regularmente de meu escritório em casa para trabalhar em um café. Tenho feito isso há anos, muitas vezes lamentando que, embora eu tenha me esforçado para sair para o mundo, o mundo, por sua vez, não se impressiona comigo nem me recompensa. Claro, minhas visitas ao café fornecem uma mudança de cenário bem-vinda, mas, verdade seja dita, depois de pedir o meu café, eu raramente falo com alguém. Outra coisa que faço é ir à academia regularmente, mas sempre me encasulo em meus fones de ouvido. Mais uma vez, estou em público, porém, efetivamente sozinho.

No início deste ano, seguindo meu próprio conselho neste livro, percebi que nada mudaria a menos que eu começasse a *fazer* algo *diferente*. Durante anos, em minhas rotinas de café e academia, sempre fiz as coisas exatamente da mesma forma, reclamando depois que nada mudava, incluindo minhas próprias tendências excessivamente introvertidas.

Eu precisava começar a agir de maneira diferente. No clube de campo onde fica o café em que costumo trabalhar, comecei a fazer várias aulas de ginástica por semana, incluindo uma aula de boxe que exige trabalho em dupla — em outras palavras, inevitável socialização cara a cara. Ainda estou no início desse experimento e, embora tenha sido um pouco desconfortável não conhecer ninguém logo de cara, posso dizer que já estou me sentindo e agindo de maneira diferente. Pode ser uma mudança sutil por enquanto, mas sinto como se eu tivesse saído um pouco da minha concha, e tudo começou ao perceber que, se eu quisesse mudar, precisava começar fazendo algo diferente.

A importância de apoiar suas intenções de mudança com novos comportamentos e hábitos reais está apoiada por estudos. Voluntários de pesquisa alcançaram com maior sucesso a mudança de personalidade desejada quando foram treinados para seguir etapas comportamentais específicas e relevantes para alcançar essa mudança, incluindo a adoção de planos explícitos se/então, como: "Se estou na situação X, então vou fazer Y".

Outro estudo recente mostrou que querer mudar sua personalidade sem realmente fazer nada a respeito pode até ser prejudicial.[5] Voluntários mantinham diários de suas intenções de mudar e anotavam se haviam enfrentado algum desafio recomendado para facilitar essa mudança. Aqueles que completaram mais desses desafios práticos alcançaram mais a mudança desejada; infelizmente, aqueles que não mudaram seu comportamento, apesar de prometerem, na verdade acabaram ainda mais longe de sua personalidade desejada, talvez por causa de sua sensação de fracasso. Essa pesquisa apoia minhas próprias experiências pessoais: o desejo de mudar falhará, a menos que você esteja preparado para agir de maneira diferente.

> *Conclusão principal*: a mudança de personalidade começa com ação. O que são você vai fazer de maneira diferente?

REGRA 4: INICIAR A MUDANÇA É FÁCIL. MANTÊ-LA É A PARTE DIFÍCIL

Todos os dias, mas especialmente no início do ano, milhões de pessoas em todo o mundo fazem resoluções de Ano-Novo para mudar a si mesmas para melhor. Tais objetivos são louváveis. Seja ficar mais em forma, parar de fumar, ler mais ou até mesmo mudar traços de sua personalidade, a dura verdade é que esses esforços geralmente desaparecem quando as pessoas logo voltam aos velhos hábitos.

Em seu livro *Change* [*Mudança*, sem publicação no Brasil], o psicoterapeuta e autor Jeffrey Kottler cita pesquisas que sugerem uma taxa de falha de 90% para pessoas que tentam abandonar hábitos como jogos de azar e comer demais.[6] "Iniciar mudanças em sua vida é relativamente fácil em comparação com mantê-las a longo prazo", ele escreve. A razão pela qual é tão difícil fazer mudanças pessoais duradouras é que muito de como você pensa e age é uma questão de hábito (tenha em mente que seus traços de personalidade são, em certo sentido, uma descrição abrangente dos muitos hábitos que fazem de você a pessoa que é). Se algo é habitual, significa que é automático e não requer esforço. É o modo como você pensa, sente e age sem intervir conscientemente.

Quando um fumante (de baixa conscienciosidade) pega seu maço de cigarros durante a pausa do café da manhã, não se trata de algo que ele tenha de se obrigar a fazer; isso é apenas um reflexo. Quando uma *socialite* (altamente extrovertida) entra em uma festa cheia de estranhos, ela não se instrui a começar a conversar com a primeira pessoa que encontrar; ela faz isso sem pensar.

Alcançar uma mudança de personalidade duradoura significa agitar as coisas, desaprender alguns de seus muitos hábitos e rotinas que contribuem para o tipo de pessoa que você é e substituí-los por novos. Isso não significa que você de repente tenha de agir e pensar de maneira inovadora a cada segundo de cada dia. A mudança de personalidade é sobre mudar suas tendências comportamentais. Isso significa que você terá de trabalhar muito para desenvolver novos hábitos na forma de pensar e agir em várias situações até que elas se tornem naturais — ou seja, que se manifestem instintiva e automaticamente.

Para que suas novas formas de pensar e se comportar se tornem habituais, a persistência é fundamental. Não há muita pesquisa sobre como novos hábitos são formados, mas, para dar uma ideia da importância da persistência, um estudo de 2010 pediu a alunos que tentavam desenvolver um novo hábito específico que entrassem em um *site* todos os dias para registrar se eles haviam realizado o hábito, bem como quão automático ele lhes parecia.[7] Os exemplos incluíam correr todos os dias antes do jantar ou comer uma fruta no almoço (esforços que, se bem-sucedidos em termos de personalidade, contribuiriam para aumentar a conscienciosidade). Havia muita variação, mas o tempo médio para que um novo comportamento se tornasse um novo hábito completo (para atingir seu pico de automaticidade) era de 66 dias.

Existem vários métodos que você pode usar para tentar aumentar as chances de que seus novos hábitos baseados na personalidade permaneçam e para evitar que os antigos voltem. Muitos hábitos se desenvolvem em resposta a pistas específicas. Você tende a fazer algo em uma determinada hora do dia (você liga a TV assim que chega em casa do trabalho), ou quando está em um determinado lugar (você sempre pede um *muffin* para acompanhar o café da manhã), ou quando uma determinada coisa acontece (você começa a pensar em si mesmo como um fracasso assim que algo dá errado no trabalho). Essencial para a mudança de hábitos é aprender a reconhecer essas pistas e evitá-las ou substituir o antigo comportamento reflexo por um novo.

Também é importante perceber a qual propósito ou necessidade seus hábitos existentes e inúteis podem servir. Você achará mais fácil quebrar maus hábitos se substitui-los por um comportamento mais saudável que satisfaça a mesma necessidade. Por exemplo, esse hábito de TV depois do trabalho ajuda você a relaxar; seu *muffin* no meio da manhã dá uma animada na vida; sua autocrítica com seu desempenho profissional deriva do desejo de fazer melhor da próxima vez. Quebrar esses hábitos, que podem fazer parte de um pacote mais amplo de mudanças voltadas para o desenvolvimento da consciência e, em último caso, diminuir seu neuroticismo, será mais fácil se você encontrar alternativas mais saudáveis que tragam recompensas semelhantes — por exemplo, conversar com um amigo ou colega para se animar, praticar um esporte ou *hobby* depois do trabalho como forma de relaxar ou começar a ver o fracasso como uma chance de aprender e se desenvolver.

Claro, você terá lapsos quando deixar de realizar um novo hábito ou voltar a um antigo. Não permita que isso o desmoralize e o tente a desistir.

Embora o grande psicólogo americano William James tenha sugerido em seu *Os princípios da psicologia* que um único lapso — uma corrida perdida, uma conversa evitada, uma tentação atendida — seria fatal ao tentar desenvolver um hábito, isso não foi confirmado por pesquisas. O estudo que mencionei antes, que acompanhou os alunos enquanto eles aprendiam novos hábitos, descobriu que um único dia perdido não era grande coisa, embora várias falhas tivessem um efeito contraproducente cumulativo. É importante perdoar a si mesmo pelos lapsos iniciais e não deixar que se transformem em algo mais sério. Tente reagir, reafirmando sua determinação em manter o novo hábito saudável. Isso significa que não é o lapso inicial que é importante, mas o que você faz a seguir. Como diz o escritor e especialista em hábitos James Clear: "Quando as pessoas bem-sucedidas falham, elas se recuperam rapidamente. A quebra do hábito não importa se a recuperação dele é rápida".[8]

> *Conclusão principal*: para garantir que suas tentativas de mudança de personalidade perdurem, persista até que seus novos comportamentos e tendências se transformem em hábitos.

REGRA 5: A MUDANÇA É UM PROCESSO CONTÍNUO, E VOCÊ PRECISA ACOMPANHÁ-LA DE PERTO

Você provavelmente não precisa ir aos extremos empregados por Benjamin Franklin. Ele começou a manter um registro diário de suas tentativas de desenvolver treze virtudes de caráter (incluindo humildade, sinceridade e organização) quando tinha apenas 20 anos, anotando cada falha com uma marca preta em seu caderno. No entanto, ao reconhecer a importância de acompanhar seu progresso, Franklin foi perspicaz. Se você não mantiver um registro de suas tentativas de mudança de personalidade, será difícil saber se está tendo algum progresso, se deve persistir em seus esforços atuais ou se precisa tentar uma abordagem diferente.

Infelizmente, pode ser tentador continuar com seus esforços de mudança sem verificar se eles estão realmente funcionando. Os psicólogos até têm um nome para essa tendência: o problema do avestruz. Se você está satisfeito consigo mesmo por suas tentativas de mudança, a última coisa que pode querer é descobrir que não está indo tão bem quanto pensava ou que seus esforços foram em vão: eles não o levaram ao benefício positivo que você esperava ou, pior, eles saíram pela culatra e lhe causaram um sofrimento significativo. No entanto, se você deseja ter sucesso a longo prazo, é vital que verifique regularmente se está progredindo e se as mudanças feitas foram benéficas.

Estudos conduzidos em vários contextos, desde alunos aprendendo matemática até pacientes adotando comportamentos novos e saudáveis, mostraram que as pessoas que acompanham de perto seus esforços tendem a ter mais sucesso no aprendizado e na mudança. No contexto da mudança de personalidade, esse registro pode assumir a forma de um rastreamento de hábitos: manter um diário sobre os novos comportamentos e outras atividades que você está realizando para desenvolver seus traços de personalidade e assim garantir que realmente esteja acompanhando suas novas rotinas (vários aplicativos e *smartwatches* hoje tornam isso mais fácil do que nunca), bem como fazer testes periódicos de personalidade para ver se suas características estão respondendo da maneira como você esperava. (Este *site* tem testes de personalidade gratuitos projetados para autotestes repetidos: https://yourpersonality.net.)

A razão mais comum pela qual as pessoas evitam acompanhar seus progressos é o medo de descobrir que seus esforços são inúteis ou suas aparentes conquistas são ilusórias. Supere esse medo lembrando-se de que não há problema em ter lapsos ocasionais (reveja a regra 4) e afaste-se de uma mentalidade de tudo ou nada sobre se você pode realizar o que se propôs ou não. A realidade provavelmente será mais complicada.

Você pode ter sucesso de algumas maneiras e não de outras, ou alguns tipos de progresso virão rápida e facilmente, mas outros alvos serão mais elusivos ou inúteis. Lembre-se de que as vitórias nem sempre são lineares.

Estabelecer novas rotinas já é uma conquista, mesmo que o objetivo dessas novas rotinas demore algum tempo para se manifestar — seja aprender uma nova habilidade, perder peso, alterar seus traços de personalidade ou atender ao seu chamado na vida. Nesse ínterim, recompensar-se por atingir objetivos em suas tentativas de construir novas rotinas e hábitos será um poderoso motivador. Claro, fazer isso requer que você acompanhe o seu progresso. A propósito, em um contexto de negócios, os psicólogos descobriram que um dos fatores mais importantes que conduzem equipes bem-sucedidas é a percepção individual dos membros da equipe de progredir em direção às metas, um fenômeno conhecido como "princípio do progresso" que pode ajudá-lo a ter sucesso em seus objetivos pessoais.

> *Conclusão principal*: acompanhe o seu progresso para saber se seus esforços são eficazes, e assim você pode recompensar a si mesmo por conquistas ao longo do caminho para uma mudança mais duradoura em sua personalidade.

REGRA 6: VOCÊ PRECISA SER REALISTA SOBRE A QUANTIDADE DE MUDANÇA POSSÍVEL

Antes de explicar a necessidade de realismo, peço licença para reiterar: você pode e vai mudar. Não importa sua idade, sua personalidade continuará a amadurecer ao longo da vida. E você pode conscientemente tirar proveito dessa maleabilidade em seu caráter para mudar a si mesmo da maneira como desejar.

Essa adaptabilidade faz sentido biológico. Como muitas das criaturas semelhantes a nós neste planeta, desenvolvemos a capacidade de mudar nossas disposições comportamentais para adequá-las aos ambientes em que nos encontramos. Ao contrário de outros animais, podemos assumir o controle consciente dessa flexibilidade inerente e escolher mudar a nós mesmos.

A influência sobre a personalidade que é considerada mais fixa — colocando um limite em quanto você pode mudar — vem dos genes que você herdou. Claro, isso ainda deixa muito espaço para que as estilingadas e flechadas da vida o moldem. Além disso, pesquisas epigenéticas empolgantes sugerem que diferentes experiências podem alterar como e quando seus genes se expressam. Portanto, mesmo as raízes genéticas de sua personalidade podem não ser tão fixas quanto se pensava.

Brent Roberts, da Universidade de Illinois, um importante especialista acadêmico em maleabilidade da personalidade, descreve isso como "plasticidade fenotípica" (ou seja, como você se comporta devido à interação entre seus genes e os ambientes em que se encontra). "Usamos plasticidade como metáfora", escreve ele, "porque essas modificações na maneira como o DNA é empregado resultam em mudanças permanentes tanto na forma quanto na função daqui para a frente, muito parecidas com a maneira como os limpadores de cachimbo podem ser dobrados e moldados em formas que sejam duradouras."[9]

Esses fatos são excitantes e altamente motivadores para qualquer pessoa que deseja mudar sua personalidade. No entanto, ainda acredito que um princípio fundamental da mudança de personalidade bem-sucedida é que você seja realista e honesto consigo mesmo sobre o quanto a mudança é possível. Pare por um momento e pense até que ponto você está preparado para ir em busca da mudança.

A razão pela qual eu pergunto é que, embora as descobertas científicas mais recentes sugiram que a mudança intencional de personalidade é claramente alcançável, não se trata de uma mudança fácil e ela não acontece por mágica (e, ao contrário do que dizem os títulos de outros livros, levará mais do que trinta ou cinquenta e nove segundos).[10] Essas mudanças ocorrem por meio da persistência e de mudanças em sua rotina — seus hábitos, aonde você vai, o que você faz e possivelmente também a companhia com quem está. Em outras palavras, isso envolve muitas interrupções. Se você for realmente honesto, quanto do seu estilo de vida planeja mudar? Você vai manter o mesmo emprego, os mesmos amigos, os mesmos *hobbies*, os mesmos rituais diários? A inércia é poderosa, e, quanto mais a vida for mantida constante ao seu redor, quanto mais você seguir suas rotinas habituais, movendo-se nos mesmos círculos e com as mesmas pessoas, mais constantes serão seus traços de personalidade.

Portanto, embora cada um de nós tenha potencial para uma mudança de personalidade em larga escala, a menos que você esteja preparado e seja capaz de transformar verdadeiramente a sua vida e suas situações e o modo como interage com elas, o nível de mudança alcançável provavelmente será mais modesto. Como Jeffrey Kottler coloca em seu livro *Change*, "isso não quer dizer que devemos desistir dos nossos sonhos, mas sim que há um compromisso que fazemos entre o que realmente queremos, o que é possível e o que estamos dispostos a fazer para alcançar esse objetivo."[11]

Outra questão a ter em mente é que, enquanto você está ocupado modificando um aspecto da sua personalidade, pode descobrir que isso causa problemas complicados com outro lado do seu caráter. Por exemplo, no meu caso, eu descobri que as tentativas de aumentar minha conscienciosidade às vezes me deram outra coisa com que me preocupar, remexendo assim no meu neuroticismo. Isso mostra a importância de adotar uma perspectiva holística, mesmo que você tenha objetivos muito específicos sobre como gostaria de mudar. No meu caso, aprendi a ter certeza de abordar minha conscienciosidade e o neuroticismo em conjunto.

Essas advertências não pretendem ser pessimistas. Como afirmei antes, uma mudança de personalidade bem-sucedida não é um empreendimento de tudo ou nada. Até mesmo ajustes bastante sutis em suas características podem significar grandes benefícios. Esses efeitos positivos podem se tornar uma bola de neve, potencialmente levando a sua vida em direções diferentes e mais vantajosas.

O ponto aqui é ser realista sobre os níveis de mudança e transformação de que estamos falando, porque expectativas irrealistas são um grande obstáculo para uma mudança bem-sucedida. A falsa esperança leva inevitavelmente à decepção e, por sua vez, pode provocar uma espiral desmotivadora e a perspectiva de desistir de qualquer tentativa de mudança. Fantasias irrealistas sobre como você planeja mudar e como tudo será fácil talvez sejam edificantes no início, mas podem induzi-lo a uma falsa confiança, levando-o a acreditar que o trabalho duro já foi realizado.

Por outro lado, uma dose de realismo sobre os obstáculos em seu caminho o levará a um sucesso maior a longo prazo. Forçar-se deliberadamente a considerar os contratempos que você provavelmente encontrará em sua determinação de mudar pode ser um exercício útil que os psicólogos chamam de "contraste mental". Tente. Pense em uma das principais características que você gostaria de mudar, escreva três benefícios em conseguir isso (para dar um impulso à sua moral), mas depois faça uma pausa e considere os três principais obstáculos em seu caminho e anote-os também. Seguir essa rotina o ajudará a ter uma perspectiva mais realista e garantirá que sua motivação e sua energia sejam direcionadas para onde são mais necessárias.

> *Conclusão principal*: seja honesto consigo mesmo
> sobre quanto você está preparado para seguir firme em
> busca da sua mudança de personalidade. É melhor
> ser realista do que nutrir expectativas falsas.

REGRA 7: É MAIS PROVÁVEL QUE VOCÊ TENHA SUCESSO SENDO AJUDADO POR OUTROS

Considere por um momento o papel que você costuma desempenhar nas reuniões familiares ou nos seus principais grupos de amigos. Nesses círculos, muitas vezes somos rotulados desde o início, embora não necessariamente de maneira explícita, com identidades ou papéis superficiais: o *nerd*, o briguento e assim por diante (essa tendência foi adotada pelas Spice Girls, que deram a si mesmas apelidos como "Sporty Spice" e "Posh Spice"). Então, nós vivemos esses papéis sociais quase como se estivéssemos fazendo parte de um filme ou desempenhando nosso papel em uma banda de *rock*.

Tais caricaturas ou reputações podem resultar em brincadeiras e piadas afetuosas. Em termos de desenvolvimento de sua personalidade, se seus amigos e familiares o veem como o tipo de pessoa que você aspira ser (seu eu ideal), isso pode ser libertador e motivador e o ajudará a crescer da maneira que deseja. Mas, se eles não o veem como o seu eu ideal e você não gosta muito do papel para o qual foi escalado, isso pode tornar suas tentativas de autoaperfeiçoamento muito mais difíceis.

Dada essa dinâmica em seus círculos sociais mais íntimos, não é de surpreender que, quando os pesquisadores analisaram o tipo de histórias que as pessoas trazem para as sessões de psicoterapia, eles descobriram que frequentemente elas envolvem anedotas sobre querer que amigos íntimos e familiares sejam receptivos e compreensivos, mas na verdade acham que os estão "rejeitando e se opondo" e "controlando".[12] Assim, um princípio importante pra uma mudança de personalidade bem-sucedida é que, se tiver a ajuda de familiares e amigos próximos, apoio e crença nas melhoras que você busca, então aparentemente será muito mais fácil mudar. É possível ter sucesso sem esse respaldo, mas, se houver a chance de trazer pessoas importantes para o seu lado ou mesmo de fazer novos amigos que respeitem e valorizem o tipo de pessoa que você está tentando ser, isso certamente será vantajoso. "O melhor indicador de um esforço de mudança bem-sucedido é o grau de apoio que você recebe dos outros", escreve Jeffrey Kottler em *Change*.[13]

A importância do *backup* social também se aplica ao contexto de seus relacionamentos românticos e mais íntimos. Aqui, os psicólogos documentaram um fenômeno que eles chamam de "efeito Michelangelo", em homenagem à descrição de Michelangelo de que o processo de seu trabalho como escultor era o de revelar a figura que já estava presente em determinada pedra. Se o seu parceiro vê você como a pessoa que você deseja ser e o trata de maneiras que o ajudam a ser essa pessoa (também se o seu parceiro é um modelo dos tipos de comportamento que você valoriza), então a pesquisa sugere que talvez você ache mais fácil o caminho para se tornar mais como o seu eu ideal. Como bônus, você provavelmente também achará um relacionamento no estilo Michelangelo mais gratificante e se sentirá mais autêntico.

Não são apenas as expectativas e a percepção das pessoas mais próximas a você que fazem a diferença no seu desenvolvimento pessoal. As normas culturais e comportamentais mais abrangentes (as formas aceitas de tratar uns aos outros e outros valores morais) que existem nos locais onde você trabalha ou em seu círculo de amizade também moldam sua personalidade — retendo ou facilitando as mudanças que você está tentando fazer. Por exemplo, se você trabalha em um escritório com uma atmosfera hostil e colegas que frequentemente brigam uns com os outros, será um milagre se isso não o afetar nem diminuir sua própria amabilidade e aumentar seu neuroticismo. Na verdade, o escritor e psicólogo Alex Fradera chama a incivilidade de "o muco do local de trabalho" por causa da maneira como ela pode se espalhar por uma cultura de escritório como um resfriado.[14] Não é tão diferente dentro do seu grupo de amizade. Se seus amigos geralmente carecem de ambição ou disciplina, por exemplo, será mais difícil para você encontrar a motivação para desenvolver esses atributos em si mesmo.

Felizmente, o tipo inverso de efeito também é verdadeiro. Um estudo recrutou um pequeno número de funcionários para realizar boas ações — favores e pequenos atos de bondade — para alguns de seus colegas e em seguida observou por várias semanas como os destinatários desses atos se sentiam e se comportavam. Todos os doadores e receptores se beneficiaram em termos de se sentirem mais felizes e autônomos, e, mais importante, os receptores dos atos de bondade acabaram sendo mais prestativos e gentis, mostrando assim como o altruísmo e a amabilidade podem se espalhar, assim como a incivilidade.[15]

Esses vários efeitos sociais — os papéis e as expectativas que os outros colocam em você e a influência das culturas no seu trabalho e nas suas amizades — tornam vital considerar como os meios sociais em que você transita podem estar afetando suas tentativas de mudança pessoal. Suas opções para controlar essas coisas podem ser limitadas, mas, se você puder se cercar do tipo de pessoa que compartilha as características que você valoriza, será mais fácil desenvolver essas características em si mesmo.

> *Conclusão principal*: pense nas pessoas com as quais você
> gasta a maioria do seu tempo e se elas podem estar ajudando
> ou dificultando as suas tentativas de mudanças pessoais.

REGRA 8: A VIDA *VAI* TE ATRAPALHAR. O TRUQUE É SE ANTECIPAR E DEIXAR ROLAR

Na maior parte do tempo, é a infinidade de detalhes mínimos e mundanos da vida diária que nos molda. Em vez de aceitar essas influências passivamente, você pode exercer seu arbítrio e optar por desenvolver novos hábitos e rotinas saudáveis e ser mais deliberadamente estratégico sobre as situações em que se coloca e as companhias com quem convive de maneira cotidiana. Isso lhe dará um elemento de controle para que você possa orientar sua personalidade nas direções que deseja. No entanto, não há como evitar o fato de que, além de suas próprias intenções de mudar a si mesmo, haverá outras forças, muitas vezes poderosas, moldando a pessoa na qual você está se tornando.

Algumas delas — positivas e negativas — serão inevitáveis: doenças, casamento, acidentes, novos relacionamentos, luto, demissões no trabalho, promoções, pandemias, rompimentos de relacionamentos, envelhecimento, prêmios e reconhecimento, paternidade, prisão, festas de final de ano, aposentadoria e muitas outras. Esses ventos laterais podem fazer com que suas tentativas de mudança de personalidade pareçam tão fúteis quanto remar em um barquinho no oceano. Você rema na direção que escolheu, implementando as estratégias e os exercícios documentados neste livro, mas então o poder dos elementos agita o grande oceano e o manda para outro lado. Nos piores casos, um único evento da vida pode cair sobre você, deixando-o naufragado, indefeso e vulnerável.

É claro que não há uma maneira garantida de se precaver contra os maiores desafios e perigos da vida, mas uma coisa que você pode fazer é se educar sobre como algumas das experiências mais comuns provavelmente o afetarão. Como documentei no capítulo 2, alguns efeitos são previsíveis, como o divórcio levando você a uma maior introversão e a um maior risco de solidão, e uma demissão que diminui sua conscienciosidade e aumenta seu risco de desemprego prolongado. Mesmo os momentos mais maravilhosos da vida, como a chegada de um bebê, podem trazer desafios e atrapalhar o desenvolvimento da sua personalidade. Por exemplo, há pesquisas sugerindo que mães e pais muitas vezes têm problemas de autoestima e são afetados por um maior neuroticismo após o parto. Ao estar ciente desses efeitos em sua personalidade, você pode antecipá-los e tomar medidas para atenuar seus impactos.

Isso ainda não elimina o risco de um evento catastrófico — uma onda esmagadora que o deixa à deriva. Lidar com tempos tão turbulentos quase sempre será doloroso e traumático. Sua melhor defesa é promover a resiliência nos bons tempos: desenvolva estabilidade emocional, abertura, amabilidade e conscienciosidade e incorpore-se em relacionamentos significativos e de apoio mútuo. Essas características e sua rede social serão as forças que o ajudarão a sobreviver e se curar caso um tsunâmi devastador recaia sobre sua vida.

Também pode ser um consolo lembrar o fenômeno do crescimento pós-traumático — o fato de muitas pessoas dizerem que algumas das experiências mais dolorosas da vida as mudaram para melhor, aprofundando seus relacionamentos e trazendo-lhes um senso renovado de significado e perspectiva. Considere as reflexões de David Kushner, cujas memórias, *Alligator Candy* [*Doce de crocodilo*, sem publicação no Brasil], documentam o sequestro e assassinato de seu irmão Jon quando criança e as consequências desse acontecimento.[16] É claro que a família de Kushner desejou de todo o coração que a tragédia nunca tivesse acontecido, mas de alguma forma eles conseguiram passar por tudo aquilo juntos, e até cresceram com a experiência. "Sempre fomos assombrados pela morte de Jon, mas, talvez por esse motivo, compartilhamos o desejo de aproveitar ao máximo a vida que temos", escreve Kushner.

Mais uma vez, desenvolver sua personalidade pode ajudar a aumentar a probabilidade de, se uma catástrofe acontecer, você ter mais chances de encontrar alguma esperança e oportunidade para uma mudança positiva. A pesquisa sugere que ter maior resiliência, abertura e, especialmente, conscienciosidade (mas talvez também extroversão e amabilidade) aumentará a chance de reverter e capitalizar o potencial de crescimento pessoal após o trauma.[17]

> *Conclusão principal*: desenvolva sua resiliência nos bons
> tempos, e, quando houver turbulência, ou algo pior,
> apegar-se afetuosamente a esses períodos pode fornecer
> a melhor oportunidade para uma mudança pessoal.

REGRA 9: A BONDADE PARA CONSIGO MESMO TEM MAIS CHANCES DE LEVAR A UMA MUDANÇA DURADOURA DO QUE SE AUTOESPANCAR

Supondo que você ainda esteja muito longe da pessoa que deseja ser — os psicólogos descreveriam isso como uma grande lacuna entre o seu eu real e o eu ideal —, você precisa agir com cuidado. Se esse descontentamento pessoal for extremo e não for administrado com cautela, pode alimentar a infelicidade e até mesmo colocá-lo em risco de depressão. Para lidar com isso, você precisa do equilíbrio correto de aceitação (incluindo honestidade, paciência e realismo; veja as regras 2 e 6), sem permitir que isso se transforme em resignação, complacência e perda de motivação. Você deve almejar honestidade, compaixão e compreensão em relação a si mesmo como você é agora, ao mesmo tempo que reconhece seu potencial de mudança.

O modo como você reage quando, inevitavelmente, as coisas não saem inteiramente de acordo com o planejado, é crucial para seu sucesso em atingir esse equilíbrio. Imagine que um dos objetivos de sua personalidade é se tornar mais consciencioso, mas você se vê mais uma vez olhando com os olhos turvos no espelho em outra manhã de domingo, a autoindulgência da noite anterior está escrita na sua cara como um ato de vandalismo corporal. Como você reage? Com vergonha e autocrítica contundente? Você se critica pelo lapso e decide que isso é apenas o exemplo mais recente do tipo de pessoa obstinada que você é? Você se preocupa com o que os outros vão pensar de você?

Responder *sim* a essas perguntas indicaria que você está adotando a abordagem de um perfeccionista doentio, alguém propenso ao pessimismo, à autoculpa, ao medo do julgamento severo dos outros e ao pensamento essencialista — isto é, interpretando cada revés como um fornecedor de evidências do tipo de pessoa que você é, como se isso fosse algo fixo, fundamental e inerente a você, convidando-o assim à tentação de desistir dos seus esforços de mudança para evitar qualquer risco de fracasso no futuro.

Por outro lado, é mais provável que você mantenha sua motivação para uma mudança bem-sucedida se puder pensar mais como um perfeccionista saudável, perdoando-se pelo seu lapso, preocupando-se menos em atender às expectativas dos outros e considerando quais circunstâncias e comportamentos levaram a esse revés específico (ou outros semelhantes, como recusar um convite para uma festa, ser reprovado em um exame ou ter uma discussão acalorada com seu parceiro — decepções típicas e esperadas no caminho para uma maior extroversão, abertura e amabilidade, respectivamente).

Sim, é importante ser honesto consigo mesmo sobre suas características atuais (conforme descrito na regra 2), porque se iludir sobre a pessoa excelente e impecável que você é não é o caminho para o desenvolvimento pessoal bem-sucedido, e, claro, o certo é assumir a responsabilidade pelos seus erros. Mas tente não pensar em cada falha ou lapso como um diagnóstico permanente sobre o tipo de pessoa que você é. Faça uma pausa para reconhecer seus erros nessa ocasião e, em seguida, concentre-se mais no que você pode aprender com a experiência. O que você poderia fazer diferente na próxima vez que pode levar a um resultado melhor? Sim, sinta alguma culpa e responsabilidade por seus lapsos e erros. Mas não se condene à vergonha de concluir que você é, e sempre será, uma pessoa inferior por conta desse erro.

Em outras palavras, tente não se culpar demais quando as coisas não saem conforme o planejado ou quando você fica aquém de suas ambições.

Se o processo de tentativa de mudança de personalidade se transformar em uma decepção dolorosa após a outra, você certamente desistirá, mais cedo ou mais tarde. O processo precisa ser pelo menos suportável — melhor ainda, altamente recompensador. Portanto, trate-se e fale consigo mesmo em sua própria mente com a mesma paciência e simpatia que faria com um amigo de quem gosta muito. Concentre-se mais no desafio perene de aprender e desenvolver os hábitos e habilidades para a vida (os chamados objetivos de domínio) que você valoriza. Além disso, considere se você está indo na direção certa para atender ao(s) chamado(s) de sua vida, em vez de ficar obcecado demais se conseguiu atingir algum resultado determinado e arbitrário ou se está atendendo às expectativas possivelmente injustas de outras pessoas (as chamadas metas de desempenho).

> *Conclusão principal*: em sua busca pela mudança de personalidade bem sucedida, trate a si próprio com a mesma compaixão que você dedicaria a um amigo com objetivos semelhantes.

REGRA 10: ACREDITAR NO POTENCIAL E NA NATUREZA CONTÍNUA DA MUDANÇA DE PERSONALIDADE É UMA FILOSOFIA DE VIDA

"As pessoas não mudam." Este é um refrão pessimista proferido com frequência, geralmente depois que uma pessoa errou e frequentemente seguido por "... não lá no fundo". Espero que, no mínimo, agora que você está chegando ao final deste livro, você discorde. Ampla evidência e exemplos demonstram que as pessoas podem e mudam, assim como uma série de pesquisas objetivas que continuaram a fluir enquanto eu escrevia este livro.

Considere um estudo norte-americano divulgado no final de 2018 que mediu a personalidade de quase duas mil pessoas duas vezes, com cinquenta anos de diferença, quando elas tinham 16 anos e depois sessenta e seis. Suas pontuações não mudaram completamente; aquele fio de continuidade a que me referi antes continuava a existir. Mas, das dez características que foram medidas, 98% das amostras apresentaram mudanças significativas em pelo menos uma delas, e quase 60% mostraram mudanças significativas em quatro. Além disso, essa mudança foi geralmente positiva, incluindo maior resiliência e conscienciosidade, por exemplo. "Embora os indivíduos mantenham parte de sua personalidade central ao longo da vida, eles também mudam", disseram os pesquisadores.[18]

Reconhecer esse potencial de mudança é imensamente fortalecedor. Você não precisa aceitar as coisas como elas são. Você pode trabalhar para mudar seus hábitos de pensamento, comportamento e emoção para melhorar sua vida, seu trabalho e seus relacionamentos. Lembre-se de que grande parte da evidência da pesquisa sobre a tendência das pessoas em mudar de maneira positiva se baseia no que acontece naturalmente, sem qualquer intenção consciente, ao longo da vida. Ao assumir um compromisso deliberado de melhorar sua personalidade e seguir os conselhos apresentados neste livro, é provável que você seja capaz de mudanças ainda maiores do que as que as pesquisas documentaram.

A ideia de que a personalidade é até certo ponto fluida e continua a mudar ao longo da vida ecoa os ensinamentos budistas sobre a impermanência do eu, bem como a abordagem da mentalidade de crescimento apresentada pela psicóloga Carol Dweck. Muitas pesquisas sugerem que pensar dessa maneira sobre a personalidade é benéfico, tornando mais provável que você possa lidar e se adaptar aos contratempos da vida. Um estudo com adolescentes deprimidos e ansiosos descobriu que uma aula de trinta minutos sobre a maleabilidade da personalidade ajudou a reduzir seus sintomas e os levou a responder à adversidade pensando em como poderiam mudar seu comportamento para lidar com isso (em vez de se sentirem desesperados).[19]

Uma parte importante dessa abordagem de vida é aceitar que a mudança nunca para. Garantir a personalidade que você deseja não é um caso de "trabalho feito", como comprar a casa dos seus sonhos ou pendurar uma medalha no pescoço. Como Anthony Joshua, cuja história abriu este livro, admitiu: "O esforço necessário para permanecer na linha reta e estreita é desafiador".[20] Esforçar-se para ser a melhor versão de si mesmo é um esforço constante ao longo da vida enquanto você navega por diferentes desafios, responsabilidades e armadilhas que cruzam seu caminho, sejam eles contratempos na carreira, possíveis problemas de saúde, colegas ciumentos ou amantes instáveis. Vez após outra, você pode descobrir que está desenvolvendo características inúteis e, mais uma vez, precisará se comprometer novamente a promover mudanças positivas. Minha esperança é que, com apoio e dedicação suficientes, você descobrirá que se trata de um passo para trás, dois passos à frente, à medida que continua a amadurecer e a florescer com a idade.

> *Conclusão principal*: a mudança é constante, e dedicar-se para ser a melhor versão de si mesmo é um trabalho para a vida toda.

EPÍLOGO

Nedim Yasar mal saberia dizer o que o atingiu. Era início de noite em Copenhague, e já havia um friozinho no ar. Ainda com os ouvidos zumbindo do coquetel que comemorava o lançamento de um livro sobre a sua vida, Yasar, um homem alto e tatuado, tinha acabado de sentar no banco do carro quando de repente levou dois tiros na cabeça. Os serviços de emergência o levaram às pressas para um hospital, onde ele morreu devido aos ferimentos naquela mesma noite.

A festa foi realizada na filial da ala jovem da Cruz Vermelha Dinamarquesa, onde Yasar, um apresentador de programa de rádio, era o mentor para jovens problemáticos. "Ele era inspirador, mas nunca dava sermões. É uma grande diferença", disse Anders Folmer Buhelt, diretor da organização, ao *New York Times*. "Nedim era muito forte em valores e muito claro sobre qual sociedade ele queria construir. Mas ele também foi claro sobre quem costumava ser."[1]

Nedim Yasar costumava ser o líder da notória gangue criminosa Los Guerreros. Havia deixado a gangue sete anos antes e, com a ajuda de um programa de reabilitação da prisão e inspirado em grande parte pelo nascimento de seu filho, ele reformou com sucesso sua personalidade violenta e implacável. Mas não conseguiu apagar seu passado, que tragicamente o alcançou.

No entanto, a história inspiradora de Yasar continua viva, mais uma demonstração poderosa da capacidade que as pessoas têm de mudar.[2] O editor de seu programa de rádio, Jørgen Ramsov, disse após sua morte que Yasar havia saído do programa de reabilitação da prisão como "um homem totalmente diferente... determinado a erguer a voz contra as gangues, ajudando os jovens a entender que a vida criminosa não era boa para eles"[3]. Preenchi este livro com episódios semelhantes e as mais recentes evidências baseadas em pesquisas que mostram que a mudança de personalidade é uma realidade. Na verdade, em meu trabalho anterior como editor de um *site* que cobria novas descobertas da psicologia, mal se passava uma semana sem que eu encontrasse um ou mais novos estudos documentando vários aspectos da mudança de personalidade.

E, no entanto, a resistência à noção de que a personalidade é maleável — de que as pessoas podem realmente mudar — ainda é comum. Como o principal pesquisador de personalidade, Brent Roberts, disse recentemente: "Não apenas os traços de personalidade existem, mas você pode mudá-los. Isso meio que mexe com a visão de mundo de todos".[4]

Frequentemente, experimento esse ceticismo em primeira mão. Em uma recente recepção realizada pela Associação Britânica de Neurociências, após eu ter acabado de dar uma palestra aberta sobre os mitos do cérebro, tive o prazer de conversar com uma das mais eminentes e charmosas psicólogas do Reino Unido, reconhecida internacionalmente como uma velha estadista da disciplina. Quando contei a ela sobre o tema deste livro, sua reação imediata foi de extremo ceticismo. Como tantos outros, incluindo muitos psicólogos que não se especializaram em pesquisa de personalidade, ela acreditava que as pessoas realmente não pudessem mudar. "Mas o fato não é que os traços de personalidade são estáveis", ela disse, "que eles não mudam?" E, com entusiasmo mental característico, ela rapidamente destacou dois indivíduos conhecidos por sua intransigência: Donald Trump e a ex-primeira-ministra britânica Theresa May.

Por um momento, fui pego desprevenido. Esses são exemplos perfeitos para quem argumenta contra a maleabilidade da personalidade.

Trump e May têm personalidades notavelmente diferentes, mas ambos foram criticados com frequência durante seus mandatos pelo que tinham em comum: sua rigidez. Nenhum dos dois parecia capaz de mudar.

Tentei apresentar alguns contraexemplos, mas, embaraçosamente, minha mente ficou em branco (minha desculpa era que, para a palestra aberta que dei, minha mente estava no modo de mitos cerebrais). Assim que a conversa mudou para outros tópicos, minha cabeça se encheu com os nomes de muitos indivíduos citados neste livro — pessoas como Maajid Nawaz, o fundamentalista islâmico que se tornou defensor da paz; Anthony Joshua, o criminoso que se tornou um modelo de comportamento; Nick Yarris, o criminoso delinquente que se tornou um campeão estudioso com uma vida cheia de compaixão; Emma Stone, a adolescente extremamente tímida que se tornou uma megaestrela de Hollywood; Catra Corbett, a viciada em drogas que virou ultracorredora. Em cada caso, essas transformações se refletiram em mudanças significativas em seus traços de personalidade subjacentes — especialmente aumentos na abertura, na conscienciosidade e na amabilidade e reduções no neuroticismo.

Também evoquei em minha mente muitas outras respostas que eu deveria ter me lembrado. Primeiro, *é provável* que figuras públicas como Trump e May tenham mudado em alguns aspectos, mas não de maneira necessariamente visível ao público (geralmente é sobre a persistência de seus traços menos favoráveis, como o narcisismo de Trump ou a falta de carisma de May, que os observadores comentam). Mas a pontuação mais importante que eu gostaria de ter feito é de que uma mudança significativa na personalidade só pode ocorrer se a pessoa *quiser* mudar. Tanto May quanto Trump, e muitos outros como eles, transmitem fortemente que são felizes do jeito que são e não têm nenhum desejo de mudar — uma teimosia que pode ser uma força em alguns aspectos, mas também sua maior fraqueza.

Sustento que, se criminosos endurecidos podem mudar sua personalidade para melhor, e psicopatas, estudantes tímidos e até supostos extremistas fundamentalistas, como mostrado nas histórias e nos estudos de pesquisa salpicados neste livro, estou confiante de que *você* também pode mudar sua personalidade para *ser quem você quiser*.

Agradecimentos

Nunca conheci duas das pessoas a quem sou especialmente grato por me ajudarem a tornar este livro uma realidade: meu agente, Nat Jacks, da Inkwell Management, e meu editor, Amar Deol, da Simon & Schuster. Este arranjo incomum de coisas não é um reflexo da extrema introversão ou evitação por parte de ninguém. Tudo se deve ao fato de que Nat e Amar estão em Nova York e eu moro no interior de Sussex, na Inglaterra.

Agradeço a Nat por ter me encontrado do outro lado do Atlântico e gentilmente me encorajado a escrever meu primeiro livro de "grandes ideias". Eu precisava de estímulo: isso aconteceu no ano em que meus gêmeos nasceram, quando o tempo e o sono eram escassos. A vida tem sido uma montanha-russa desde então, mas Nat continua sendo uma fonte de conselhos amigáveis e apoio.

Agradeço a Amar por acreditar no livro e por me guiar durante o processo de escrita. Sou grato por seu calor e seu bom humor durante todo o processo e, principalmente, pela maneira como ele me deu confiança para me expressar.

Um dia espero conhecer Nat e Amar e lhes agradecer pessoalmente!

Agradecimentos também a Tzipora Baitch, da Simon & Schuster, que gentilmente interveio para ajudar a nortear *Seja quem você quiser* ao longo de todo o processo de produção, e a Beverly Miller e Yvette Grant, pela edição cuidadosa e pelo trabalho de produção editorial.

Mais perto de casa, na Inglaterra, sou grato a Andrew McAleer, da Little, Brown (minha editora britânica), por toda a orientação e todo o entusiasmo pelo projeto. Agradeço ainda ao meu agente em Londres, Ben Clark, da Soho Agency.

Ao longo dos anos em que venho escrevendo sobre psicologia da personalidade para o público, me baseei nas incríveis pesquisas e teorias de um grande número de psicólogos, e sou grato a todos eles, incluindo Brent Roberts, Rodica Damian, Julia Rohrer, Simine Vazire, Scott Barry Kaufman, Brian Little, Dan McAdams, Wiebke Bleidorn, Oliver Robinson, Kevin Dutton e muitos outros, numerosos demais para serem mencionados.

Além disso, a todos os indivíduos inspiradores que aparecem neste livro, cujas histórias mostram as promessas e os desafios da mudança de personalidade: muito obrigado.

Não muito depois de começar a escrever *Seja quem você quiser*, também lancei minha própria coluna de psicologia da personalidade na BBC Future (onde escrevi sobre algumas das ideias abordadas neste livro) e devo muitos agradecimentos aos meus editores de lá, especialmente David Robson, Richard Fisher, Zaria Gorvett e Amanda Ruggeri, por me ajudarem a aperfeiçoar minha escrita e por me mostrarem maneiras de relacionar as descobertas da psicologia com a vida cotidiana dos leitores.

Ao me aproximar do fim do meu trabalho neste livro, em 2019, também fiz uma mudança significativa na carreira, deixando meu cargo na British Psychological Society, onde fui editor por mais de dezesseis anos, e ingressando na Aeon para começar a trabalhar em sua nova publicação irmã, a revista *Psyche*, lançada em maio de 2020. Obrigado a todos os meus novos colegas da Aeon+Psyche por serem tão receptivos e inspiradores, e especialmente a Brigid e Paul Hains, por acreditarem em mim e me mostrarem como é possível conjugar rigor intelectual com coração e mente aberta. Quero agradecer a John Kemp-Potter. Nos anos em que escrevi este livro, nossas batalhas semanais pela supremacia no tênis de mesa foram muito divertidas e me ajudaram a manter meu neuroticismo sob controle!

É à minha família, a quem devo a mais profunda gratidão. Minha mãe, gentil e amorosa, sempre presente em minha vida, fornecendo conforto e sabedoria. Meu pai, que alimentou meu espírito competitivo. Meus lindos e adoráveis gêmeos, Rose e Charlie: vê-los crescendo e brilhando é uma alegria inigualável. E obrigado à minha querida esposa e alma gêmea, Jude: eu te amo ainda mais!

Notas finais

CAPÍTULO 1: O NÓS EM VOCÊ

1. Anthony Joshua v Jarrell Miller: British World Champion Keen to Avoid 'Banana Skin,'" ["Anthony Joshua vs. Jarrell Miller: Campeão mundial britânico quer muito evitar uma 'casca de banana'"], *BBC Sport*, 25 de fevereiro de 2019. https://www.bbc.co.uk/sport/boxing/47361869.

2. Michael Eboda, "Boxing Changed Anthony Joshua's Life. But It Won't Work for Every Black Kid" ["O boxe mudou a vida de Anthony Joshua. Mas isso não funciona para todos os meninos negros"] *Guardian*, 5 de maio de 2017. https://www.theguardian.com/commentisfree/2017/may/05/boxing-changed-anthony-joshua-black-kid-education.

3. Jeff Powell, "Anthony Joshua Vows to Create Legacy in and out of the Ring with His Very Own Museum But Aims to Beat 'Big Puncher' Joseph Parker and Deontay Wilder First" ["Anthony Joshua promete criar um legado dentro e fora do ringue com o seu próprio museu, mas pretende vencer o 'Big Puncher' Joseph Parker e Deontay Wilder primeiro"], *Daily Mail*, 30 de março de 2018. https://www.dailymail.co.uk/sport/boxing/article-5563249/Anthony-Joshua-vows-beat-big-puncher-Joseph-Parker.html.

4. David Walsh, "How Tiger Woods Performed Sport's Greatest Comeback" ["Como Tiger Woods fez mais incrível volta ao esporte"], *Sunday Times*, 14 de julho de 2019, https://www.thetimes.co.uk/magazine/the-sunday-times-magazine/how-tiger-woods-performed-sports-greatest-comeback-png7t7v33.

5. Jonah Weiner, "How Emma Stone Got Her Hollywood Ending" ["Como Emma Stone conseguiu ter o seu final feliz"], *Rolling Stone*, 21 de dezembro de 2016, http://www.rollingstone.com/movies/features/rolling-stone-cover-story-on-la-la-land -star-emma-stone-w456742.

6. Alex Spiegel, "The Personality Myth" ["O mito da personalidade"], NPR, áudio de podcast, 24 de junho de 2016, https://www.npr.org/programs/invisibilia/482836315/the-personality-myth.

7. "Noncommunicable diseases and their risk factors" ["Doenças não transmissíveis e seus fatores de risco"], WHO.Int, acessado em 25 de janeiro de 2021, em

https://www.who.int/ncds/prevention/physical-activity/inactivity-global-health-
-problem/en/.

8. Gordon W. Allport e Henry S. Odbert, "Trait-Names: A Psycho-Lexical Study" ["Nomes de traços: Um estudo psicoléxico"], *Psychological Monographs* 47, n° 1 (1949): 171.

9. Outros especialistas acreditam que esses traços sombrios são mais bem capturados por um sexto traço de personalidade principal que explora a humildade/honestidade.

10. Roberta Riccelli, Nicola Toschi, Salvatore Nigro, Antonio Terracciano e Luca Passamonti, "Surface-Based Morphmetry Reveals the Neuroanatomical Basis of the Five-Factor Model of Personality" ["A morfometria baseada em superfície revela a base neuroanatômica do modelo de personalidade de cinco fatores"], *Social Cognitive and Affective Neuroscience* 12, n° 4 (2017): 671-684.

11. Nicola Toschi e Luca Passamonti, "Intra-Cortical Myelin Mediates Personality Differences" ["A mielina intracortical medeia as diferenças de personalidade"], *Journal of Personality* 87, n° 4 (2019): 889-902.

12. Han-Na Kim, Yeojun Yun, Seungho Ryu, Yoosoo Chang, Min-Jung Kwon, Juhee Cho, Hocheol Shin e Hyung-Lae Kim, "Correlation Between Gut Microbiota and Personality in Adults: A Cross-Sectional Study" ["A correlação entre a microbiota intestinal e a personalidade em adultos: um estudo transversal"], *Brain, Behavior, and Immunity* 69 (2018): 374-385.

13. Daniel A. Briley e Elliot M. Tucker-Drob, "Comparing the Developmental Genetics of Cognition and Personality over the Life Span" ["Comparando a Genética do Desenvolvimento da Cognição e da Personalidade ao longo da Vida"], *Journal of Personality* 85, n° 1 (2017): 51-64.

14. Mathew A. Harris, Caroline E. Brett, Wendy Johnson e Ian J. Deary, "Personality Stability from Age 14 to Age 77 Years" ["Estabilidade da personalidade dos 14 aos 77 anos"], *Psychology and Aging* 31, n° 8 (2016): 862.

15. Rodica Ioana Damian, Marion Spengler, Andreea Sutu e Brent W. Roberts, "Sixteen Going On Sixty-Six: A Longitudinal Study of Personality Stability and Change Across Fifty Years" ["Dos dezesseis aos sessenta e seis: um estudo longitudinal da estabilidade e mudança da personalidade ao longo dos cinquenta anos"], *Journal of Personality and Social Psychology* 117, n° 3 (2019): 674.

16. Rafael Nadal e John Carlin, *Rafa* (Londres: Hachette Books, 2012).

17. "Open Letter to Invisibilia" ["Carta aberta à Invisibilia"] Facebook, 15 de junho de 2016, https://t.co/jUpXPm cBWq.

18. Angela L. Duckworth e Martin EP Seligman, "Self-Discipline Outdoes IQ in Predicting Academic Performance of Adolescents" ["A autodisciplina supera o QI na previsão do desempenho acadêmico de adolescentes"], *Psychological Science* 16, n° 12 (dezembro de 2005): 939-944.

19. Avshalom Caspi, Renate M. Houts, Daniel W. Belsky, Honalee Harrington, Sean Hogan, Sandhya Ramrakha, Richie Poulton e Terrie E. Moffitt, "Childhood Forecasting of a Small Segment of the Population with Large Economic Burden"

["Previsão da infância de um pequeno segmento da população com grande carga econômica"], Nature Human *Behavior* 1, n° 1 (2017): 0005.

20. Benjamin P. Chapman, Alison Huang, Elizabeth Horner, Kelly Peters, Ellena Sempeles, Brent Roberts e Susan Lapham, "High School Personality Traits and 48-Year All-Cause Mortality Risk: Results from a National Sample of 26.845 Baby Boomers" ["Traços de personalidade do ensino médio e risco de mortalidade por todas as causas em 48 anos: resultados de uma amostra nacional de 26.845 baby boomers"], *Journal of Epidemiology and Community Health* 73, n° 2 (2019): 106-110.

21. Brent W. Roberts, Nathan R. Kuncel, Rebecca Shiner, Avshalom Caspi e Lewis R. Goldberg, "The Power of Personality: The Comparative Validity of Personality Traits, Socioeconomic Status, and Cognitive Ability for Predicting Important Life Outcomes" ["O poder da personalidade: a validade comparativa de traços de personalidade, *status* socioeconômico e capacidade cognitiva para prever resultados importantes na vida"], *Perspectives on Psychological Science* 2, n° 4 (2007): 313-345.

22. Christopher J. Boyce, Alex M. Wood e Nattavudh Powdthavee, "Is Personality Fixed? Personality Changes as Much as 'Variable' Economic Factors and More Strongly Predicts Changes to Life Satisfaction" ["A personalidade é fixa? A personalidade muda tanto quanto os fatores econômicos 'variáveis' e prevê mais fortemente mudanças na satisfação com a vida"], *Social Indicators Research* 111, n° 1 (2013): 2870-305.

23. Sophie Hentschel, Michael Eid e Tanja Kutscher, "The Influence of Major Life Events and Personality Traits on the Stability of Affective Well-Being" ["A influência dos principais eventos de vida e traços de personalidade na estabilidade do bem-estar afetivo"], *Journal of Happiness Studies* 18, n° 3 (2017): 719-741.

24. Petri J. Kajonius e Anders Carlander, "Who Gets Ahead in Life? Personality Traits and Childhood Background in Economic Success" ["Quem sai na frente na vida? Traços de personalidade e histórico da infância no sucesso econômico"], *Journal of Economic Psychology* 59 (2017): 164-170.

25. Rodica Ioana Damian, Marion Spengler e Brent W. Roberts, "Whose Job Will Be Taken Over by a Computer? The Role of Personality in Predicting Job Computerizability over the Lifespan" ["De quem será o trabalho assumido por um computador? O papel da personalidade na previsão da informatização do trabalho ao longo da vida"], *European Journal of Personality* 31, n° 3 (2017): 291-310.

26. Benjamin P. Chapman e Lewis R. Goldberg, "Act-Frequency Signatures of the Big Five" ["Assinaturas de frequência de ação dos cinco grandes traços"], *Personality and Individual Differences* 116 (2017): 201-205.

27. David A. Ellis e Rob Jenkins, "Watch-Wearing as a Marker of Conscientiousness" ["O uso do relógio como marcador de consciência"], *PeerJ* 3 (2015): e1210.

28. Joshua J. Jackson, Dustin Wood, Tim Bogg, Kate E. Walton, Peter D. Harms e Brent W. Roberts, "What Do Conscientious People Do? Development and Validation of the Behavioral Indicators of Conscientiousness (BIC)" ["O que

as pessoas conscienciosas fazem? Desenvolvimento e validação dos Indicadores Comportamentais de Conscienciosidade (ICC)"], *Journal of Research in Personality* 44, n° 4 (2010): 501-511.

29. Anastasiya A. Lipnevich, Marcus Credè, Elisabeth Hahn, Frank M. Spinath, Richard D. Roberts e Franzis Preckel, "How Distinctive Are Morningness and Eveningness from the Big Five Factors of Personality? A MetaAnalytic Investigation" ["Quão distintas são as manhãs e as tardes dos cinco grandes fatores da personalidade? Uma investigação meta-analítica"], *Journal of Personality and Social Psychology* 112, n° 3 (2017): 491.

30. "The Big Five Inventory-2 Short Form (BFI-2-S)" ["O formulário-2 resumido dos cinco grandes traços (BFI-2-S)"], accessado em 7 de outubro de 2019, at http://www.colby.edu/psych/wp-content/uploads/sites/50/2013/08/bfi2s-form.pdf.

31. Na versão original deste livro, em inglês, uso as grafias como "extravert" e "extraversion" (em vez de "extrovert" e "extroversion") porque é assim que os termos são escritos na literatura psicológica, seguindo os escritos seminais de Carl Jung sobre as dimensões da personalidade.

32. Michael A. Sayette, "The Effects of Alcohol on Emotion in Social Drinkers" ["Os efeitos do álcool na emoção em bebedores sociais"], *Behaviour Research and Therapy* 88 (2017): 76-89.

33. Dan P. McAdams, The Art and Science of Personality Development [A arte e a ciência do desenvolvimento da personalidade], (Nova York: Guilford Press, 2015).

34. Michelle N. Servaas, Jorien Van Der Velde, Sergi G. Costafreda, Paul Horton, Johan Ormel, Harriette Riese e Andre Aleman, "Neuroticism and the Brain: A Quantitative Meta-Analysis of Neuroimaging Studies Investigating Emotion Processing" ["Neuroticismo e o cérebro: uma meta-análise quantitativa de estudos de neuroimagem que investigam o processamento de emoções"], *Neuroscience and Biobehavioral Reviews* 37, n° 8 (2013): 1.518-1.529.

35. Psicólogos evolucionistas também apontam que ser altamente neurótico pode ter dado aos nossos ancestrais uma vantagem de sobrevivência, especialmente em épocas de maior ameaça à vida.

36. Achala H. Rodrigo, Stefano I. Di Domenico, Bryanna Graves, Jaeger Lam, Hasan Ayaz, R. Michael Bagby e Anthony C. Ruocco, "Linking Trait-Based Phenotypes to Prefrontal Cortex Activation During Inhibitory Control" ["Relacionando fenótipos baseados em traços à ativação do córtex pré-frontal durante o controle inibitório"], *Social Cognitive and Affective Neuroscience* 11, n° 1 (2015): 55-65.

37. Brian W. Haas, Kazufumi Omura, R. Todd Constable e Turhan Canli, "Is Automatic Emotion Regulation Associated with Agreeableness? A Perspective Using a Social Neuroscience Approach" ["A regulação automática de emoções está associada à amabilidade? Uma perspectiva usando uma abordagem de neurociência social"], *Psychological Science* 18, no. 2 (2007): 130-132.

38. Cameron A. Miller, Dominic J. Parrott e Peter R. Giancola, "Agreeableness and Alcohol-Related Aggression: The Mediating Effect of Trait Aggressivity," ["Amabilidade e agressão relacionadas ao álcool: o efeito mediador do traço de

agressividade"], *Experimental and Clinical Psychopharmacology* 17, n° 6 (2009): 445.

39. Scott Barry Kaufman, Lena C. Quilty, Rachael G. Grazioplene, Jacob B. Hirsh, Jeremy R. Gray, Jordan B. Peterson e Colin G. DeYoung, "Openness to Experience and Intellect Differentially Predict Creative Achievement in the Arts and Sciences" ["Abertura à experiência e ao intelecto prediz de forma diferenciada a realização criativa nas artes e nas ciências"], *Journal of Personality* 84, n° 2 (2016): 248-258.

40. Mitchell C. Colver e Amani El-Alayli, "Getting Aesthetic Chills from Music: The Connection Between Openness to Experience and Frisson" ["Obtendo arrepios estéticos com a música: a conexão entre a abertura à experiência e o frisson"], *Psychology of Music* 44, n° 3 (2016): 413-427.

41. Douglas P. Terry, Antonio N. Puente, Courtney L. Brown, Carlos C. Faraco e L. Stephen Miller, "Openness to Experience Is Related to Better Memory Ability in Older Adults with Questionable Dementia" ["A abertura à experiência está relacionada a uma melhor capacidade de memória em adultos mais velhos com demência questionável"], *Journal of Clinical and Experimental Neuropsychology* 35, n° 5 (2013): 509-517; E. I. Franchow, Y. Suchy, S. R. Thorgusen, and P. Williams, "More Than Education: Openness to Experience Contributes to Cognitive Reserve in Older Adulthood" ["Mais do que educação: a abertura à experiência contribui para a reserva cognitiva na terceira idade"], *Journal of Aging Science* 1, n° 109 (2013): 1-8.

42. Timothy A. Judge, Chad A. Higgins, Carl J. Thoresen e Murray R. Barrick, "The Big Five Personality Traits, General Mental Ability, and Career Success Across the Life Span" ["Os cinco grandes traços de personalidade, habilidade mental geral e sucesso na carreira ao longo da vida"], *Personnel Psychology* 52, n° 3 (1999): 621-652.

CAPÍTULO 2: ESTILINGUES E FLECHAS

1. Helena R. Slobodskaya e Elena A. Kozlova, "Early Temperament as a Predictor of Later Personality" ["O temperamento precoce como preditor da personalidade posterior"], *Personality and Individual Differences* 99 (2016): 127-132.

2. Avshalom Caspi, HonaLee Harrington, Barry Milne, James W. Amell, Reremoana F. Theodore e Terrie E. Moffitt, "Children's Behavioral Styles at Age 3 Are Linked to Their Adult Personality Traits at Age 26" ["Os estilos de comportamento das crianças aos 3 anos estão ligados aos seus traços de personalidade adulta aos 26 anos"], *Journal of Personality* 71, n° 4 (2003): 495-514.

3. M. Spengler, O. Lüdtke, R. Martin e M. Brunner, "Childhood Personality and Teacher Ratings of Conscientiousness Predict Career Success Four Decades Later" ["A personalidade infantil e as avaliações de consciência do professor preveem o sucesso na carreira quatro décadas depois"], *Personality and Individual Differences* 60 (2014): S28.

4. Philip Larkin, "This Be The Verse" ["Este é o verso"], em *Philip Larkin: Collected Poems*, ed. Anthony Thwaite (Londres: Faber, 1988).

5. Alison Gopnik, The Gardener and the Carpenter: What the New Science of *Child Development* Tells Us About the Relationship Between Parents and Children [O jardineiro e o carpinteiro: o que a nova ciência do desenvolvimento infantil nos diz sobre o relacionamento entre pais e filhos], (Nova York: Macmillan, 2016).

6. Gordon Parker, Hilary Tupling e Laurence B. Brown, "A Parental Bonding Instrument" ["Um instrumento de vínculo parental"], *British Journal of Medical Psychology* 52, n° 1 (1979): 1-10. Um questionário formal que mede a parentalidade autoritária.

7. Wendy S. Grolnick and Richard M. Ryan, "Parent Styles Associated with Children's Self-Regulation and Competence in School" ["Estilos parentais associados à autorregulação e competência escolar dos filhos"], *Journal of Educational Psychology* 81, n° 2 (1989): 143; Laurence Steinberg, Nancy E. Darling, Anne C. Fletcher, B. Bradford Brown, and Sanford M. Dornbusch, "Authoritative Parenting and Adolescent Adjustment: An Ecological Journey" ["Parentalidade autoritária e ajuste adolescente: Uma jornada ecológica"], em *Examining Lives in Context*, eds. P. Moen, G. H. Elder, Jr., and K. Lüscher (Washington, DC: American Psychological Association, 1995).

8. Irving M. Reti, Jack F. Samuels, William W. Eaton, O. Joseph Bienvenu III, Paul T. Costa Jr. e Gerald Nestadt, "Influences of Parenting on Normal Personality Traits" ["Influências da parentalidade nos traços normais de personalidade"], *Psychiatry Research* 111, n° 1 (2002): 55-64.

9. Angela Duckworth, Grit: The Power of Passion and Perseverance [Garra: O poder da paixão e da Perseverança (Nova York: Scribner, 2016; São Paulo: Intrínseca, 2016).

10. W. Thomas Boyce e Bruce J. Ellis, "Biological Sensitivity to Context: I. An Evolutionary-Developmental Theory of the Origins and Functions of Stress Reactivity" ["Trazendo a sensibilidade biológica para o contexto: I. Uma teoria evolutivo-desenvolvimental das origens e funções da reatividade ao estresse"], *Development and Psychopathology* 17, n° 2 (2005): 271-301.

11. Michael Pluess, Elham Assary, Francesca Lionetti, Kathryn J. Lester, Eva Krapohl, Elaine N. Aron e Arthur Aron, "Environmental Sensitivity in Children: Development of the Highly Sensitive Child Scale and Identification of Sensitivity Groups" ["Sensibilidade ambiental em crianças: Desenvolvimento da escala infantil altamente sensível e identificação de grupos de sensibilidade"], *Developmental Psychology* 54, n° 1 (2018): 51.

12. Jocelyn Voo, "Birth Order Traits: Your Guide to Sibling Personality Differences" ["Traços da ordem de nascimento: o seu guia para as diferenças de personalidade entre irmãos"] Parents.com, accessado em 7 de outubro de 2019 em: opment/social/birth-order-and-personality/.

13. "How Many US Presidents Were First-Born Sons?" ["Quantos presidentes dos EUA foram filhos primogênitos?"] Wisegeek.com, acessado em 7 de outubro de 2019, em first-born-sons.htm.

14. Julia M. Rohrer, Boris Egloff e Stefan C. Schmukle, "Examining the Effects of Birth Order on Personality" ["Examinando os efeitos da ordem de nascimento

nos traços de personalidade"], *Proceedings of the National Academy of Sciences* 112, n° 46 (2015): 14.224-14.229.

15. Rodica Ioana Damian e Brent W. Roberts, "The Associations of Birth Order with Personality and Intelligence in a Representative Sample of US High School Students" ["As associações da ordem de nascimento com personalidade e inteligência em uma amostra representativa de alunos do ensino médio dos EUA"], *Journal of Research in Personality* 58 (2015): 96-105.

16. Rodica Ioana Damian e Brent W. Roberts, "Settling the Debate on Birth Order and Personality" ["Resolvendo o debate sobre a ordem de nascimento e personalidade"], *Proceedings of the National Academy of Sciences* 112, n° 46 (2015): 14.119-14.120.

17. Bart H. H. Golsteyn e Cécile A. J. Magnée, "Does Birth Spacing Affect Personality?" ["O espaçamento entre os nascimentos afeta a personalidade?"], *Journal of Economic Psychology* 60 (2017): 92-108.

18. Lisa Cameron, Nisvan Erkal, Lata Gangadharan e Xin Meng, "Little Emperors: Behavioral Impacts of China's One-Child Policy" ["Pequenos imperadores: impactos comportamentais na política de filhos únicos da China"], *Science* 339, n° 6122 (2013): 953-957.

19. Jennifer Watling Neal, C. Emily Durbin, Allison E. Gornik e Sharon L. Lo, "Codevelopment of Preschoolers' Temperament Traits and Social Play Networks Over an Entire School Year" ["Codesenvolvimento de traços de temperamento em pré-escolares e redes de atividades sociais ao longo de um ano letivo inteiro"], *Journal of Personality and Social Psychology* 113, n° 4 (2017): 627.

20. Thomas J. Dishion, Joan McCord e François Poulin, "When Interventions Harm: Peer Groups and Problem Behavior" ["Quando as intervenções prejudicam: grupos de pares e comportamento problemático"], *American Psychologist* 54, n° 9 (1999): 755.

21. Maarten H. W. van Zalk, Steffen Nestler, Katharina Geukes, Roos Hutteman e Mitja D. Back, "The Codevelopment of Extraversion and Friendships: Bonding and Behavioral Interaction Mechanisms in Friendship Networks" ["O codesenvolvimento da extroversão e das amizades: Mecanismos de vínculo e interação comportamental em redes de amizade"], *Journal of Personality and Social Psychology* 118, n° 6 (2020): 1.269.

22. Christopher J. Soto, Oliver P. John, Samuel D. Gosling e Jeff Potter, "Age Differences in Personality Traits from 10 to 65: Big Five Domains and Facets in a Large Cross-Sectional Sample" ["A diferença de idade nos traços de personalidade de 10 a 65: os cinco grandes domínios e suas facetas em uma grande amostra transversal"], *Journal of Personality and Social Psychology* 100, n° 2 (2011): 330.

23. Sally Williams, "Monica Bellucci on Life after Divorce and Finding Herself in her 50s" ["Monica Bellucci fala sobre a vida depois do divórcio e seu reencontro pessoal após os 50 anos"], *Telegraph*, 15 de julho de 2017, https://www.telegraph.co.uk/films/2017/07/15/monica-bellucci-life-divorce-finding-50s.

24. Tim Robey, "Vincent Cassel: 'Women Like Security. Men Prefer Adventure" ["Vincent Cassel: 'Mulheres gostam de segurança. Homens preferem aventura"], *Telegraph*, 28 de maio de 2016, http://www.telegraph.co.uk/films/2016/05/ 28/ vincent-cassel-women-like-security-men-prefer-adventure/.

25. Paul T. Costa Jr., Jeffrey H. Herbst, Robert R. McCrae e Ilene C. Siegler, "Personality at Midlife: Stability, Intrinsic Maturation, and Response to Life Events" ["Personalidade na meia-idade: Estabilidade, maturação intrínseca e resposta a eventos da vida"], Assessment 7, n° 4 (2000): 365-378.

26. Emily Retter, "Oldest Ever Bond Girl Monica Bellucci Reveals How a Woman of 51 Can Have Killer Sex Appeal" ["A Bond Girl mais velha de todos os tempos, Monica Bellucci, revela como uma mulher de 51 anos pode ter um *sex appeal* matador"], *Irish Mirror*, 20 de outubro de 2015, http:// www.irishmirror.ie/showbiz/celebrity-news/oldest-ever-bond-girl-monica-6669965.

27. Jule Specht, Boris Egloff e Stefan C. Schmukle, "Stability and Change of Personality Across the Life Course: The Impact of Age and Major Life Events on Mean-Level and Rank-Order Stability of the Big Five" ["Estabilidade e mudança de personalidade ao longo do curso da vida: O impacto da idade e dos principais eventos da vida no nível médio e na estabilidade da ordem de classificação dos cinco grandes traços"], *Journal of Personality and Social Psychology* 101, n° 4 (2011): 862.

28. Marcus Mund e Franz J. Neyer, "Loneliness Effects on Personality" ["Efeitos da solidão na personalidade"], *International Journal of Behavioral Development* 43, n° 2 (2019): 136-146.

29. Christian Jarrett, "Lonely People's Brains Work Differently" ["O cérebro das pessoas solitárias trabalha diferente"], *New York* magazine, Augusto de 2015, https:// www.thecut.com/2015/08/lonely-peoples-brains-work-differently.html.

30. Christopher J. Boyce, Alex M. Wood, Michael Daly e Constantine Sedikides, "Personality Change Following Unemployment" ["Mudança de personalidade após o desemprego], *Journal of Applied Psychology* 100, n° 4 (2015): 991.

31. Gabrielle Donnelly, "'I'd Have Sold My Mother for a Rock of Crack Cocaine': Tom Hardy on his Astonishing Journey from English Private Schoolboy to Drug Addict — and Now Hollywood's No 1 Baddie" ["'Eu venderia a minha mãe por uma pedra de crack': Tom Hardy e sua surpreendente jornada de aluno inglês a viciado em drogas — e agora o vilão n° 1 de Hollywood"], *Daily Mail*, 22 de janeiro de 2016, http://www .dailymail.co.uk/tvshowbiz/article-3411226/I-d-sold-mother-rockcrack-cocaine-Tom-Hardy-astonishing-journey-public-schoolboy--drug-addict-Hollywood-s-No-1-baddie.html.

32. Specht, Egloff e Schmukle, "Stability and Change of Personality Across the Life Course" ["Estabilidade e mudança de personalidade ao longo da vida"], 862.

33. Christiane Niesse e Hannes Zacher, "Openness to Experience as a Predictor and Outcome of Upward Job Changes into Managerial and Professional Positions" ["Abertura à experiência como um arauto e resultado de mudanças ascendentes de cargos em cargos gerenciais e profissionais"], *PloS One* 10, n° 6 (2015): e0131115.

34. Eva Asselmann e Jule Specht, "Taking the ups and downs at the rollercoaster of love: Associations between major life events in the domain of romantic relationships and the Big Five personality traits" ["Altos e baixos na montanha--russa do amor: Associações entre os principais eventos da vida no domínio dos relacionamentos românticos e os cinco grandes traços de personalidade"], *Developmental Psychology* 56, nº 9 (2020): 1.803-1.816.

35. Specht, Egloff e Schmukle, "Stability and Change of Personality Across the Life Course" ["Estabilidade e mudança de personalidade ao longo da vida"], 862.

36. Tila M. Pronk, Asuma Buyukcan-Tetik, Marina MAH Iliás e Catrin Finkenauer, "Marriage as a Training Ground: Examining Change in Self-Control and Forgiveness over the First Four Years of Marriage" ["O casamento como campo de treinamento: Examinando a mudança no autocontrole e no perdão nos primeiros quatro anos de casamento"], *Journal of Social and Personal Relationships* 36, nº 1 (2019): 109-130.

37. Jeroen Borghuis, Jaap J. A. Denissen, Klaas Sijtsma, Susan Branje, Wim H. Meeus e Wiebke Bleidorn, "Positive Daily Experiences Are Associated with Personality Trait Changes in Middle-Aged Mothers" ["Experiências diárias positivas estão associadas a mudanças de traços de personalidade em mães de meia-idade"], *European Journal of Personality* 32, nº 6 (2018): 672-689.

38. Manon A. van Scheppingen, Jaap Denissen, Joanne M. Chung, Kristian Tambs e Wiebke Bleidorn, "Self-Esteem and Relationship Satisfaction During the Transition to Motherhood" ["Autoestima e satisfação no relacionamento durante a transição para a maternidade"], *Journal of Personality and Social Psychology* 114, nº 6 (2018): 973.

39. Specht, Egloff e Schmukle, "Stability and Change of Personality Across the Life Course" ["Estabilidade e mudança de personalidade ao longo da vida"], 862; Sarah Galdiolo and Isabelle Roskam, "Development of Personality Traits in Response to Childbirth: A≠ Longitudinal Dyadic Perspective" ["Desenvolvimento de traços de personalidade em resposta ao parto: Perspectiva diádica longitudinal A≠"], *Personality and Individual Differences* 69 (2014): 223-230; Manon A. van Scheppingen, Joshua J. Jackson, Jule Specht, Roos Hutteman, Jaap J. A. Denissen, and Wiebke Bleidorn, "Personality Trait Development During the Transition to Parenthood" ["Desenvolvimento de traços de personalidade durante a transição para a parentalidade"], *Social Psychological and Personality Science* 7, nº 5 (2016): 452-462.

40. Emma Dawson, "A Moment That Changed Me: The Death of My Sister and the Grief That Followed" ["O momento que me mudou: a morte de minha irmã e sua consequente dor"] *Guardian*, 3 de dezembro de 2015, https://www.the guardian.com/commentisfree/2015/dec/03/moment-changed-me-sisters-death.

41. Daniel K. Mroczek e Avron Spiro III, "Modeling Intraindividual Change in Personality Traits: Findings from the Normative Aging Study" ["Modelando a mudança intraindividual nos traços de personalidade: Descobertas de um estudo de envelhecimento normativo"], *Journals of Gerontology Series B: Psychological Sciences and Social Sciences* 58, nº 3 (2003): P153-P165.

42. Eva Asselmann e Jule Specht, "Till Death Do Us Part: Transactions Between Losing One's Spouse and the Big Five Personality Traits" ["Até que a morte nos separe: Transações entre a perda do cônjuge e os cinco grandes traços de personalidade"], *Journal of Personality* 88, n° 4 (2020): 659-675.

43. Michael P. Hengartner, Peter Tyrer, Vladeta Ajdacic-Gross, Jules Angst e Wulf Rössler, "Articulation and Testing of a Personality-Centred Model of Psychopathology: Evidence from a Longitudinal Community Study over 30 Years" ["Articulação e teste de um modelo de psicopatologia centrado na personalidade: Evidências de um estudo comunitário longitudinal ao longo de 30 anos"], *European Archives of Psychiatry and Clinical Neuroscience* 268, n° 5 (2018): 443-454.

44. Konrad Bresin e Michael D. Robinson, "You Are What You See and Choose: Agreeableness and Situation Selection" ["Você é o que você vê e o que você escolhe: Amabilidade e seleção de situação"], *Journal of Personality* 83, n° 4 (2015): 452-463.

45. Christopher J. Boyce, Alex M. Wood e Eamonn Ferguson, "For Better or for Worse: The Moderating Effects of Personality on the Marriage-Life Satisfaction Link" ["Para o bem ou para o mal: Os efeitos moderadores da personalidade no vínculo de satisfação casamento-vida"], *Personality and Individual Differences* 97 (2016): 61-66.

46. Tasha Eurich, Insight: The Power of Self-Awareness in a Self-Deluded World [*Insight*: O poder da autoconsciência em um mundo autoiludido], (Nova York: Macmillan, 2017).

47. Desenvolvido por Dan P. McAdams.

48. Dan P. McAdams, The Art and Science of Personality Development [A arte e a ciência do desenvolvimento da personalidade], (Nova York: Guilford Press, 2015).

49. Jonathan M. Adler, Jennifer Lodi-Smith, Frederick L. Philippe e Iliane Houle, "The Incremental Validity of Narrative Identity in Predicting WellBeing: A Review of the Field and Recommendations for the Future" ["A validade incremental da identidade narrativa na previsão do bem-estar: uma revisão do campo e recomendações para o futuro"], *Personality and Social Psychology Review* 20, n° 2 (2016): 142-175.

50. Dan P. McAdams, The Art and Science of Personality Development [A arte e a ciência do desenvolvimento da personalidade], (Nova York: Guilford Press, 2015).

CAPÍTULO 3: ALTERAÇÃO PATOLÓGICA

1. Chloe Lambert, "A Knock on My Head Changed My Personality: It Made Me a Nicer Person!" ["Uma pancada na minha cabeça mudou minha personalidade: me tornou uma pessoa melhor!"], *Daily Mail*, 14 de janeiro de 2013, https://www.dailymail.co.uk/health/article-2262379/Bicycle-accident-A-knock-head-changed-personalityThe-good-news-nicer.html.

2. Anne Norup e Erik Lykke Mortensen, "Prevalence and Predictors of Personality Change after Severe Brain Injury" ["Prevalência e preditores de mudança de personalidade após lesão cerebral grave"], *Archives of Physical Medicine and Rehabilitation* 96, nº 1 (2015): 56-62.

3. John M. Harlow, "Recovery from the Passage of an Iron Bar Through the Head" ["Recuperação da passagem de uma barra de ferro pela cabeça"], *Publications of the Massachusetts Medical Society* 2 (1868): 2.327-2.347.

4. Joseph Barrash, Donald T. Stuss, Nazan Aksan, Steven W. Anderson, Robert D. Jones, Kenneth Manzel e Daniel Tranel, "'Frontal Lobe Syndrome'? Subtypes of Acquired Personality Disturbances in Patients with Focal Brain Damage" ["'Síndrome do Lobo Frontal'? Subtipos de distúrbios de personalidade adquiridos em pacientes com dano cerebral focal"], *Cortex* 106 (2018): 65-80.

5. Paul Broks, "How a Brain Tumour Can Look Like a Mid-Life Crisis" ["Como um tumor cerebral pode se parecer com uma crise de meia-idade"], *Prospect*, 20 de julho de 2000, https://www.prospectmagazine.co.uk/magazine/voodoochile.

6. Nina Strohminger e Shaun Nichols, "Neurodegeneration and Identity" ["Neurodegeneração e identidade"], *Psychological Science* 26, nº 9 (2015): 1.469-1.479.

7. Lambert, "A Knock on My Head" ["Uma pancada na minha cabeça"].

8. Mesmo quando uma lesão ou um insulto cerebral não afetam a personalidade ou têm um efeito benéfico, é importante não subestimar o impacto que tal experiência pode ter. A maioria das pessoas que sofrem uma lesão cerebral viverá com pelo menos algumas dificuldades persistentes pelo resto de sua vida, mesmo que às vezes sejam ocultas, como na forma de problemas de memória ou dificuldades sociais.

9. Damian Whitworth, "I Had a Stroke at 34. I Prefer My Life Now" ["Tive um derrame aos 34. Prefiro a minha vida de hoje"] *Times*, 14 de outubro de 2018, https://www.thetimes.co.uk/article/i-had-a-stroke-at-34-i-prefer-my-life-now-59krk356p.

10. Sally Williams, "I Had a Stroke at 34, I Couldn't Sleep, Read or Even Think" ["Tive um derrame aos 34 anos, não conseguia dormir, ler, nem mesmo pensar"], *Daily Telegraph*, 17 de agosto de 2017, https://www.telegraph.co.uk/health-fitness/mind/had-stroke-34-couldnt-sleep-read-even-think/.

11. Esta foi a primeira tentativa sistemática de identificar incidências de mudança de personalidade positiva em uma série de diferentes tipos de lesão cerebral, mas há relatos anteriores relacionados na literatura. Por exemplo, um artigo de 1968 no *British Journal of Psychiatry* apresentou uma avaliação de setenta e nove sobreviventes de aneurismas cerebrais rompidos (vasos sanguíneos enfraquecidos) e relatou que nove experimentaram uma mudança positiva de personalidade. Uma mulher de 53 anos foi descrita como mais amável e feliz (embora também mais sem tato) e menos propensa a se preocupar depois de sua lesão neural; na verdade, ela afirmou ter recebido três propostas de casamento desde que o incidente ocorreu.

12. Marcie L. King, Kenneth Manzel, Joel Bruss e Daniel Tranel, "Neural Correlates of Improvements in Personality and Behavior Following a Neurological Event"

Notas finais

["Correlatos neurais de melhorias na personalidade e no comportamento após um evento neurológico"], *Neuropsychologia* 145 (2017): 1-10.
13. *Robin Williams* (In the Moment Productions, 10 de junho de 2001).
14. Susan Williams, "Remembering Robin Williams" ["Relembrando Robin Williams"], *Times* (Londres), 28 de novembro de 2015, https://www.thetimes.co.uk/article/remembering-robin-williams-mj3gpjhcrc2.
15. Susan Schneider Williams, "The Terrorist Inside My Husband's Brain" ["O terrorista dentro do cérebro do meu marido"], *Neurology* 87 (2016): 1.308-1.311.
16. Dave Itzkoff, *Robin* (Nova York: Holt, 2018).
17. Ibid.
18. Ibid.
19. American Parkinson Disease Association, "Changes in Personality" ["Mudanças na personalidade"], acessado em 20 de outubro de 2019, em https://www.apdaparkinson.org/what-is-parkinsons/symptoms/personality-change; Antonio Cerasa, "Re-Examining the Parkinsonian Personality Hypothesis: A Systematic Review" ["Reexaminando a hipótese da personalidade parkinsoniana: Uma análise sistemática"], *Personality and Individual Differences* 130 (2018): 41-50.
20. Williams, "O terrorista dentro do cérebro do meu marido", 1.308-1.311.
21. Tarja-Brita Robins Wahlin e Gerard J. Byrne, "Personality Changes in Alzheimer's Disease: A Systematic Review" ["Mudança de personalidade no mal de Alzheimer: Uma análise sistemática"], *International Journal of Geriatric Psychiatry* 26, nº 10 (2011): 1.019-1.029.
22. Alfonsina D'Iorio, Federica Garramone, Fausta Piscopo, Chiara Baiano, Simona Raimo e Gabriella Santangelo, "Meta-Analysis of Personality Traits in Alzheimer's Disease: A Comparison with Healthy Subjects" ["Metanálise de traços de personalidade no mal de Alzheimer: uma comparação com indivíduos saudáveis"], *Journal of Alzheimer's Disease* 62, nº 2 (2018): 773-787.
23. Colin G. DeYoung, Jacob B. Hirsh, Matthew S. Shane, Xenophon Papademetris, Nallakkandi Rajeevan e Jeremy R. Gray, "Testing Predictions from Personality Neuroscience: Brain Structure and the Big Five" ["Testando previsões da neurociência da personalidade: A estrutura do cérebro e os cinco grandes traços"], *Psychological Science* 21, nº 6 (2010): 820-828.
24. Silvio Ramos Bernardes da Silva Filho, Jeam Haroldo Oliveira Barbosa, Carlo Rondinoni, Antonio Carlos dos Santos, Carlos Ernesto Garrido Salmon, Nereida Kilza da Costa Lima, Eduardo Ferriolli e Júlio César Moriguti, "NeuroDegeneration Profile of Alzheimer's Patients: A Brain Morphometry Study" ["Perfil de neurodegeneração de pacientes com Alzheimer: Um estudo de morfometria cerebral"], *NeuroImage: Clinical* 15 (2017): 15-24.
25. Tomiko Yoneda, Jonathan Rush, Eileen K. Graham, Anne Ingeborg Berg, Hannie Comijs, Mindy Katz, Richard B. Lipton, Boo Johansson, Daniel K. Mroczek e Andrea M. Piccinin, "Increases in Neuroticism May Be an Early Indicator of Dementia: A Coordinated Analysis" ["Aumentos no neuroticismo podem ser um indicador precoce de demência: Uma análise coordenada"], *Journals of Gerontology: Series B* 75 (2018): 251-262.

26. "Draft Checklist on Mild Behavioral Impairment" ["Rascunho de *checklist* sobre comprometimento comportamental leve"], *New York Times*, 25 de julho de 2016, https://www.nytimes.com/interactive/2016/07/25/health/26brain-doc.html.

27. Neil Osterweil, "Personality Changes May Help Distinguish between Types of Dementia" ["Mudanças de personalidade podem ajudar na distinção entre tipos de demência"], *Medpage Today*, 31 de maio de 2007, https://www.medpageto-day.com/neurology/alzheimersdisease/5803; James E. Galvin, Heather Malcom, David Johnson, and John C. Morris, "Personality Traits Distinguishing Dementia with Lewy Bodies from Alzheimer Disease" ["Traços de personalidade que distinguem a demência com corpos de Lewy do mal de Alzheimer"], *Neurology* 68, n° 22 (2007): 1.895-1.901.

28. "Read Husband's Full Statement on Kate Spade's Suicide" ["Leia a declaração completa do marido sobre o suicídio de Kate Spade"], CNN, 7 de junho de 2018, https://edition.cnn.com/2018/06/07/us/andy-kate-spade-statement/index.html.

29. National Institute of Mental Health, "Major Depression" ["Depressão aguda"], acessado em 20 de outubro de 2019, em https://www.nimh.nih.gov/health/statistics/major-depression.shtml.

30. American Foundation for Suicide Prevention, "Suicide Rate Is Up 1.2 Percent according to Most Recent CDC Data (Year 2016)" ["A taxa de suicídio aumentou 1,2%, de acordo com os dados mais recentes do CDC (ano de 2016)"] acessado em 20 de outubro de 2019, em https://afsp.org/suicide-rate-1-8-percent-according-g-recent-cdc-datayear-2016/.

31. Patrick Marlborough, "Depression Steals Your Soul and Then It Takes Your Friends" ["A depressão rouba a sua alma e depois leva os seus amigos"], *Vice*, 31 de janeiro de 2017, acessado em 20 de outubro de 2019, em https://www.vice.com/en_au/article/4x4xjj/depression-steals-your-soul-and-then-it-takesyour--friends.

32. Julie Karsten, Brenda W. J. H. Penninx, Hariëtte Riese, Johan Ormel, Willem A. Nolen e Catharina A. Hartman, "The State Effect of Depressive and Anxiety Disorders on Big Five Personality Traits" ["O efeito do estado dos transtornos depressivos e de ansiedade nos cinco grandes traços de personalidade"], *Journal of Psychiatric Research* 46, n° 5 (2012): 644-650.

33. J. H. Barnett, J. Huang, R. H. Perlis, M. M. Young, J. F. Rosenbaum, A. A. Nierenberg, G. Sachs, V. L. Nimgaonkar, D. J. Miklowitz e J. W. Smoller, "Personality and Bipolar Disorder: Dissecting State and Trait Associations between Mood and Personality" ["Personalidade e transtorno bipolar: dissecando associações de estado e de traço entre humor e personalidade"], *Psychological Medicine* 41, n° 8 (2011): 1.593-1.604.

34. "Experiences of Bipolar Disorder: 'Every Day It Feels Like I Must Wear a Mask'" ["Experiências de transtorno bipolar: 'Parece que eu preciso usar uma máscara todos os dias'"], *Guardian*, 31 de março de 2017, acessado em 20 de outubro de 2019, em https:// www.theguardian.com/lifeandstyle/2017/mar/31/experiences-of-bipolar-dis order-every-day-it-feels-like-i-must-wear-a-mask.

35. Mark Eckblad and Loren J. Chapman, "Development and Validation of a Scale for Hypomanic Personality" ["Desenvolvimento e validação de uma escala para personalidade hipomaníaca"], *Journal of Abnormal Psychology* 95, nº 3 (1986): 214.

36. Gordon Parker, Kathryn Fletcher, Stacey McCraw e Michael Hong, "The Hypomanic Personality Scale: A Measure of Personality and/or Bipolar Symptoms?" ["A escala de personalidade hipomaníaca: Uma medida de personalidade e/ou de sintomas bipolares?"], *Psychiatry Research* 220, nºs 1–2 (2014): 654-658.

37. Johan Ormel, Albertine J. Oldehinkel e Wilma Vollebergh, "Vulnerability Before, During, and After a Major Depressive Episode: A 3-Wave Population-Based Study" ["Vulnerabilidade antes, durante e depois de um episódio depressivo maior: um estudo baseado na população de 3 ondas"], *Archives of General Psychiatry* 61, nº 10 (2004): 990-996; Pekka Jylhä, Tarja Melartin, Heikki Rytsälä, and Erkki Isometsä, "Neuroticism, Introversion, and Major Depressive Disorder — Traits, States, or Scars?" ["Neuroticismo, introversão e transtorno depressivo maior — traços, estados ou cicatrizes?"], *Depression and Anxiety* 26, nº 4 (2009): 325-334; M. Tracie Shea, Andrew C. Leon, Timothy I. Mueller, David A. Solomon, Meredith G. Warshaw, and Martin B. Keller, "Does Major Depression Result in Lasting Personality Change?" ["A depressão profunda resulta em uma mudança duradoura de personalidade?"] *American Journal of Psychiatry* 153, nº 11 (1996): 1.404-1410; E. H. Bos, M. Ten Have, S. van Dorsselaer, B. F. Jeronimus, R. de Graaf, and P. de Jonge, "Functioning Before and After a Major Depressive Episode: Pre-Existing Vulnerability or Scar? A Prospective Three-Wave Population-Based Study" ["Funcionamento antes e depois de um episódio depressivo maior: vulnerabilidade preexistente ou cicatriz? Um estudo prospectivo baseado na população de três ondas"] *Psychological Medicine* 48, nº 13 (2018): 2.264-2.272.

38. Tom Rosenström, Pekka Jylhä, Laura Pulkki-Råback, Mikael Holma, Olli T. Raitakari, Erkki Isometsä e Liisa Keltikangas-Järvinen, "Long-Term Personality Changes and Predictive Adaptive Responses after Depressive Episodes" ["Mudanças de personalidade a longo prazo e respostas adaptativas preditivas após episódios depressivos"], *Evolution and Human Behavior* 36, nº 5 (2015): 337-344.

39. Barnett, "Personality and Bipolar Disorder: Dissecting State and Trait Associations Between Mood and Personality" ["Personalidade e transtorno bipolar: dissecando associações de estado e de traço entre humor e personalidade"], 1.593-1.604.

40. Tony Z. Tang, Robert J. DeRubeis, Steven D. Hollon, Jay Amsterdam, Richard Shelton e Benjamin Schalet, "A Placebo-Controlled Test of the Effects of Paroxetine and Cognitive Therapy on Personality Risk Factors in Depression" ["Um teste controlado por placebo dos efeitos da paroxetina e da terapia cognitiva sobre os fatores de risco da personalidade na depressão"], *Archives of General Psychiatry* 66, nº 12 (2009): 1.322.

41. Sabine Tjon Pian Gi, Jos Egger, Maarten Kaarsemaker e Reinier Kreutzkamp, "Does Symptom Reduction after Cognitive Behavioural Therapy of Anxiety Disordered Patients Predict Personality Change?" ["A redução de sintomas após a terapia cognitivo-comportamental de pacientes com transtorno de ansiedade prevê mudança de personalidade?"], *Personality and Mental Health* 4, n° 4 (2010): 237–245.

42. Oliver Kamm, "My Battle with Clinical Depression" ["Minha batalha contra a depressão clínica"], *Times* (Londres), 11 de junho de 2016, acessado em 20 de outubro de 2019, em https://www.thetimes.co.uk/article/id-sit-on-the-stairs-until--i-was-ready-to-open-the-front-door-it-could-take-an-hour-z60g637mt.

43. Shuichi Suetani e Elizabeth Markwick, "Meet Dr Jekyll: A Case of a Psychiatrist with Dissociative Identity Disorder" ["Conheça o Dr. Jekyll: O caso de um psiquiatra com transtorno dissociativo de identidade"], *Australasian Psychiatry* 22, n° 5 (2014): 489–491.

44. Emma Young, "My Many Selves: How I Learned to Live with Multiple Personalities" ["Meus muitos eus: como aprendi a viver com múltiplas personalidades"], *Mosaic*, 12 de junho de 2017, https://mosaicscience.com/story/my--manyselves-multiple-personalities-dissociative-identity-disorder.

45. Bethany L. Brand, Catherine C. Classen, Scot W. McNary e Parin Zaveri, "A Review of Dissociative Disorders Treatment Studies" ["Uma revisão dos estudos de tratamento de transtornos dissociativos"], *Journal of Nervous and Mental Disease* 197, n° 9 (2009): 646–654.

46. Richard G. Tedeschi e Lawrence G. Calhoun, "The Posttraumatic Growth Inventory: Measuring the Positive Legacy of Trauma" ["O inventário de crescimento pós-traumático: Medindo o legado positivo do trauma"], *Journal of Traumatic Stress* 9, n° 3 (1996): 455–471.

47. Michael Hoerger, Benjamin P. Chapman, Holly G. Prigerson, Angela Fagerlin, Supriya G. Mohile, Ronald M. Epstein, Jeffrey M. Lyness e Paul R. Duberstein, "Personality Change Preto Post-Loss in Spousal Caregivers of Patients with Terminal Lung Cancer" ["Mudança de personalidade pré e pós-perda em cônjuges cuidadores de pacientes com câncer de pulmão terminal"], *Social Psychological and Personality Science* 5, n° 6 (2014): 722–729.

48. Scott Barry Kaufman, postagem no Twitter, 23 de novembro de 2018, 19:35, https://twitter.com/sbkaufman/status/1066052630202540032.

49. Jasmin K. Turner, Amanda Hutchinson e Carlene Wilson, "Correlates of Post-Traumatic Growth following Childhood and Adolescent Cancer: A Systematic Review and Meta-Analysis" ["Correlatos de crescimento pós-traumático após câncer infantil e adolescente: Uma revisão sistemática e meta-análise"], *Psycho-Oncology* 27, n° 4 (2018): 1100–1109.

50. Daniel Lim e David DeSteno, "Suffering and Compassion: The Links among Adverse Life Experiences, Empathy, Compassion, and Prosocial Behavior" ["Sofrimento e compaixão: os vínculos entre experiências adversas de vida, empatia, compaixão e comportamento pró-social"], *Emotion* 16, n° 2 (2016): 175.

CAPÍTULO 4: DIETAS, VIAGENS E RESSACAS

1. "Obama's Tearful 'Thank You' to Campaign Staff" ["Obama chora 'Obrigado à equipe da campanha'"], vídeo no YouTube, 5:25, 8 de novembro de 2012, https://www.youtube.com/watch?v=1NCzUOWuu_A.

2. Julie Hirschfeld Davis, "Obama Delivers Eulogy for Beau Biden" ["Obama faz elogio para Beau Biden"], *New York Times*, 6 de junho de 2015, https://www.nytimes.com/2015/06/07/us/beau-biden-funeral-held-in-delaware.html.

3. Julie Hirschfeld Davis, "Obama Lowers His Guard in Unusual Displays of Emotion" ["Obama baixa a guarda em demonstração de emoção incomum"], *New York Times*, 22 de junho de 2015, https://www.nytimes.com/2015/06/23/us/politics/obama-lowers-his-guard-in-unusual-displays-of-emotion.html.

4. Chris Cillizza, "President Obama Cried in Public Today. That's a Good Thing" ["Presidente Obama chora em público hoje. É um bom sinal"], *Washington Post*, 29 de abril de 2016, https://www.washingtonpost.com/news/the-fix/wp/2016/01/05/why-men-should-cry-more-in-public/.

5. Kenneth Walsh, "Critics Say Obama Lacks Emotion" ["Críticos dizem que Obama carece de emoção"], *US News and World Report*, 24 de dezembro de 2009, https://www.usnews.com/news/obama/articles/2009/12/24/critics-say-obama-lacks-emotion.

6. James Fallows, "Obama Explained" ["Explicando Obama"], *Atlantic*, Março de 2012, https://www.theatlantic.com/magazine/archive/2012/03/obama-explained/308874/.

7. Walter Mischel, The Marshmallow Test: Understanding Self-Control and How to Master It [O teste do *marshmallow*: por que a força de vontade é a chave para o sucesso] (Londres: Corgi Books, 2015; São Paulo, Objetiva, 2016).

8. É fácil desafiar os argumentos situacionistas extremos. Havia lacunas metodológicas no estudo da prisão de Zimbardo. Surgiram gravações mostrando Zimbardo treinando os guardas da prisão para serem implacáveis e tirânicos, e questões foram levantadas sobre se o tipo de pessoa que se voluntaria para um "estudo na prisão" teria personalidades típicas em primeiro lugar. E, contra Mischel, ficou claro que, sim, as pessoas se adaptam às situações, mas se você as observar por um longo período de tempo e em diferentes situações, elas vão variar na quantidade média de tempo em que agem extrovertidas, agressivas, amigáveis, e assim por diante, bem como em quão intensamente elas exibem esses comportamentos.

9. Kyle S. Sauerberger and David C. Funder, "Behavioral Change and Consistency across Contexts" ["Mudança comportamental e consistência ao longo dos contextos"], *Journal of Research in Personality* 69 (2017): 264-272.

10. Jim White, "Ashes 2009: Legend Dennis Lillee Says Mitchell Johnson Could Swing It for Australia" ["Ashes 2009: Lenda Dennis Lillee diz que Mitchell Johnson poderia jogar pela Austrália"], *Telegraph*, 26 de junho de 2009, https://www.telegraph.co.uk/sport/cricket/international/theashes/5650760/Ashes-2009-legend-Dennis-Lillee-says-Mitchell-Johnson-could-swing-it-for-Australia.html.

11. Nick Pitt, "Deontay Wilder: 'When I Fight There Is a Transformation, I Even Frighten Myself,'" ["Quando eu luto, me transformo e até fico com medo de

mim mesmo"], *Sunday Times* (Londres), 11 de novembro de 2018, https://www.thetimes.co.uk/article/when-i-fight-there-is-a-transformation-i-even-frighten-my-self-h2jpq9x9t.

12. Mark Bridge, "Mum Says I'm Starting to Act Like Sherlock, Says Cumberbatch" ["Mamãe disse que comecei a agir como o Sherlock, diz Cumberbatch"], *Times* (Londres), 27 de dezembro de 2016, https://www.thetimes.co.uk/article/mum--says-i-m-starting-to-act-like-sherlock-57ffpr6dv.

13. Tasha Eurich, Insight: The Power of Self-Awareness in a Self-Deluded World [*Insight*: O poder da autoconsciência em um mundo autoiludido], (Londres: Pan Books, 2018).

14. Katharina Geukes, Steffen Nestler, Roos Hutteman, Albrecht C. P. Küfner, and Mitja D. Back, "Trait Personality and State Variability: Predicting Individual Differences in Withinand Cross-Context Fluctuations in Affect, SelfEvaluations, and Behavior in Everyday Life" ["Traços de personalidade e variabilidade de estado: prevendo diferenças individuais em flutuações dentro e entre contextos de afeto, autoavaliações e comportamento na vida cotidiana"], *Journal of Research in Personality* 69 (2017): 124-138.

15. Oliver C. Robinson, "On the Social Malleability of Traits: Variability and Consistency in Big 5 Trait Expression across Three Interpersonal Contexts" ["Sobre a maleabilidade social dos traços: Variabilidade e consistência na expressão dos 5 grandes traços em três contextos interpessoais"], *Journal of Individual Differences* 30, n° 4 (2009): 201-208.

16. Dawn Querstret and Oliver C. Robinson, "Person, Persona, and Personality Modification: An In-Depth Qualitative Exploration of Quantitative Findings" ["Pessoa, *persona* e modificação da personalidade: Uma exploração qualitativa aprofundada de descobertas quantitativas"], *Qualitative Research in Psychology* 10, n° 2 (2013): 140-159.

17. Melissa Dahl, "Can You Blend in Anywhere? Or Are You Always the Same You?" ["Você consegue se misturar em todo lugar? Ou você é sempre o mesmo você?"], *Cut*, 15 de março de 2017, https://www.thecutto-tell-you-if-you-are-a-high-self--monitor.html.

18. Mark Snyder and Steve Gangestad, "On the Nature of Self-Monitoring: Matters of Assessment, Matters of Validity" ["Sobre a natureza do automonitoramento: Questões de avaliação, questões de validade"], *Journal of Personality and Social Psychology* 51, n° 1 (1986): 125.

19. Rebecca Hardy, "Polish Model Let Off for Harrods Theft Gives Her Side" ["Modelo polonesa libertada por roubo na Harrods revela seu lado"] *Daily Mail Online*, 12 de agosto de 2017, http://www.dailymail.co.uk/femail/article-4783272/Polish-model-let-Harrod-s-theft-gives-side.html.

20. Robert E. Wilson, Renee J. Thompson, and Simine Vazire, "Are Fluctuations in Personality States More Than Fluctuations in Affect?" ["As flutuações nos estados de personalidade são mais do que as flutuações no afeto?"], *Journal of Research in Personality* 69 (2017): 110-123.

21. Noah Eisenkraft and Hillary Anger Elfenbein, "The Way You Make Me Feel: Evidence for Individual Differences in Affective Presence" ["A maneira como você me faz sentir: Evidências de diferenças individuais na presença afetiva"], *Psychological Science* 21, n° 4 (2010): 505-510.

22. Jan Querengässer and Sebastian Schindler, "Sad But True? How Induced Emotional States Differentially Bias Self-Rated Big Five Personality Traits" ["Triste mas verdadeiro? Como os estados emocionais induzidos influenciam diferencialmente os cinco grandes traços de personalidade autoavaliados"], *BMC Psychology* 2, n° 1 (2014): 14.

23. Maya Angelou, Rainbow in the Cloud: The Wit and Wisdom of Maya Angelou [Arco-íris na nuvem: A sabedoria de Maya Angelou], (Nova York: Little, Brown Book Group, 2016).

24. Thomas L. Webb, Kristen A. Lindquist, Katelyn Jones, Aya Avishai, and Paschal Sheeran, "Situation Selection Is a Particularly Effective Emotion Regulation Strategy for People Who Need Help Regulating Their Emotions" ["A seleção de situação é uma estratégia de regulação emocional particularmente eficaz para pessoas que precisam de ajuda para regular suas emoções"], *Cognition and Emotion* 32, n° 2 (2018): 231-248.

25. Zhanjia Zhang and Weiyun Chen, "A Systematic Review of the Relationship Between Physical Activity and Happiness" ["Uma revisão sistemática da relação entre atividade física e felicidade"], *Journal of Happiness Studies* 20, n° 4 (2019): 1.305-1.322.

26. L. Parker Schiffer and Tomi-Ann Roberts, "The Paradox of Happiness: Why Are We Not Doing What We Know Makes Us Happy?" ["O paradoxo da felicidade: por que não estamos fazendo o que sabemos que nos faz felizes?"], *Journal of Positive Psychology* 13, n° 3 (2018): 252-259.

27. Kelly Sullivan and Collins Ordiah, "Association of Mildly Insufficient Sleep with Symptoms of Anxiety and Depression" ["Associação de sono levemente insuficiente com sintomas de ansiedade e depressão"], *Neurology, Psychiatry and Brain Research* 30 (2018): 1-4.

28. Floor M. Kroese, Catharine Evers, Marieke A. Adriaanse, and Denise T. D. de Ridder, "Bedtime Procrastination: A Self-Regulation Perspective on Sleep Insufficiency in the General Population" ["Procrastinação na hora de dormir: Uma perspectiva de autorregulação sobre a insuficiência do sono na população em geral"], *Journal of Health Psychology* 21, n° 5 (2016): 853-862.

29. Ryan T. Howell, Masha Ksendzova, Eric Nestingen, Claudio Yerahian, and Ravi Iyer, "Your Personality on a Good Day: How Trait and State Personality Predict Daily Well-Being" ["Sua personalidade em um dia bom: Como o traço e o estado de personalidade preveem o bem-estar diário"], *Journal of Research in Personality* 69 (2017): 250-263.

30. Brad J. Bushman, C. Nathan DeWall, Richard S. Pond, and Michael D. Hanus, "Low Glucose Relates to Greater Aggression in Married Couples" ["Baixo nível de glicose está relacionado a maior agressividade em casais casados"], *Proceedings of the National Academy of Sciences* 111, n° 17 (2014): 6.254-6.257.

31. Rachel P. Winograd, Andrew K. Littlefield, Julia Martinez, and Kenneth J. Sher, "The Drunken Self: The Five-Factor Model as an Organizational Framework for Characterizing Perceptions of One's Own Drunkenness" ["O eu bêbado: O modelo dos cinco fatores como estrutura organizacional para caracterizar as percepções da própria embriaguez"], *Alcoholism: Clinical and Experimental Research* 36, n° 10 (2012): 1.787-1.793.

32. Rachel P. Winograd, Douglas L. Steinley, and Kenneth J. Sher, "Drunk Personality: Reports from Drinkers and Knowledgeable Informants" ["Personalidade bêbada: relatos de bebedores e informantes experientes"], *Experimental and Clinical Psychopharmacology* 22, n° 3 (2014): 187.

33. Rachel P. Winograd, Douglas Steinley, Sean P. Lane, and Kenneth J. Sher, "An Experimental Investigation of Drunk Personality Using Self and Observer Reports" ["Uma investigação experimental da personalidade bêbada usando relatórios de si mesmo e do observador"], *Clinical Psychological Science* 5, n° 3 (2017): 439-456.

34. Rachel Pearl Winograd, Douglas Steinley, and Kenneth Sher, "Searching for Mr. Hyde: A Five-Factor Approach to Characterizing 'Types of Drunks'" ["Procurando por Mr. Hyde: Uma abordagem de cinco fatores para caracterizar 'tipos de bêbados'"], *Addiction Research and Theory* 24, n° 1 (2016): 1-8.

35. Emma L. Davies, Emma-Ben C. Lewis, and Sarah E. Hennelly, "'I Am Quite Mellow But I Wouldn't Say Everyone Else Is': How UK Students Compare Their Drinking Behavior to Their Peers" ["'Eu sou muito maduro, mas não diria que todo mundo é': Como os estudantes do Reino Unido comparam o seu comportamento de beber com o dos colegas"], *Substance Use and Misuse* 53, n° 9 (2018): 1.549-1.557.

36. Christian Hakuline and Markus Jokela, "Alcohol Use and Personality Trait Change: Pooled Analysis of Six Cohort Studies" ["Uso de álcool e mudança de traço de personalidade: análise agrupada de seis estudos de coorte"], *Psychological Medicine* 49, n° 2 (2019): 224-231.

37. Stephan Stevens, Ruth Cooper, Trisha Bantin, Christiane Hermann, and Alexander L. Gerlach, "Feeling Safe But Appearing Anxious: Differential Effects of Alcohol on Anxiety and Social Performance in Individuals with Social Anxiety Disorder" ["Sentindo-se seguro, mas parecendo ansioso: Efeitos diferenciais do álcool na ansiedade e no desempenho social em indivíduos com transtorno de ansiedade social"], *Behaviour Research and Therapy* 94 (2017): 9-18.

38. Fritz Renner, Inge Kersbergen, Matt Field, and Jessica Werthmann, "Dutch Courage? Effects of Acute Alcohol Consumption on Self-Ratings and Observer Ratings of Foreign Language Skills" ["Coragem holandesa? Efeitos do consumo agudo de álcool nas autoavaliações e avaliações de observadores de habilidades em línguas estrangeiras"], *Journal of Psychopharmacology* 32, n° 1 (2018): 116-122.

39. Tom M. McLellan, John A. Caldwell, and Harris R. Lieberman, "A Review of Caffeine's Effects on Cognitive, Physical and Occupational Performance,"

["Uma avaliação dos efeitos da cafeína no desempenho cognitivo, físico e ocupacional"], *Neuroscience and Biobehavioral Reviews* 71 (2016): 294-312.

40. Kirby Gilliland, "The Interactive Effect of Introversion-Extraversion with Caffeine Induced Arousal on Verbal Performance" ["O efeito interativo da introversão-extroversão com excitação induzida por cafeína no desempenho verbal"], *Journal of Research in Personality* 14, nº 4 (1980): 482-492.

41. Manuel Gurpegui, Dolores Jurado, Juan D. Luna, Carmen Fernández-Molina, Obdulia Moreno-Abril, and Ramón Gálvez, "Personality Traits Associated with Caffeine Intake and Smoking" ["Traços de personalidade associados à ingestão de cafeína e tabagismo"] *Progress in Neuro-Psychopharmacology and Biological Psychiatry* 31, nº 5 (2007): 997-1.005; Paula J. Mitchell and Jennifer R. Redman, "The Relationship between Morningness-Eveningness, Personality and Habitual Caffeine Consumption" ["A relação entre matutino-vespertino, personalidade e consumo habitual de cafeína"], *Personality and Individual Differences* 15, nº 1 (1993): 105-108.

42. Taha Amir, Fatma Alshibani, Thoria Alghara, Maitha Aldhari, Asma Alhassani, and Ghanima Bahry, "Effects of Caffeine on Vigilance Performance in Introvert and Extravert Noncoffee Drinkers" ["Efeitos da cafeína no desempenho da vigilância em bebedores introvertidos e extrovertidos que não tomam café"], *Social Behavior and Personality* 29, nº 6 (2001): 617-624; Anthony Liguori, Jacob A. Grass, and John R. Hughes, "Subjective Effects of Caffeine among Introverts and Extraverts in the Morning and Evening" ["Efeitos subjetivos da cafeína entre introvertidos e extrovertidos pela manhã e à noite"], *Experimental and Clinical Psychopharmacology* 7, nº 3 (1999): 244.

43. Mitchell Earleywine, Mind-Altering Drugs: The Science of Subjective Experience [Drogas que alteram a mente: A ciência da experiência subjetiva] (Oxford: Oxford University Press, 2005).

44. Antonio E. Nardi, Fabiana L. Lopes, Rafael C. Freire, Andre B. Veras, Isabella Nascimento, Alexandre M. Valença, Valfrido L. de-Melo-Neto, Gastão L. Soares-Filho, Anna Lucia King, Daniele M. Araújo, Marco A. Mezzasalma, Arabella Rassi, and Walter A. Zin, "Panic Disorder and Social Anxiety Disorder Subtypes in a Caffeine Challenge Test" ["Subtipos de transtorno de pânico e transtorno de ansiedade social em um teste de desafio com cafeína"], *Psychiatry Research* 169, nº 2 (2009): 149-153.

45. "Serious Health Risks Associated with Energy Drinks: To Curb This Growing Public Health Issue, Policy Makers Should Regulate Sales and Marketing towards Children and Adolescents and Set Upper Limits on Caffeine" ["Graves riscos à saúde associados a bebidas energéticas: Para conter esse problema crescente de saúde pública, os formuladores de políticas devem regulamentar as vendas e o *marketing* para crianças e adolescentes e estabelecer limites máximos para a cafeína"], *ScienceDaily*, 15 de novembro de 2017, www.sciencedaily.com/releases/2017/11/171115124519.htm.

46. "MP Calls for Ban on High-Caffeine Energy Drinks" [MP pede banimento de bebidas energéticas com alto teor de cafeína"], *BBC News*, 10 de janeiro de 2018, http://www.bbc.co.uk/news/uk-politics-42633277.

47. Waguih William Ishak, Chio Ugochukwu, Kara Bagot, David Khalili, and Christine Zaky, "Energy Drinks: Psychological Effects and Impact on WellBeing and Quality of Life: A Literature Review" ["Bebidas energéticas: Efeitos psicológicos e impacto no bem-estar e qualidade de vida. Uma crítica literária"], *Innovations in Clinical Neuroscience* 9, nº 1 (2012): 25.

48. Laura M. Juliano and Roland R. Griffiths, "A Critical Review of Caffeine Withdrawal: Empirical Validation of Symptoms and Signs, Incidence, Severity, and Associated Features" ["Uma análise crítica da abstinência de cafeína: Validação empírica de sintomas e sinais, incidência, gravidade e características associadas"], *Psychopharmacology* 176, nº 1 (2004): 1-29.

49. Em 2020, seu uso era legal em Washington e em mais 15 estados dos EUA.

50. Samantha J. Broyd, Hendrika H. van Hell, Camilla Beale, Murat Yuecel, and Nadia Solowij, "Acute and Chronic Effects of Cannabinoids on Human Cognition: A Systematic Review" ["Efeitos agudos e crônicos dos canabinoides na cognição humana: Uma análise sistemática"], *Biological Psychiatry* 79, nº 7 (2016): 557-567.

51. Andrew Lac and Jeremy W. Luk, "Testing the Amotivational Syndrome: Marijuana Use Longitudinally Predicts Lower Self-Efficacy Even After Controlling for Demographics, Personality, and Alcohol and Cigarette Use" ["Testando a síndrome amotivacional: O uso da maconha prediz longitudinalmente menor autoeficácia mesmo após o controle de dados demográficos, personalidade e uso de álcool e cigarro"], *Prevention Science* 19, nº 2 (2018): 117-126.

52. Bernard Weinraub, "Rock's Bad Boys Grow Up But Not Old; Half a Lifetime on the Road, and Half Getting Up for It" ["Os *bad boys* do *rock* crescem, mas não envelhecem; Metade da vida na estrada e a outra ficando chapado para encarar a vida], *New York Times*, 26 de setembro de 2002, https://www.nytimesnot-old-hal-f-lifetime-road-half-getting-up-for-it.html.

53. John Wenzel, "Brian Wilson on Weed Legalization, What He Thinks of His 'Love & Mercy' Biopic" ["Brian Wilson sobre a legalização da maconha, o que ele pensa de sua cinebiografia de 'Love & Mercy'"], *Know*, 23 de outubro de 2016, https://theknow.denverpost.com/2015/07/02/brian-wilson-on-weed-legali-zation-what-he-thinks-of-hislove-mercy-biopic/105363/105363/.

54. Gráinne Schafer, Amanda Feilding, Celia J. A. Morgan, Maria Agathangelou, Tom P. Freeman, and H. Valerie Curran, "Investigating the Interaction between Schizotypy, Divergent Thinking and Cannabis Use" ["Investigando a interação entre esquizotipia, pensamento divergente e o uso de *cannabis*"], *Consciousness and Cognition* 21, nº 1 (2012): 292-298.

55. Emily M. LaFrance and Carrie Cuttler, "Inspired by Mary Jane? Mechanisms Underlying Enhanced Creativity in Cannabis Users" ["Inspirado pela marijuana? Mecanismos subjacentes à criatividade aprimorada em usuários de maconha"], *Consciousness and Cognition* 56 (2017): 68-76.

56. Crescem as evidências de que o uso de *cannabis* também pode aumentar a vulnerabilidade de algumas pessoas a sofrer psicose mais tarde na vida, embora isso continue sendo um objeto de pesquisa controversa e em debate.

57. US Dept of Justice Drug Enforcement Administration 2016 National Threat Assessment Summary [Departamento de Justiça dos EUA Drug Enforcement Administration 2016 Resumo da Avaliação Nacional de Ameaças] 17_2016_NDTA_Summary.pdf.

58. Mark Hay, "Everything We Know About Treating Anxiety with Weed" ["Tudo o que sabemos sobre o tratamento de ansiedade com maconha"], *Vice*, 18 de abril de 2018, https://tonic.vice.com/en_us/article/9kgme8/everything-we-know-about-treating-an.

59. Tony O'Neill, "'My First Time on LSD': 10 Trippy Tales" ["'Minha primeira vez com LSD': Dez histórias viajantes"], Alternet.org, 5 de junho de 2014, https://www.alternet.org/2014/05/my-first-time-lsd-10-trippy-tales/.

60. Roland R. Griffiths, Matthew W. Johnson, William A. Richards, Brian D. Richards, Robert Jesse, Katherine A. MacLean, Frederick S. Barrett, Mary P. Cosimano, and Maggie A. Klinedinst, "Psilocybin-Occasioned Mystical-Type Experience in Combination with Meditation and Other Spiritual Practices Produces Enduring Positive Changes in Psychological Functioning and in Trait Measures of Prosocial Attitudes and Behaviors" ["Experiência de caráter místico ocasionada pela psilocibina em combinação com meditação e outras práticas espirituais produz mudanças positivas duradouras no funcionamento psicológico e nas medidas de traços de atitudes e comportamentos pró-sociais"], *Journal of Psychopharmacology* 32, n° 1 (2018): 49-69.

61. Mark T. Wagner, Michael C. Mithoefer, Ann T. Mithoefer, Rebecca K. MacAulay, Lisa Jerome, Berra Yazar-Klosinski, and Rick Doblin, "Therapeutic Effect of Increased Openness: Investigating Mechanism of Action in MDMA-Assisted Psychotherapy" ["Efeito terapêutico do aumento da abertura: Investigando o mecanismo de ação na psicoterapia assistida por MDMA"], *Journal of Psychopharmacology* 31, n° 8 (2017): 967-974.

62. Roland R. Griffiths, Ethan S. Hurwitz, Alan K. Davis, Matthew W. Johnson, and Robert Jesse, "Survey of Subjective 'God Encounter Experiences': Comparisons Among Naturally Occurring Experiences and Those Occasioned by the Classic Psychedelics Psilocybin, LSD, Ayahuasca, or DMT" ["Pesquisa de 'experiências de encontro com Deus' subjetivas: Comparações entre experiências que ocorrem naturalmente e aquelas ocasionadas pelos psicodélicos clássicos, psilocibina, LSD, ayahuasca ou DMT"], *PloS One* 14, n° 4 (2019): e0214377.

63. Suzannah Weiss, "How Badly Are You Messing Up Your Brain By Using Psychedelics?" ["O quanto o uso de psicodélicos está zoando com o seu cérebro?"], *Vice*, 30 de março de 2018, https://tonic.vice.com/en_us/article/59j97a/how-badly-are-you-messing-up-your-brain-by-using-psychedelics.

64. Frederick S. Barrett, Matthew W. Johnson, and Roland R. Griffiths, "Neuroticism Is Associated with Challenging Experiences with Psilocybin Mushrooms"

["Neuroticismo está associado a experiências desafiadoras com cogumelos com psilocibina"], *Personality and Individual Differences* 117 (2017): 155-160.

65.   Lia Naor and Ofra Mayseless, "How Personal Transformation Occurs Following a Single Peak Experience in Nature: A Phenomenological Account" ["Como ocorre a transformação pessoal após uma única experiência de pico na natureza: Um relato fenomenológico"], *Journal of Humanistic Psychology* 60, nº 6 (2017): 865-888.

66.   James H. Fowler and Nicholas A. Christakis, "Dynamic Spread of Happiness in a Large Social Network: Longitudinal Analysis over 20 Years in the Framingham Heart Study" ["Propagação dinâmica de felicidade em uma grande rede social: Análise longitudinal ao longo de 20 anos no Framingham Heart Study"], *BMJ* 337 (2008): a2338.

67.   Trevor Foulk, Andrew Woolum, and Amir Erez, "Catching Rudeness Is like Catching a Cold: The Contagion Effects of Low-Intensity Negative Behaviors" ["Pegar estupidez é como pegar um resfriado: Os efeitos de contágio de comportamentos negativos de baixa intensidade"], *Journal of Applied Psychology* 101, nº 1 (2016): 50.

68.   Kobe Desender, Sarah Beurms, and Eva Van den Bussche, "Is Mental Effort Exertion Contagious?" ["O esforço mental é contagioso?"], *Psychonomic Bulletin and Review* 23, nº 2 (2016): 624-631.

69.   Joseph Chancellor, Seth Margolis, Katherine Jacobs Bao, and Sonja Lyubomirsky, "Everyday Prosociality in the Workplace: The Reinforcing Benefits of Giving, Getting, and Glimpsing" ["Prosocialidade cotidiana no local de trabalho: Os benefícios revigorantes de dar, receber e vislumbrar"], *Emotion* 18, nº 4 (2018): 507.

70.   Angela Neff, Sabine Sonnentag, Cornelia Niessen, and Dana Unger, "What's Mine Is Yours: The Crossover of Day-Specific Self-Esteem" ["O que é meu é seu: A encruzilhada da autoestima do dia específico"], *Journal of Vocational Behavior* 81, nº 3 (2012): 385-394.

71.   Rachel E. White, Emily O. Prager, Catherine Schaefer, Ethan Kross, Angela L. Duckworth, and Stephanie M. Carlson, "The 'Batman Effect': Improving Perseverance in Young Children" ["O 'efeito Batman': melhorando a perseverança em crianças pequenas"], *Child Development* 88, nº 5 (2017): 1.563–1.571.

CAPÍTULO 5: ESCOLHER MUDAR

1.   John M. Zelenski, Deanna C. Whelan, Logan J. Nealis, Christina M. Besner, Maya S. Santoro e Jessica E. Wynn, "Personality and Affective Forecasting: Trait Introverts Underpredict the Hedonic Benefits of Acting Extroverted" ["Personalidade e previsão afetiva: Traços introvertidos subestimam os benefícios hedônicos de agir como extrovertidos"], Journal *of Personalidade e Psicologia Social* 104, nº 6 (2013): 1.092.

2.   Michael P. Hengartner, Peter Tyrer, Vladeta Ajdacic-Gross, Jules Angst e Wulf Rössler, "Articulation and Testing of a Personality-Centred Model of Psychopathology: Evidence from a Longitudinal Community Study over 30

Years" ["Articulação e teste de um modelo de psicopatologia centrado na personalidade: Evidências de um estudo comunitário longitudinal ao longo de 30 anos"], *European Archives of Psychiatry and Clinical Neurociência* 268, n° 5 (2018): 443-454.

3. "Change Goals Big-Five Inventory" ["Inventário de objetivos de mudança dos cinco grandes traços"], Personality Assessor, acessado em 11 de novembro de 2019, em http://www.personalityassessor.com/measures/cbfi/.

4. Constantine Sedikides, Rosie Meek, Mark D. Alicke, and Sarah Taylor, "Behind Bars but Above the Bar: Prisoners Consider Themselves More Prosocial Than Non-Prisoners" ["Atrás das grades, mas acima da barra: Os prisioneiros consideram-se mais pró-sociais do que os não prisioneiros"], *British Journal of Social Psychology* 53, n° 2 (2014): 396-403.

5. Nathan W. Hudson and Brent W. Roberts, "Goals to Change Personality Traits: Concurrent Links Between Personality Traits, Daily Behavior, and Goals to Change Oneself" ["Metas para mudar traços de personalidade: Vínculos simultâneos entre traços de personalidade, comportamento diário e metas para mudar a si mesmo"], *Journal of Research in Personality* 53 (2014): 68-83.

6. Oliver C. Robinson, Erik E. Noftle, Jen Guo, Samaneh Asadi, and Xiaozhou Zhang, "Goals and Plans for Big Five Personality Trait Change in Young Adults" ["Metas e planos para a mudança dos cinco grandes traços de personalidade em jovens adultos"], *Journal of Research in Personality* 59 (2015): 31-43.

7. Nathan W. Hudson and R. Chris Fraley, "Do People's Desires to Change Their Personality Traits Vary with Age? An Examination of Trait Change Goals Across Adulthood" ["Os desejos das pessoas de mudar seus traços de personalidade variam com a idade? Um exame das metas de mudança de traço na idade adulta"], *Social Psychological and Personality Science* 7, n° 8 (2016): 847-856.

8. Marie Hennecke, Wiebke Bleidorn, Jaap J. A. Denissen, and Dustin Wood, "A Three-Part Framework for Self-Regulated Personality Development Across Adulthood" ["Uma estrutura de três partes para o desenvolvimento autorregulado da personalidade na idade adulta"], *European Journal of Personality* 28, n° 3 (2014): 289-299.

9. Observe que um estudo publicado em 2020 descobriu que os traços de personalidade mudam com o tempo, independentemente da crença das pessoas sobre a maleabilidade da personalidade — mas esta pesquisa não se concentrou na mudança deliberada da personalidade. O estudo foi: Nathan W. Hudson, R. Chris Fraley, Daniel A. Briley e William J. Chopik, "Your Personality Does Not Care Whether You Believe It Can Change: Beliefs About Whether Personality Can Change Do Not Predict Trait Change Among Emerging Adults" ["Sua personalidade não se importa se você acredita que pode mudar: Crenças sobre se a personalidade pode mudar não preveem mudanças de traços entre adultos emergentes", *European Journal of Personality*, publicado on-line em 21 de julho de 2020.

10. Carol Dweck, Mindset: Changing the Way You Think to Fulfil Your Potential [*Mindset*: A nova psicologia do sucesso] (UK: Hachette, 2012; São Paulo: Objetiva, 2017).

11. Krishna Savani and Veronika Job, "Reverse Ego-Depletion: Acts of Self-Control Can Improve Subsequent Performance in Indian Cultural Contexts" ["Esgotamento do ego reverso: Atos de autocontrole podem melhorar o desempenho subsequente em contextos culturais indianos"], *Journal of Personality and Social Psychology* 113, n° 4 (2017): 589.

12. Como exemplo, um estudo de 2017, conduzido pela Universidade do Texas, em Austin, mostrou que ensinar aos adolescentes que a personalidade é maleável os ajudou a lidar com a transição para o ensino médio e a experimentar menos estresse e melhor saúde física ao longo do tempo, em comparação com seus colegas que acreditavam que a personalidade é fixa. Outra pesquisa mostrou que as pessoas que acreditam na maleabilidade da personalidade lidam melhor com a rejeição de um relacionamento romântico porque não interpretam a separação como algo fundamental sobre o tipo de pessoa que são.

13. Nathan W. Hudson, R. Chris Fraley, William J. Chopik, and Daniel A. Briley, "Change Goals Robustly Predict Trait Growth: A Mega-Analysis of a Dozen Intensive Longitudinal Studies Examining Volitional Change" ["Metas de mudança preveem de forma robusta o desenvolvimento dos traços: Uma mega-análise de uma dúzia de estudos longitudinais intensivos que examinam a mudança volitiva"], *Social Psychological and Personality Science* 11, n° 6 (2020): 723-732.

14. Ted Schwaba, Maike Luhmann, Jaap J. A. Denissen, Joanne M. Chung, and Wiebke Bleidorn, "Openness to Experience and Culture: Openness Transactions across the Lifespan" ["Abertura à experiência e à cultura: Transações de abertura ao longo da vida"], *Journal of Personality and Social Psychology* 115, n° 1 (2018): 118.

15. Berna A. Sari, Ernst H. W. Koster, Gilles Pourtois, and Nazanin Derakshan, "Training Working Memory to Improve Attentional Control in Anxiety: A Proof-of-Principle Study Using Behavioral and Electrophysiological Measures" ["Treinamento da memória de trabalho para melhorar o controle em atenção à ansiedade: Um estudo de prova de princípio usando medidas comportamentais e eletrofisiológicas"], *Biological Psychology* 121 (2016): 203-212.

16. Izabela Krejtz, John B. Nezlek, Anna Michnicka, Paweł Holas, and Marzena Rusanowska, "Counting One's Blessings Can Reduce the Impact of Daily Stress" ["Contar as bênçãos de alguém pode reduzir o impacto do estresse diário"], *Journal of Happiness Studies* 17, n° 1 (2016): 25-39.

17. Prathik Kini, Joel Wong, Sydney McInnis, Nicole Gabana, and Joshua W. Brown, "The Effects of Gratitude Expression on Neural Activity" ["Os efeitos da expressão de gratidão na atividade neural"], *NeuroImage* 128 (2016): 1-10.

18. Brent W. Roberts, Jing Luo, Daniel A. Briley, Philip I. Chow, Rong Su, and Patrick L. Hill, "A Systematic Review of Personality Trait Change through Intervention" ["Uma revisão sistemática da mudança de traço de personalidade por meio de intervenção"], *Psychological Bulletin* 143, n° 2 (2017): 117.

19. Krystyna Glinski and Andrew C. Page, "Modifiability of Neuroticism, Extraversion, and Agreeableness by Group Cognitive Behaviour Therapy for Social Anxiety Disorder" ["Modificabilidade de neuroticismo, extroversão e amabilidade por terapia cognitivo-comportamental de grupo para transtorno de ansiedade social"], *Behaviour Change* 27, n° 1 (2010): 42-52.

20. Cosmin Octavian Popa, Aural Nires tean, Mihai Ardelean, Gabriela Buicu, and Lucian Ile, "Dimensional Personality Change after Combined Therapeutic Intervention in the Obsessive-Compulsive Personality Disorders" ["Mudança dimensional da personalidade após intervenção terapêutica combinada nos transtornos da personalidade obsessivo-compulsiva"], *Acta Med Transilvanica* 2 (2013): 290-292.

21. Rebecca Grist and Kate Cavanagh, "Computerised Cognitive Behavioural Therapy for Common Mental Health Disorders, What Works, for Whom Under What Circumstances? A Systematic Review and Meta-Analysis" ["Terapia cognitivo-comportamental computadorizada para transtornos mentais comuns, o que funciona, para quem e em quais circunstâncias? Uma revisão sistemática e meta-análise"], *Journal of Contemporary Psychotherapy* 43, n° 4 (2013): 243-251.

22. Julia Zimmermann and Franz J. Neyer, "Do We Become a Different Person When Hitting the Road? Personality Development of Sojourners" ["Nos tornamos uma pessoa diferente quando pegamos a estrada? O desenvolvimento da personalidade dos peregrinos"], *Journal of Personality and Social Psychology* 105, n° 3 (2013): 515.

23. Jeffrey Conrath Miller and Zlatan Krizan, "Walking Facilitates Positive Affect (Even When Expecting the Opposite)" ["Andar facilita o afeto positivo (Mesmo quando se espera o contrário)"], *Emotion* 16, n° 5 (2016): 775.

24. Ashleigh Johnstone and Paloma Marí-Beffa, "The Effects of Martial Arts Training on Attentional Networks in Typical Adults" ["Os efeitos do treinamento em artes marciais nas redes de atenção em adultos típicos"], *Frontiers in Psychology* 9 (2018): 80.

25. Nathan W. Hudson and Brent W. Roberts, "Social Investment in Work Reliably Predicts Change in Conscientiousness and Agreeableness: A Direct Replication and Extension of Hudson, Roberts, and Lodi-Smith (2012)" ["O investimento social no trabalho prevê de forma confiável a mudança na conscientização e na amabilidade: Uma replicação direta e extensão de Hudson, Roberts e Lodi-Smith (2012)"], *Journal of Research in Personality* 60 (2016): 12-23.

26. Blake A. Allan, "Task Significance and Meaningful Work: A Longitudinal Study" ["O significado da tarefa e do trabalho significativo: um estudo longitudinal"], *Journal of Vocational Behavior* 102 (2017): 174-182.

27. Marina Milyavskaya and Michael Inzlicht, "What's So Great About SelfControl? Examining the Importance of Effortful Self-Control and Temptation in Predicting Real-Life Depletion and Goal Attainment" ["O que há de tão bom no autocontrole? Examinando a importância do autocontrole esforçado e da tentação na previsão do esgotamento na vida real e na consecução de metas"], *Social Psychological and Personality Science* 8, n° 6 (2017): 603-611.

28. Adriana Dornelles, "Impact of Multiple Food Environments on Body Mass Index" ["O impacto de vários ambientes alimentares no índice de massa corporal"], *PloS One* 14, n° 8 (2019).

29. Richard Göllner, Rodica I. Damian, Norman Rose, Marion Spengler, Ulrich Trautwein, Benjamin Nagengast, and Brent W. Roberts, "Is Doing Your Homework Associated with Becoming More Conscientious?" ["Fazer o dever de casa está associado a se tornar mais consciencioso?"], *Journal of Research in Personality* 71 (2017): 1-12.

30. Joshua J. Jackson, Patrick L. Hill, Brennan R. Payne, Brent W. Roberts, and Elizabeth A. L. Stine-Morrow, "Can an Old Dog Learn (and Want to Experience) New Tricks? Cognitive Training Increases Openness to Experience in Older Adults" ["Cachorro velho aprende (e quer experimentar) truque novo? O treinamento cognitivo aumenta a abertura à experiência em adultos mais velhos"], *Psychology and Aging* 27, n° 2 (2012): 286.

31. Wijnand A. P. van Tilburg, Constantine Sedikides, and Tim Wildschut, "The Mnemonic Muse: Nostalgia Fosters Creativity through Openness to Experience" ["A musa mnemônica: A nostalgia estimula a criatividade por meio da abertura à experiência"], *Journal of Experimental Social Psychology* 59 (2015): 1-7.

32. Yannick Stephan, Angelina R. Sutin, and Antonio Terracciano, "Physical Activity and Personality Development Across Adulthood and Old Age: Evidence from Two Longitudinal Studies" ["Atividade física e desenvolvimento da personalidade na idade adulta e na velhice: Evidências de dois estudos longitudinais"], *Journal of Research in Personality* 49 (2014): 1-7.

33. Anna Antinori, Olivia L. Carter, and Luke D. Smillie, "Seeing It Both Ways: Openness to Experience and Binocular Rivalry Suppression" ["Olhando dos dois lados: A abertura à experiência e a supressão da rivalidade binocular"], *Journal of Research in Personality* 68 (2017): 15-22.

34. Se a sua preocupação é que você é muito amável e que isso o está impedindo em um campo competitivo, você encontrará alguns conselhos úteis no capítulo 7.

35. Anne Böckler, Lukas Herrmann, Fynn-Mathis Trautwein, Tom Holmes, and Tania Singer, "Know Thy Selves: Learning to Understand Oneself Increases the Ability to Understand Others" ["Conheça a si mesmo: Aprender a entender a si mesmo aumenta a capacidade de entender os outros"], *Journal of Cognitive Enhancement* 1, n° 2 (2017): 197-209.

36. Anthony P. Winning and Simon Boag, "Does Brief Mindfulness Training Increase Empathy? The Role of Personality" ["O treinamento breve de atenção plena aumenta a empatia? A função da personalidade"], *Personality and Individual Differences* 86 (2015): 492-498.

37. David Comer Kidd and Emanuele Castano, "Reading Literary Fiction Improves Theory of Mind" ["Ler ficção literária melhora a teoria da mente"], *Science* 342, n° 6.156 (2013): 377-380.

38. David Kidd and Emanuele Castano, "Different Stories: How Levels of Familiarity with Literary and Genre Fiction Relate to Mentalizing" ["Histórias diferentes: Como os níveis de familiaridade com a ficção literária e de gênero se relacionam

com a mentalização"], *Psychology of Aesthetics, Creativity, and the Arts* 11, n° 4 (2017): 474.

39. Gregory S. Berns, Kristina Blaine, Michael J. Prietula, and Brandon E. Pye, "Shortand Long-Term Effects of a Novel on Connectivity in the Brain" ["Efeitos de curto e longo prazo de um romance literário sobre a conectividade no cérebro"], *Brain Connectivity* 3, n° 6 (2013): 590-600.

40. Loris Vezzali, Rhiannon Turner, Dora Capozza, and Elena Trifiletti, "Does Intergroup Contact Affect Personality? A Longitudinal Study on the Bidirectional Relationship Between Intergroup Contact and Personality Traits" ["O contato intergrupal afeta a personalidade? Um estudo longitudinal sobre a relação bidirecional entre o contato intergrupal e os traços de personalidade"], *European Journal of Social Psychology* 48, n° 2 (2018): 159-173.

41. Grit Hein, Jan B. Engelmann, Marius C. Vollberg, and Philippe N. Tobler, "How Learning Shapes the Empathic Brain" ["Como o aprendizado molda o cérebro empático"], *Proceedings of the National Academy of Sciences* 113, n° 1 (2016): 80-85.

42. Sylvia Xiaohua Chen and Michael Harris Bond, "Two Languages, Two Personalities? Examining Language Effects on the Expression of Personality in a Bilingual Context" ["Duas línguas, duas personalidades? Examinando os efeitos da língua na expressão da personalidade em um contexto bilíngue"], *Personality and Social Psychology Bulletin* 36, n° 11 (2010): 1.514-1.528.

43. Considere evitar essa abordagem se for propenso a tendências obsessivas ou compulsivas.

44. Alison Wood Brooks, Juliana Schroeder, Jane L. Risen, Francesca Gino, Adam D. Galinsky, Michael I. Norton, and Maurice E. Schweitzer, "Don't Stop Believing: Rituals Improve Performance by Decreasing Anxiety" ["Não pare de acreditar: Os rituais melhoram o desempenho diminuindo a ansiedade"], *Organizational Behavior and Human Decision Processes* 137 (2016): 71-85.

45. Mariya Davydenko, John M. Zelenski, Ana Gonzalez, and Deanna Whelan, "Does Acting Extraverted Evoke Positive Social Feedback?" ["Agir de forma extrovertida resulta em *feedback* social positivo?"], *Personality and Individual Differences* 159 (2020): 109883.

46. John M. Malouff and Nicola S. Schutte, "Can Psychological Interventions Increase Optimism? A Meta-Analysis" ["As intervenções psicológicas podem aumentar o otimismo? Uma meta-análise"], *Journal of Positive Psychology* 12, n° 6 (2017): 594-604.

47. Olga Khazan, "One Simple Phrase That Turns Anxiety into Success" ["Uma frase simples que transforma a ansiedade em sucesso,"] *Atlantic*, 23 de março de 2016, https://www.theatlantic.com/health/archive/2016/03/can-three-words-turn--anxiety-into-success/474909.

48. Alison Wood Brooks, "Get Excited: Reappraising Pre-Performance Anxiety as Excitement" ["Anime-se: Reavaliando a ansiedade pré-desempenho como excitação"], *Journal of Experimental Psychology: General* 143, n° 3 (2014): 1.144.

49. Sointu Leikas and Ville-Juhani Ilmarinen, "Happy Now, Tired Later? Extraverted and Conscientious Behavior Are Related to Immediate Mood Gains, But to Later Fatigue" ["Feliz agora, cansado depois? Comportamento extrovertido e consciencioso está relacionado a ganhos imediatos em humor, mas a fadiga posterior"], *Journal of Personality* 85, n° 5 (2017): 603-615.

50. William Fleeson, Adriane B. Malanos, and Noelle M. Achille, "An Intraindividual Process Approach to the Relationship Between Extraversion and Positive Affect: Is Acting Extraverted as 'Good' as Being Extraverted?" ["Uma abordagem de processo intraindividual para a relação entre extroversão e o afeto positivo: Agir de forma extrovertida é tão 'bom' quanto ser extrovertido?"], *Journal of Personality and Social Psychology* 83, n° 6 (2002): 1.409.

51. Nathan W. Hudson and R. Chris Fraley, "Changing for the Better? Longitudinal Associations Between Volitional Personality Change and Psychological Well-Being" ["Mudar para melhor? Associações longitudinais entre a mudança volitiva da personalidade e o bem-estar psicológico"], *Personality and Social Psychology Bulletin* 42, n° 5 (2016): 603-615.

52. William Fleeson and Joshua Wilt, "The Relevance of Big Five Trait Content in Behavior to Subjective Authenticity: Do High Levels of Within-Person Behavioral Variability Undermine or Enable Authenticity Achievement?" ["A relevância do conteúdo dos cinco grandes traços no comportamento para a autenticidade subjetiva: Altos níveis de variabilidade comportamental dentro da pessoa prejudicam ou permitem a obtenção da autenticidade?"], *Journal of Personality* 78, n° 4 (2010): 1.353-1.382.

53. Muping Gan and Serena Chen, "Being Your Actual or Ideal Self? What It Means to Feel Authentic in a Relationship" ["Ser seu eu real ou ideal? O que significa sentir-se autêntico em um relacionamento"], *Personality and Social Psychology Bulletin* 43, n° 4 (2017): 465-478.

54. A. Bell Cooper, Ryne A. Sherman, John F. Rauthmann, David G. Serfass, and Nicolas A. Brown, "Feeling Good and Authentic: Experienced Authenticity in Daily Life Is Predicted by Positive Feelings and Situation Characteristics, Not Trait-State Consistency" ["Sentir-se bem e autêntico: A autenticidade experimentada na vida diária é prevista por sentimentos positivos e características da situação, não pela consistência do estado-traço"], *Journal of Research in Personality* 77 (2018): 57-69.

55. Alison P. Lenton, Letitia Slabu, and Constantine Sedikides, "State Authenticity in Everyday Life" ["Autenticidade do estado na vida cotidiana"], *European Journal of Personality* 30, n° 1 (2016): 64-82.

CAPÍTULO 6: REDENÇÃO: QUANDO PESSOAS MÁS SE TORNAM BOAS

1. Maajid Nawaz, Radical: My Journey out of Islamist Extremism [Radical: Uma jornada para fora do extremismo islâmico] (Maryland: Rowman & Littlefield, 2016; São Paulo: Leya, 2016).

2. Dado que Nawaz agora faz campanha contra o extremismo islâmico, você não ficará surpreso em saber que ele continua sendo uma figura polêmica. No entanto,

ele tem o hábito de obter desculpas e indenizações daqueles que caluniam e difamam seu nome. Mais recentemente, em 2018, o Southern Poverty Law Center emitiu um pedido público de desculpas e prometeu pagar quase US$ 4 milhões em compensação após acusar Nawaz de ser um extremista antimuçulmano. Veja Richard Cohen, "Declaração da SPLC sobre Maajid Nawaz e a Quilliam Foundation", Southern Poverty Law Center, 18 de junho de 2018, https://www.splcenter.org/news/2018/06/18/splc-statement-regarding-maajid-nawaz-and-quilliam-foundation.

3.   https://www.quilliaminternational.com.
4.   Inspirado pelo método de Brian Little de "análise de projetos pessoais". Ver Justin Presseau, Falko F. Sniehotta, Jillian Joy Francis e Brian R. Little, "Personal Project Analysis: Opportunities and Implications for Multiple Goal Assessment, Theoretical Integration, and Behaviour Change" ["Análise de projeto pessoal: Oportunidades e implicações para avaliação de objetivos múltiplos, integração teórica e mudança de comportamento"], *European Health Psychologist* 5, n° 2 (2008): 32-36.
5.   Baseado em pesquisas e escritos de Brian Little. Ver seu Me, Myself, and Us: The Science of Personality and the Art of Well-Being [Eu, eu mesmo e nós: A ciência da personalidade e a arte do bem-estar], (Nova York: Public Affairs Press, 2014).
6.   Catra Corbett, Reborn on the Run: My Journey from Addiction to Ultramarathons [Renascida em fuga: Minha jornada do vício às ultramaratonas] (Nova York: Skyhorse Publishing, 2018).
7.   Emma Reynolds, "How 50-year-old Junkie Replaced Meth Addiction with Ultrarunning" ["Como um viciado em metanfetamina de 50 anos substituiu o vício pela ultracorrida"], News.com.au, 28 de setembro de 2015, https://www.news.com.au/lifestyle/fitness/exercise/how-50yearold-junkie-replaced-meth-addiction-with-ultrarunning/news-story/9b773ee67ffecf27f5c6f3467570fa20.
8.   Chip Heath and Dan Heath, The Power of Moments: Why Certain Experiences Have Extraordinary Impact [O poder dos momentos: O porquê do impacto extraordinário de certas experiências] (Londres: Bantam Press, 2017; São Paulo: Alta, 2019).
9.   Nick Yarris, The Fear of 13: Countdown to Execution: My Fight for Survival on Death Row [O medo dos 13: Contagem regressiva para a execução: minha luta pela sobrevivência em Corredor da morte, sem publicação no Brasil] (Salt Lake City: Century, 2017).
10. Nick Yarris, *The Kindness Approach* [A abordagem da gentileza, sem publicação no Brasil] (Carolina do Sul: CreateSpace Independent Publishing Platform, 2017).
11. Baseado em itens publicados no Psychological Inventory of Criminal Thinking Styles Part I. Ver Glenn D. Walters, "The Psychological Inventory of Criminal Thinking Styles: Part I: Reliability and Preliminary Validity" ["Inventário psicológico de estilos de pensamento criminoso: Parte I: Confiabilidade e Validade Preliminar"], *Criminal Justice and Behavior* 22, nø 3 (1995): 307-325.

12. Susie Hulley, Ben Crewe, and Serena Wright, "Re-examining the problems of long-term imprisonment" ["Reexaminando os problemas da prisão de longo prazo"], *British Journal of Criminology* 56, nº 4 (2016): 769-792.

13. Matthew T. Zingraff, "Prisonization as an inhibitor of effective resocialization" ["A prisão como inibidor da ressocialização efetiva"], *Criminology* 13, nº 3 (1975): 366-388.

14. Jesse Meijers, Joke M. Harte, Gerben Meynen, Pim Cuijpers, and Erik J. A. Scherder, "Reduced Self-Control after 3 Months of Imprisonment; A Pilot Study" ["Autocontrole reduzido após 3 meses de prisão; Um estudo-piloto"], *Frontiers in Psychology* 9 (2018): 69.

15. Marieke Liem and Maarten Kunst, "Is There a Recognizable Post-Incarceration Syndrome Among Released 'Lifers'?" ["Existe uma síndrome de pós-encarceramento reconhecível entre os 'Perpétuos' libertados?"], *International Journal of Law and Psychiatry* 36, nºs 3-4 (2013): 333-337.

16. T. Gerhard Eriksson, Johanna G. Masche-No, and Anna M. Dåderman, "Personality Traits of Prisoners as Compared to General Populations: Signs of Adjustment to the Situation?" ["Traços de personalidade de prisioneiros em comparação com populações gerais: sinais de ajuste à situação?"], *Personality and Individual Differences* 107 (2017): 237-245.

17. Jack Bush, Daryl M. Harris, and Richard J. Parker, Cognitive Self Change: How Offenders Experience the World and What We Can Do About It [Automudança cognitiva: como os infratores vivenciam o mundo e o que podemos fazer a respeito] (Hoboken, NJ: Wiley, 2016).

18. Glenn D. Walters, Marie Trgovac, Mark Rychlec, Roberto DiFazio, and Julie R. Olson, "Assessing Change with the Psychological Inventory of Criminal Thinking Styles: A Controlled Analysis and Multisite Cross-Validation" ["Avaliando a mudança com o inventário psicológico de estilos de pensamento criminoso: Uma análise controlada e validação cruzada multilocal"], *Criminal Justice and Behavior* 29, nº 3 (2002): 308-331.

19. Jack Bush, "To Help a Criminal Go Straight, Help Him Change How He Thinks" ["Para ajudar um criminoso a seguir em frente, ajude-o a mudar como ele pensa"], NPR, 26 de junho de 2016, https://www.npr.org/sections/health-shots/2016/06/26/483091741/to-help-a-criminal-go-straight-help-him-change-how-he-thinks.

20. Para usar o dilema hipotético do bonde como exemplo, eles geralmente ficam muito felizes em empurrar um homem gordo no trilho de um bonde em alta velocidade, matando-o, a fim de salvar a vida de outras cinco pessoas, enquanto a resposta normal é achar que machucar deliberadamente o homem gordo é revoltante, mesmo que o motivo seja um bem maior.

21. Daniel M. Bartels and David A. Pizarro, "The Mismeasure of Morals: Antisocial Personality Traits Predict Utilitarian Responses to Moral Dilemmas" ["A avaliação errônea da moral: Traços de personalidade antissocial preveem respostas utilitárias a dilemas morais"], *Cognition* 121, nº 1 (2011): 154-161.

22. Uma revisão de trinta e três estudos sobre a eficácia da terapia de reconciliação moral descobriu que ela leva a uma redução modesta, mas estatisticamente significativa, nas taxas de reincidência. Ver L. Myles Ferguson e J. Stephen Wormith, "A Meta-Analysis of Moral Reconation Therapy" ["Uma meta-análise da terapia de reconciliação moral"], *International Journal of Offender Therapy and Comparative Criminology* 57, nº 9 (2013): 1.076-1.106.

23. Steven N. Zane, Brandon C. Welsh, and Gregory M. Zimmerman, "Examining the Iatrogenic Effects of the Cambridge-Somerville Youth Study: Existing Explanations and New Appraisals" ["Examinando os efeitos iatrogênicos da Cambridge-Somerville Youth Study: Explicações existentes e novas avaliações"], *British Journal of Criminology* 56, nº 1 (2015): 141-160.

24. Eli Hager, "How to Train Your Brain to Keep You Out of Jail" ["Como treinar o seu cérebro para mantê-lo fora da prisão"], *Vice*, 27 de junho de 2018, https://www.viceyou-out-of-jail.

25. Christian Jarrett, "Research Into The Mental Health of Prisoners, Digested" ["Pesquisa sobre a saúde mental dos prisioneiros, analisada], *BPS Research Digest*, 13 de julho de 2018, https://digest.bps.org.uk/2018/07/13/research-into--the-mental-health-of-prisoners-digested/.

26. Trata-se de um diagnóstico psiquiátrico formal para adultos. Para atender aos critérios, desde os quinze anos de idade, uma pessoa deve ter demonstrado falta de conformidade com as normas sociais com relação a comportamentos legais; falsidade; impulsividade ou falha em planejar com antecedência; irritabilidade e agressividade; desrespeito imprudente pela segurança de si ou de outros; irresponsabilidade consistente; e falta de remorso.

27. Holly A. Wilson, "Can Antisocial Personality Disorder Be Treated? A MetaAnalysis Examining the Effectiveness of Treatment in Reducing Recidivism for Individuals Diagnosed with ASPD" ["O transtorno de personalidade antissocial pode ser tratado? Uma meta-análise examinando a eficácia do tratamento na redução da reincidência para indivíduos diagnosticados com TPAS"], *International Journal of Forensic Mental Health* 13, nº 1 (2014): 36-46.

28. Nick J. Wilson and Armon Tamatea, "Challenging the 'Urban Myth' of Psychopathy Untreatability: The High-Risk Personality Programme" ["Desafiando o 'mito urbano' da impossibilidade de tratamento da psicopatia: O programa de personalidade de alto risco"] *Psychology, Crime and Law* 19, nº 5-6 (2013): 493-510.

29. Adrian Raine, "Antisocial Personality as a Neurodevelopmental Disorder" ["Personalidade antissocial como um transtorno do neurodesenvolvimento"], *Annual Review of Clinical Psychology* 14 (2018): 259-289.

30. Rich Karlgaard, "Lance Armstrong — Hero, Doping Cheater and Tragic Figure" ["Lance Armstrong — Herói, trapaceiro do *doping* e figura trágica"], *Forbes*, 31 de julho de 2012, https://www.forbes.com/sites/richkarlgaard/2012/06/13/lance--armstrong-hero-cheat-and-tragic-figure/#38d88c94795c.

31. "Lance Armstrong: A Ruinous Puncture for the Cyclopath" ["Lance Armstrong: Uma pressão destruidora para o ciclopata"], *Sunday Times*, 17 de junho de 2012,

https://www.thetimes.co.uk/article/lance-armstrong-a-ruinous-puncture-for-the-
-cyclopath-vh57w9zgjs2.

32. Joseph Burgo, "How Aggressive Narcissism Explains Lance Armstrong" ["Como o narcisismo agressivo explica Lance Armstrong"], *Atlantic*, 28 de janeiro de 2013, https://www.theatlantic.com/health/archive/2013/01/how-aggressive-narcissism-explains-lance-armstrong/272568/.

33. Will Pavia, "Up close with Hillary's aide, her husband and that sexting scandal" ["De perto com o assessor de Hillary, seu marido e aquele escândalo de *sexting*"], *Times*, 21 de junho de 2016, https://www.thetimes.co.uk/article/a-ringside-seat-
-for-the-sexting-scandal-that-brought-down-anthony-weiner-gp9gjpsk9.

34. David DeSteno and Piercarlo Valdesolo, Out of Character: Surprising Truths About the Liar, Cheat, Sinner (and Saint) Lurking in All of Us [Por que as máscaras caem? As surpreendentes verdades sobre o mentiroso, o traidor, o pecador (e o santo) que existem em todos nós] (Nova York: Harmony, 2013; São Paulo: Elsevier, 2011).

35. Veja os experimentos de "obediência à autoridade" de Stanley Milgram, nos quais voluntários seguiram as ordens de um cientista e aplicaram o que pensaram ser um choque elétrico fatal em outra pessoa. Psicólogos analisaram recentemente uma pesquisa pós-experimental a que os voluntários responderam e descobriram que muitos foram motivados pela causa maior de ajudar a ciência — "uma causa em cujo nome eles percebem que estão agindo virtuosamente e fazendo o bem". É uma história semelhante à do notório experimento da prisão de Stanford de Philip Zimbardo, que teve de ser abortado prematuramente depois que voluntários aparentemente normais recrutados para desempenhar o papel de guardas prisionais começaram a abusar dos prisioneiros. Evidências surgiram recentemente de que os guardas voluntários abusivos pensaram que seu mau comportamento ajudaria a defender a necessidade de uma reforma prisional na vida real. Mais uma vez, o mau comportamento não decorreu de uma mudança repentina de caráter, mas sim de uma mudança de perspectiva — um cálculo de que certas más ações podem ser para um bem maior.

36. Roger Simon, "John Edwards Affair Not to Remember" ["O caso de John Edwards não precisa ser lembrado"], *Boston Herald*, 17 de novembro de 2018, https://www.bostonherald.com/2008/08/18/john-edwards-affair-not-to-remember/.

37. Jeremy Whittle, "I Would Probably Dope Again, Says Lance Armstrong" ["Eu provavelmente me drogaria de novo, diz Lance Armstrong"], *Times*, 27 de janeiro de 2015, https://www.thetimes.co.uk/article/i-would-probably-dope-again-says-
-lance-armstrong-j5lxcg5rtb; Matt Dickinson, "Defiant Lance Armstrong on the Attack" ["O desafiador Lance Armstrong no ataque"], *Times* (Londres), 11 de junho de 2015, https://www.thetimes.co.uk/ article/defiant-lance-armstrong-on-the-
-attack-9sgfszkzr5t; Daniel Honan, "Lance Armstrong: American Psychopath" ["Lance Armstrong: Psicopata americano"] *Big Think*, 6 de outubro de 2018, https://bigthink.com/think-tank/lance-armstrong-american-psychopath.

CAPÍTULO 7: LIÇÕES DO LADO NEGRO

1. Arelis Hernández and Laurie McGinley, "Harvard Study Estimates Thousands Died in Puerto Rico Because of Hurricane Maria" ["Estudo de Harvard estima que milhares morreram em Porto Rico por causa do furacão Maria"], 4 de junho de 2018, https:// in-puerto-rico-due-to-hurricane-maria/2018/05/29/1a82503a--6070-11e8-a4a4c070ef53f315_story.html.

2. Kaitlan Collins, "Trump Contrasts Puerto Rico Death Toll to 'a Real Catastrophe like Katrina'" ["Trump compara o número de mortos em Porto Rico com 'uma verdadeira catástrofe como o Katrina'" CNN, 3 de outubro de 2017, https://edition.cnn.com/2017/10/03/politics/trump-puerto-rico-katrina-deaths/index.html.

3. "Puerto Rico: Trump Paper Towel-Throwing 'Abominable'" ["Porto Rico: Trump jogando toalhas de papel 'Abominável'"], *BBC News*, 4 de outubro de 2017, http://www.bbc.co.uk/news/world-us-canada-41504165.

4. Ben Jacob, "Trump Digs In Over Call to Soldier's Widow: 'I Didn't Say What the Congresswoman Said'" ["Trump explica a ligação para a viúva do soldado: 'Eu não disse o que a congressista disse'"], *Guardian*, 18 de outubro de 2017, https://www.theguardian.com/us-news/2017/oct/18/trump-allegedly-tells-soldiers-widow-he-knew-what-he-signed-up-for.

5. Alex Daugherty, Anita Kumar, and Douglas Hanks, "In Attack on Frederica Wilson Over Trump's Call to Widow, John Kelly Gets Facts Wrong" ["No ataque a Frederica Wilson sobre a ligação de Trump à viúva, John Kelly interpreta os fatos errados"], *Miami Herald*, 19 de outubro de 2017, http://www.miamiherald.com/news/politics-govern ment/national—politics/article179869321.html.

6. A regra Goldwater, formulada em 1973, proíbe psiquiatras e psicólogos de fazer tais afirmações sobre funcionários públicos. O nome é uma referência ao candidato presidencial republicano de 1964, Barry Goldwater, que processou com sucesso a revista *Fact* por publicar uma pesquisa com dois mil psiquiatras que revelou que metade deles o considerava "psicologicamente inadequado" para o cargo. Durante a presidência de Trump, no entanto, um grupo crescente de psiquiatras e psicólogos acreditava que o perigo representado pela personalidade do ex-presidente justificava a violação da regra de Goldwater.

7. Há muita sobreposição entre psicopatia e narcisismo, mas eles são distintos o suficiente para que seja útil examiná-los separadamente.

8. Joshua D. Miller, Courtland S. Hyatt, Jessica L. Maples-Keller, Nathan T. Carter, and Donald R. Lynam, "Psychopathy and Machiavellianism: A Distinction without a Difference?" ["Psicopatia e maquiavelismo: Uma distinção sem diferença?"], *Journal of Personality* 85, nº 4 (2017): 439-453.

9. Jessica L. McCain, Zachary G. Borg, Ariel H. Rothenberg, Kristina M. Churillo, Paul Weiler, and W. Keith Campbell, "Personality and Selfies: Narcissism and the Dark Triad" ["Personalidade e *selfies*: Narcisismo e a tríade sombria"], *Computers in Human Behavior* 64 (2016): 126-133.

10. Nicholas S. Holtzman, Simine Vazire, and Matthias R. Mehl, "Sounds Like a Narcissist: Behavioral Manifestations of Narcissism in Everyday Life" ["Parece

um narcisista: Manifestações comportamentais do narcisismo na vida coti-diana"], *Journal of Research in Personality* 44, nº 4 (2010): 478-484.

11. Simine Vazire, Laura P. Naumann, Peter J. Rentfrow, and Samuel D. Gosling, "Portrait of a Narcissist: Manifestations of Narcissism in Physical Appearance" ["Retrato de um narcisista: Manifestações de narcisismo na aparência física"], *Journal of Research in Personality* 42, nº 6 (2008): 1.439-1.447.

12. Alvaro Mailhos, Abraham P. Buunk, and Álvaro Cabana, "Signature Size Signals Sociable Dominance and Narcissism" ["Tamanho da assinatura sinaliza domínio sociável e narcisismo"], *Journal of Research in Personality* 65 (2016): 43-51.

13. Miranda Giacomin and Nicholas O. Rule, "Eyebrows Cue Grandiose Narcissism" ["As sobrancelhas indicam narcisismo grandioso"], *Journal of Personality* 87, nº 2 (2019): 373-385.

14. Adaptado do teste de personalidade "short dark triad" disponível para uso gra-tuito no *site* de Delroy Paulhus, acessado em 18 de novembro de 2019, emhttp://www2.psych.ubc.ca/~dpaulhus/Paulhus_measures/.

15. Sara Konrath, Brian P. Meier, and Brad J. Bushman, "Development and Validation of the Single Item Narcissism Scale (SINS)" ["Desenvolvimento e validação da Escala de Narcisismo de Item Único (SINS)"], *PLoS One* 9, nº 8 (2014): e103469; Sander van der Linden and Seth A. Rosenthal, "Measuring Narcissism with a Single Question? A Replication and Extension of the Single-Item Narcissism Scale (SINS)" ["Medir o narcisismo com uma única pergunta? Uma replicação e extensão da Escala de Narcisismo de Item Único (SINS)"], *Personality and Individual Differences* 90 (2016): 238–241.

16. Trump: "I have one of the greatest memories of all time" ["Tenho uma das me-lhores memórias de todos os tempos"], YouTube, acessado em 25 de janeiro de 2021, em https://www.youtube.com/watch?v=wnVpGoyKfKU.

17. Mark Leibovich, "Donald Trump Is Not Going Anywhere" ["Donald Trump não está chegando a lugar nenhum"], *New York Times*, 29 de setembro de 2015, https://www.nytimes.com/2015/10/04/magazine/ donald-trump-is-not-going-any-where.html.

18. Daniel Dale, "Trump Defends Tossing Paper Towels to Puerto Rico Hurricane Victims: Analysis" ["Trump defende jogar toalhas de papel para as vítimas do furacão em Porto Rico: análise"], *Toronto Star*, 8 de outubro de 2017, https://www.thestar.com/news/world/2017/10/08/donald-trump-defends-paper-towels--in-puerto-rico-says-stephen-paddock-was-probably-smart-in-bizarre-tv-interview--analysis.html.

19. Lori Robertson and Robert Farley, "The Facts on Crowd Size" ["Os fatos sobre o tamanho da multidão"], FactCheck.org, 23 de janeiro de 2017, http://www.factcheck.org/2017/01/the-facts-on-crowd-size/.

20. Harry Cockburn, "Donald Trump Just Said He Had the Biggest Inauguration Crowd in History. Here Are Two Pictures That Show That's Wrong" ["Donald Trump acabou de dizer que teve a maior multidão de posse da história. Aqui estão duas imagens que mostram que isso está errado"], *Independent*, 26 de janeiro de 2017, http://www.independent.co.uk/news/world/americas/

donald-trump-claims-presidential-inauguration-audience-history-us-president-white-house-barack-a7547141.html.

21. Trump: "I'm the least racist person anybody is going to meet" ["Sou a pessoa menos racista que já existiu"], *BBC News*, 26 de janeiro de 2018, https://www.bbc.co.uk/news/av/uk-42830165.

22. "Transcript: Donald Trump's Taped Comments about Women" ["Transcrição: comentários gravados de Donald Trump sobre mulheres"], *New York Times*, 8 de outubro de 2016, https://www.nytimes.com/2016/10/08/us/donald-trump-tape-transcript.html.

23. Emily Grijalva, Peter D. Harms, Daniel A. Newman, Blaine H. Gaddis, and R. Chris Fraley, "Narcissism and Leadership: A Meta-Analytic Review of Linear and Nonlinear Relationships" ["Narcisismo e liderança: Uma revisão meta-analítica de relacionamentos lineares e não lineares"], *Personnel Psychology* 68, n° 1 (2015): 1-47.

24. Chin Wei Ong, Ross Roberts, Calum A. Arthur, Tim Woodman, and Sally Akehurst, "The Leader Ship Is Sinking: A Temporal Investigation of Narcissistic Leadership" ["O navio do líder está afundando: Uma investigação temporal da liderança narcisista"], *Journal of Personality* 84, n° 2 (2016): 237-247.

25. Emanuel Jauk, Aljoscha C. Neubauer, Thomas Mairunteregger, Stephanie Pemp, Katharina P. Sieber, and John F. Rauthmann, "How Alluring Are Dark Personalities? The Dark Triad and Attractiveness in Speed Dating" ["Quão atraentes são as personalidades sombrias? A tríade sombria e a atratividade no Speed Dating"], *European Journal of Personality* 30, n° 2 (2016): 125-138.

26. Anna Z. Czarna, Philip Leifeld, Magdalena S´mieja, Michael Dufner, and Peter Salovey, "Do Narcissism and Emotional Intelligence Win Us Friends? Modeling Dynamics of Peer Popularity Using Inferential Network Analysis" ["O narcisismo e a inteligência emocional nos dão amigos? Modelando dinâmicas de popularidade de pares usando análise de rede inferencial"], *Personality and Social Psychology Bulletin* 42, n° 11 (2016): 1.588-1.599.

27. Harry M. Wallace, C. Beth Ready, and Erin Weitenhagen, "Narcissism and Task Persistence" ["Narcisismo e persistência na tarefa"], *Self and Identity* 8, n° 1 (2009): 78-93.

28. Barbora Nevicka, Matthijs Baas, and Femke S. Ten Velden, "The Bright Side of Threatened Narcissism: Improved Performance following Ego Threat" ["O lado bom do narcisismo ameaçado: Melhor desempenho após ameaça do ego"], *Journal of Personality* 84, n° 6 (2016): 809-823.

29. Jack A. Goncalo, Francis J. Flynn, and Sharon H. Kim, "Are Two Narcissists Better Than One? The Link Between Narcissism, Perceived Creativity, and Creative Performance" ["Dois narcisistas são melhores que um? A ligação entre narcisismo, criatividade percebida e desempenho criativo"], *Personality and Social Psychology Bulletin* 36, n° 11 (2010): 1.484-1.495; Yi Zhou, "Narcissism and the Art Market Performance" ["Narcisismo e a atuação do mercado de arte"], *European Journal of Finance* 23, n° 13 (2017): 1.197-1.218.

30. Ovul Sezer, Francesco Gino, and Michael I. Norton, "Humblebragging: A Distinct—and Ineffective—Self-Presentation Strategy" ["Brava humilde: A distinta — e ineficaz — estratégia de autoapresentação"], série de ensaios de trabalho da Harvard Business School 15-080, 24 de abril de 2015, http://dash.harvard.edu/handle/1/14725901.

31. Virgil Zeigler-Hill, "Discrepancies Between Implicit and Explicit Self-Esteem: Implications for Narcissism and Self-Esteem Instability" ["Discrepâncias entre autoestima implícita e explícita: Implicações para o narcisismo e a instabilidade da autoestima"], *Journal of Personality* 74, nº 1 (2006): 119-144.

32. Emanuel Jauk, Mathias Benedek, Karl Koschutnig, Gayannée Kedia, and Aljoscha C. Neubauer, "Self-Viewing Is Associated with Negative Affect Rather Than Reward in Highly Narcissistic Men: An fMRI study" ["A autovisão está associada a um efeito negativo em vez de uma recompensa em homens altamente narcisistas: Um estudo de fMRI"], *Scientific Reports* 7, nº 1 (2017): 5804.

33. Christopher N. Cascio, Sara H. Konrath, and Emily B. Falk, "Narcissists' Social Pain Seen Only in the Brain" ["A dor social dos narcisistas vista apenas no cérebro"], *Social Cognitive and Affective Neuroscience* 10, nº 3 (2014): 335-341.

34. Ulrich Orth and Eva C. Luciano, "Self-Esteem, Narcissism, and Stressful Life Events: Testing for Selection and Socialization" ["Autoestima, narcisismo e eventos estressantes da vida: Testes para seleção e socialização"], *Journal of Personality and Social Psychology* 109, nº 4 (2015): 707.

35. Joey T. Cheng, Jessica L. Tracy, and Gregory E. Miller, "Are Narcissists Hardy or Vulnerable? The Role of Narcissism in the Production of Stress-Related Biomarkers in Response to Emotional Distress" ["Os narcisistas são resistentes ou vulneráveis? O papel do narcisismo na produção de biomarcadores relacionados ao estresse em resposta ao sofrimento emocional"], *Emotion* 13, nº 6 (2013): 1004.

36. Michael Wolff, Fire and Fury: Inside the Trump White House [Fogo e fúria: Por dentro da Casa Branca de Trump] (Londres: Abacus, 2019; São Paulo: Objetiva, 2018).

37. Matthew D'Ancona, "Desperate for a Trade Deal, the Tories Are Enabling Donald Trump" ["Desesperados por um acordo comercial, os conservadores estão apoiando Donald Trump"], *Guardian*, 14 de janeiro de 2018, https://www.theguardian.com/commentisfree/2018/jan/14/trade-deal-tories-donald-trump.

38. Ashley L. Watts, Scott O. Lilienfeld, Sarah Francis Smith, Joshua D. Miller, W. Keith Campbell, Irwin D. Waldman, Steven J. Rubenzer, and Thomas J. Faschingbauer, "The Double-Edged Sword of Grandiose Narcissism: Implications for Successful and Unsuccessful Leadership among US Presidents" ["A faca de dois gumes do narcisismo grandioso: Implicações para a liderança bem-sucedida e malsucedida entre os presidentes dos EUA"], *Psychological Science* 24, nº 12 (2013): 2.379-2.389.

39. Charles A. O'Reilly III, Bernadette Doerr, and Jennifer A. Chatman, "'See You in Court': How CEO Narcissism Increases Firms' Vulnerability to Lawsuits" ["Te

vejo no tribunal': Como o narcisismo do CEO aumenta a vulnerabilidade das empresas a ações judiciais"], *Leadership Quarterly* 29, nº 3 (2018): 365-378.

40. Eunike Wetzel, Emily Grijalva, Richard Robins, and Brent Roberts, "You're Still So Vain; Changes in Narcissism from Young Adulthood to Middle Age" ["Você continua muito vaidoso; Mudanças no narcisismo da juventude para a meia-idade"], *Journal of Personality and Social Psychology* 119, nº 2 (2019): 479-496.

41. Joost M. Leunissen, Constantine Sedikides, and Tim Wildschut, "Why Narcissists Are Unwilling to Apologize: The Role of Empathy and Guilt" ["Por que os narcisistas não querem se desculpar: O papel da empatia e da culpa"], *European Journal of Personality* 31, nº 4 (2017): 385-403.

42. Erica G. Hepper, Claire M. Hart, and Constantine Sedikides, "Moving Narcissus: Can Narcissists Be Empathic?" ["Narciso comovente: Os narcisistas podem ser empáticos?"], *Personality and Social Psychology Bulletin* 40, nº 9 (2014): 1.079-1.091.

43. Joshi Herrmann, "I Wouldn't Want to Spend More Than an Hour with Him but He Was..." ["Eu não gostaria de passar mais de uma hora com ele, mas ele era..."], *Evening Standard*, 4 de novembro de 2014, https://www.standard.co.uk/lifestyle/london-life/i-wouldn-t-want-to-spend-more-than-an-hour-withhim-but--he-was-incredibly-bright-rurik-juttings-old-9837963.html.

44. Paul Thompson, "The evil that I've inflicted cannot be remedied...'" ["O mal que causei não pode ser remediado..."], *Daily Mail*, 8 de novembro de 2016, https://www.dailymail.co.uk/news/article-3906170/British-banker-Rurik-Jutting-GUILTY-murder-350-000-year-trader-faces-life-jail-torturing-two-sex-workers-death-luxury-Hong-Kong-apartment.html.

45. Kevin Dutton, The Wisdom of Psychopaths [A sabedoria dos psicopatas: O que santos, espiões e *serial killers* podem nos ensinar sobre o sucesso] (Nova York: Random House, 2012; São Paulo: Record, 2018).

46. Hervey Milton Cleckley, The Mask of Sanity: An Attempt to Clarify Some Issues about the So-Called Psychopathic Personality [A máscara da sanidade: Uma tentativa de iluminar algumas questões sobre a chamada personalidade psicopata] (Ravenio Books, 1964).

47. Herrmann, "I Wouldn't Want to Spend More Than an Hour with Him but He Was..." ["Eu não gostaria de passar mais de uma hora com ele, mas ele era..."]

48. Ana Seara-Cardoso, Essi Viding, Rachael A. Lickley, and Catherine L. Sebastian, "Neural Responses to Others' Pain Vary with Psychopathic Traits in Healthy Adult Males" ["Respostas neurais à dor dos outros variam com traços psicopáticos em homens adultos saudáveis"], *Cognitive, Affective, and Behavioral Neuroscience* 15, nº 3 (2015): 578-588.

49. Joana B. Vieira, Fernando Ferreira-Santos, Pedro R. Almeida, Fernando Barbosa, João Marques-Teixeira, and Abigail A. Marsh, "Psychopathic Traits Are Associated with Cortical and Subcortical Volume Alterations in Healthy Individuals" ["Traços psicopáticos estão associados a alterações de volume cortical e subcortical em indivíduos saudáveis"], *Social Cognitive and Affective Neuroscience* 10, nº 12 (2015): 1.693-1.704.

50. René T. Proyer, Rahel Flisch, Stefanie Tschupp, Tracey Platt, and Willibald Ruch, "How Does Psychopathy Relate to Humor and Laughter? Dispositions Toward Ridicule and Being Laughed At, the Sense of Humor, and Psychopathic Personality Traits" ["Como a psicopatia se relaciona com o humor e o riso? Disposições para o ridículo e para ser ridicularizado, o senso de humor e os traços da personalidade psicopática"], *International Journal of Law and Psychiatry* 35, n° 4 (2012): 263-268.

51. Scott O. Lilienfeld, Robert D. Latzman, Ashley L. Watts, Sarah F. Smith, and Kevin Dutton, "Correlates of Psychopathic Personality Traits in Everyday Life: Results from a Large Community Survey" ["Correlações de traços de personalidade psicopática na vida cotidiana: Resultados de uma grande pesquisa comunitária"], *Frontiers in Psychology* 5 (2014): 740.

52. Verity Litten, Lynne D. Roberts, Richard K. Ladyshewsky, Emily Castell, and Robert Kane, "The Influence of Academic Discipline on Empathy and Psychopathic Personality Traits in Undergraduate Students" ["A influência da disciplina acadêmica na empatia e nos traços de personalidade psicopática em estudantes de graduação"], *Personality and Individual Differences* 123 (2018): 145-150; Anna Vedel and Dorthe K. Thomsen, "The Dark Triad Across Academic Majors" ["A tríade sombria nos cursos acadêmicos"], *Personality and Individual Differences* 116 (2017): 86-91.

53. Edward A. Witt, M. Brent Donnellan, and Daniel M. Blonigen, "Using Existing Self-Report Inventories to Measure the Psychopathic Personality Traits of Fearless Dominance and Impulsive Antisociality" ["Usando inventários de autorrelato existentes para medir os traços de personalidade psicopática de dominância destemida e antissocialidade impulsiva"], *Journal of Research in Personality* 43, n° 6 (2009): 1.006-1.016.

54. Belinda Jane Board and Katarina Fritzon, "Disordered Personalities at Work" ["Personalidades transtornadas no trabalho"] *Psychology, Crime and Law* 11, n° 1 (2005): 17-32.

55. Paul Babiak, Craig S. Neumann, and Robert D. Hare, "Corporate Psychopathy: Talking the Walk" ["Psicopatia corporativa: Falando da caminhada"], *Behavioral Sciences and the Law* 28, n° 2 (2010): 174-193.

56. Steven Morris, "One in 25 Business Leaders May Be a Psychopath, Study Finds" ["Um em cada 25 líderes empresariais pode ser um psicopata, segundo estudo"], *Guardian*, 1° de setembro de 2011, https://www.theguardian.com/science/2011/sep/01/psychopath-workplace-jobs-study.

57. Scott O. Lilienfeld, Irwin D. Waldman, Kristin Landfield, Ashley L. Watts, Steven Rubenzer, and Thomas R. Faschingbauer, "Fearless Dominance and the US Presidency: Implications of Psychopathic Personality Traits for Successful and Unsuccessful Political Leadership" ["Dominância destemida e a presidência dos EUA: Implicações de traços de personalidade psicopata para liderança política bem-sucedida e malsucedida"], *Journal of Personality and Social Psychology* 103, n° 3 (2012): 489.

58. J. Pegrum and O. Pearce, "A Stressful Job: Are Surgeons Psychopaths?" ["Um trabalho estressante: os cirurgiões são psicopatas?"] *Bulletin of the Royal College of Surgeons of England* 97, nº 8 (2015): 331–334.

59. Anna Katinka Louise von Borries, Inge Volman, Ellen Rosalia Aloïs de Bruijn, Berend Hendrik Bulten, Robbert Jan Verkes, and Karin Roelofs, "Psychopaths Lack the Automatic Avoidance of Social Threat: Relation to Instrumental Aggression" ["Psicopatas carecem da prevenção automática para ameaças sociais: Relação com a agressão instrumental"], *Psychiatry Research* 200, nºs 2–3 (2012): 761–766.

60. Joshua W. Buckholtz, Michael T. Treadway, Ronald L. Cowan, Neil D. Woodward, Stephen D. Benning, Rui Li, M. Sib Ansari, Ronald M. Baldwin, Ashley N. Schwartzman, Evan S. Shelby, et al., "Mesolimbic Dopamine Reward System Hypersensitivity in Individuals with Psychopathic Traits" ["Hipersensibilidade do sistema de recompensa de dopamina mesolímbica em indivíduos com traços psicopáticos"], *Nature Neuroscience* 13, nº 4 (2010): 419.

61. Anne Casper, Sabine Sonnentag, and Stephanie Tremmel, "Mindset Matters: The Role of Employees' Stress Mindset for Day-Specific Reactions to Workload Anticipation" ["A mentalidade é importante: O papel da mentalidade de estresse de funcionários em reações específicas do dia à antecipação da carga de trabalho"], *European Journal of Work and Organizational Psychology* 26, nº 6 (2017): 798-810.

62. Clive R. Boddy, "Corporate Psychopaths, Conflict, Employee Affective WellBeing and Counterproductive Work Behaviour" ["Psicopatas corporativos, conflito, bem-estar afetivo dos funcionários e comportamento contraproducente no trabalho"], *Journal of Business Ethics* 121, nº 1 (2014): 107-121.

63. Tomasz Piotr Wisniewski, Liafisu Yekini, and Ayman Omar, "Psychopathic Traits of Corporate Leadership as Predictors of Future Stock Returns" ["Traços psicopáticos de liderança corporativa como preditores de retornos futuros de ações"], SSRN 2984999 (2017).

64. Olli Vaurio, Eila Repo-Tiihonen, Hannu Kautiainen, and Jari Tiihonen, "Psychopathy and Mortality" ["Psicopatia e Mortalidade"], *Journal of Forensic Sciences* 63, nº 2 (2018): 474-477.

65. Natasha Singer, "In Utah, a Local Hero Accused" ["Em Utah, um herói local é acusado"], *New York Times*, 15 de junho de 2013, http://www.nytimes.com/2013/06/16/business/in-utah-a-local-hero-accused.html.

66. Sarah Francis Smith, Scott O. Lilienfeld, Karly Coffey, and James M. Dabbs, "Are Psychopaths and Heroes Twigs off the Same Branch? Evidence from College, Community, and Presidential Samples" ["Psicopatas e heróis são gravetos do mesmo galho? Evidências de amostras universitárias, comunitárias e presidenciais"], *Journal of Research in Personality* 47, nº 5 (2013): 634-646.

67. Arielle Baskin-Sommers, Allison M. Stuppy-Sullivan, and Joshua W. Buckholtz, "Psychopathic Individuals Exhibit but Do Not Avoid Regret during Counterfactual Decision Making" ["Indivíduos psicopatas exibem, mas

não evitam o arrependimento durante a tomada de decisão contrafactual"], *Proceedings of the National Academy of Sciences* 113, nº 50 (2016): 14438-14443.

68. Arielle R. Baskin-Sommers, John J. Curtin, and Joseph P. Newman, "Altering the Cognitive-Affective Dysfunctions of Psychopathic and Externalizing Offender Subtypes with Cognitive Remediation" ["Alterando as disfunções cognitivo-afetivas dos subtipos psicopatas e externalizantes do ofensor com remediação cognitiva"], *Clinical Psychological Science* 3, nº 1 (2015): 45-57.

69. Arielle Baskin-Sommers, "Psychopaths Have Feelings: Can They Learn How to Use Them?" ["Os psicopatas têm sentimentos: Eles podem aprender a usá-los?"], *Aeon*, 18 de novembro de 2019, https://aeon.co/ideas/psychopathshave-feelings-can-they-learn-how-to-use-them.

CAPÍTULO 8: OS DEZ PRINCÍPIOS DA REINVENÇÃO PESSOAL

1. Amber Gayle Thalmayer, Gerard Saucier, John C. Flournoy, and Sanjay Srivastava, "Ethics-Relevant Values as Antecedents of Personality Change: Longitudinal Findings from the Life and Time Study" ["Valores relevantes para a ética como antecedentes da mudança de personalidade: Descobertas longitudinais do estudo da vida e do tempo"], *Collabra: Psychology* 5, nº 1 (2019).

2. Esse é o fenômeno que mencionei no capítulo 5 e que os psicólogos chamam de efeito "melhor que a média", ou efeito Lake Wobegon, em homenagem à cidade fictícia onde "todas as mulheres são fortes, todos os homens são belos e todas as crianças estão acima da média."

3. Alice Mosch and Peter Borkenau, "Psychologically Adjusted Persons Are Less Aware of How They Are Perceived by Others" ["Pessoas psicologicamente ajustadas são menos conscientes de como são percebidas pelos outros"], *Personality and Social Psychology Bulletin* 42, nº 7 (2016): 910-922.

4. Tasha Eurich, Insight: The Power of Self-Awareness in a Self-Deluded World [*Insight*: O poder da autoconsciência em um mundo autoiludido], (Nova York: Macmillan, 2017).

5. Nathan W. Hudson, Daniel A. Briley, William J. Chopik, and Jaime Derringer, "You Have to Follow Through: Attaining Behavioral Change Goals Predicts Volitional Personality Change" ["Você tem de seguir adiante: Atingir metas de mudança comportamental prevê mudança de personalidade voluntária"], *Journal of Personality and Social Psychology* 117, nº 4 (2019): 839.

6. Jeffrey A. Kottler, Change: What Really Leads to Lasting Personal Transformation [Mudança: Qual realidade leva a uma transformação pessoal duradoura] (Oxford: Oxford University Press, 2018).

7. Phillippa Lally, Cornelia H. M. Van Jaarsveld, Henry W. W. Potts, and Jane Wardle, "How Are Habits Formed? Modelling Habit Formation in the Real World" ["Como os hábitos são formados? Modelando a formação de hábitos no mundo real"], *European Journal of Social Psychology* 40, nº 6 (2010): 998-1.009.

8. James Clear, Atomic Habits: An Easy & Proven Way to Build Good Habits & Break Bad Ones [Hábitos atômicos: Um método fácil e comprovado de criar bons

hábitos e se livrar dos maus] (Nova York: Penguin, 2018; São Paulo: Alta Life, 2019).

9. Brent W. Roberts, "A Revised Sociogenomic Model of Personality Traits" ["Um modelo sociogenómico revisado dos traços de personalidade"], *Journal of Personality* 86, n° 1 (2018): 23–35.

10. Richard Wiseman, 59 Seconds [59 segundos: Pense um pouco, mude um pouco] (London: Pan Books, 2015; São Paulo: Best Seller, 2011); Gary Small and Gigi Vorgan, Snap! *Change* Your Personality in 30 Days [Snap! Mude a sua personalidade em 30 dias] (West Palm Beach, FL: Humanix Books, 2018).

11. Jeffrey A. Kottler, Change, 63.

12. Lester Luborsky, Jacques Barber, and Louis Diguer, "The Meanings of Narratives Told during Psychotherapy: The Fruits of a New Observational Unit" ["Os significados das narrativas contadas durante a psicoterapia: Os frutos de uma nova unidade de observação"], *Psychotherapy Research* 2, n° 4 (1992): 277–290.

13. Kottler, *Change*, 92.

14. Alex Fradera, "When and Why Does Rudeness Sometimes Spread Round the Office?" ["Quando e por que a grosseria às vezes se espalha pelo escritório?"], *BPS Research Digest*, 4 de maio de 2018, https://digest.bps.org.uk/2016/10/11/when-and-why-does-rudeness-sometimes-spread-round-the-office/.

15. Joseph Chancellor, Seth Margolis, Katherine Jacobs Bao, and Sonja Lyubomirsky, "Everyday Prosociality in the Workplace: The Reinforcing Benefits of Giving, Getting, and Glimpsing" ["Prosocialidade cotidiana no local de trabalho: Os benefícios revigorantes de dar, receber e vislumbrar"], *Emotion* 18, n° 4 (2018): 507.

16. David Kushner, "Can Trauma Help You Grow?" ["O trauma pode ajudá-lo a crescer?"], *New Yorker*, 19 de junho de 2017, https://www.newyorker.com/tech/annals-of-technology/can-trauma-help-yougrow.

17. Yuanyuan An, Xu Ding, and Fang Fu, "Personality and Post-Traumatic Growth of Adolescents 42 Months after the Wenchuan Earthquake: A Mediated Model" ["Personalidade e crescimento pós-traumático de adolescentes 42 meses após o terremoto de Wenchuan: um modelo mediado"], *Frontiers in Psychology* 8 (2017): 2152; Kanako Taku and Matthew J. W. McLarnon, "Posttraumatic Growth Profiles and Their Relationships with HEXACO Personality Traits" ["Perfis de crescimento pós-traumático e suas relações com traços de personalidade HEXACO"], *Personality and Individual Differences* 134 (2018): 33-42.

18. Rodica Ioana Damian, Marion Spengler, Andreea Sutu e Brent W. Roberts, "Sixteen Going On Sixty-Six: A Longitudinal Study of Personality Stability and Change Across Fifty Years" ["Dos dezesseis aos sessenta e seis: um estudo longitudinal da estabilidade e mudança da personalidade ao longo dos cinquenta anos"], *Journal of Personality and Social Psychology* 117, n° 3 (2019): 674.

19. Jessica Schleider and John Weisz, "A Single-Session Growth Mindset Intervention for Adolescent Anxiety and Depression: 9-Month Outcomes of a Randomized Trial" ["Uma intervenção de mentalidade de crescimento de sessão única para ansiedade e depressão na adolescência: Resultados de 9 meses de um estudo

randomizado"], *Journal of Child Psychology and Psychiatry* 59, n° 2 (2018): 160-170.

20. "Anthony Joshua v Andy Ruiz: British Fighter Made 'Drastic Changes' after June Loss" ["Anthony Joshua vs. Andy Ruiz: O lutador britânico fez 'mudanças drásticas' após a derrota em junho"], *BBC Sport*, https://www.bbc.co.uk/sport/boxing/49599343.

EPÍLOGO

1. Martin Selsoe Sorensen, "Reformed Gang Leader in Denmark Is Shot Dead Leaving Book Party" ["Líder de gangue reformado na Dinamarca é morto a tiros ao deixar a festa de lançamento de livro"], *New York Times*, 21 de novembro de 2018, https://www.nytimes.com/2018/11/21/world/europe/denmark-gang-leader--book-nedim-yasar.html.

2. Marie Louise Toksvig, *Rødder: En Gangsters Udvej: Nedim Yasars Historie [Raízes: A porta de saída para um gângster, sem publicação no Brasil]* (Copenhagen: People'sPress, 2018).

3. "Newsday—Former Gangster Shot Dead—as He Left His Own Book Launch—BBC Sounds" [Newsday — Antigo *gangster* morto a tiros — quando saída do lançamento de seu próprio livro — BBC Sounds], *BBC News*, November 22, 2018, https://www.bbc.co.uk/sounds/play/p06shwwm.

4. Jill Suttie, "Can You Change Your Personality?", *Greater Good*, February 20, 2017, https://greatergood.berkeley.edu/article/item/can_you_change_your_personality.

Índice remissivo

SUA OPINIÃO É MUITO IMPORTANTE
Mande um e-mail para **opiniao@vreditoras.com.br**
com o título deste livro no campo "Assunto".

1ª edição, ago. 2023
FONTE   Genre Italic 11/13,2pt;
          Genre Regular 18/21,2pt;
          Electra LT Std Regular 11/16,3pt
PAPEL   Lux Cream 60g/m²
IMPRESSÃO   Geográfica
LOTE   GEO010823